灾害与文化定式：
DISASTERS AND CULTURAL STEREOTYPES
中外人类学者的视角

〔保〕艾丽娅·查内娃
（Elya Tzaneva）
方素梅
〔美〕埃德温·施密特
（Edwin Schmitt）
主编

社会科学文献出版社
SOCIAL SCIENCES ACADEMIC PRESS (CHINA)

目　录

Contents

Part Ⅱ Natural, Biological and Technological Disasters – Cultural Responses

Part Ⅲ Social Crises - Cultural Management

前　言

这是中国－保加利亚联合研究项目“灾害与文化”的第二册文集，英文版于2012年由英国剑桥学者出版社（CSP）出版。中国社会科学院（由民族学与人类学研究所代表）与保加利亚科学院（由民族学与民俗研究所代表）研究团队合作关系的建立，始于双方达成的历时三年的项目《中国社会科学院和保加利亚科学院学者合作总协议》，中国方面的中央民族大学（由民族学与社会学学院代表）也是参与者之一。在广泛的田野调查及索菲亚学术会议（2007年6月召开）之后，第一册文集于2009年发表，书名为《灾害、文化、政治：中国－保加利亚对于重大情况研究的人类学贡献》，由艾丽娅·查内娃、方素梅和刘明新共同主编，剑桥学者出版社出版。鉴于保加利亚和俄罗斯民族学学者（俄罗斯学者来自莫斯科俄罗斯科学院斯拉夫研究所）在该课题上的学术合作，本项目又延长了三年。三家学术机构第二阶段的研究成果在索菲亚会议（2010年10月召开）上得到总结，来自不同人类学传统的学者报告了他们的观察与分析。在准备本书时，课题还吸引了来自美国（俄勒冈大学）的人类学学者，他们的论文也包含在本册论文集中。与第一册文集相似，本书的作者都是各国知名、高端的人类学民族学学者，他们以其专长对所讨论问题进行了深刻的学术解读，是本书学术成就和实际应用重大预期的基础。

在联合项目开展之初，参与者接受的观点是，灾难性事件迫使社会重新制定特定的方法学，启动特定的资源，以便在生态、社会和思想意识层面适应和应对危机。本书的主要目标是，揭示灾害和危机研究的重要作用，考虑该研究过程中的文化典型。通过不同案例的具体分析，作者事实上进一步概括了灾害和危机的定义：个人和公共生活平衡的丧失，每个离散文化特定情境下的“常态”的破坏。这种解读构成了本书三个部分的结构基础：“社会危机的文化管理”、“灾害文化知识的概念化”和“自然和技术危机”。本书作者希望将联合研究延伸到下一个阶段，认为“社会危机生态学”是对自然和技术、生态和人为灾害的有益和必要的补充。我们相信本书提供的文本也证明了这一点。

在开展合作研究的过程中，我们得到了有关机构和学者的支持。感谢中国社会科学院、保加利亚科学院及中央民族大学国际合作管理机构在学术交流方面提供的帮助，感谢中国社会科学院民族学与人类学研究所、保加利亚科学院民族学与民俗研究所、中央民族大学民族学与社会学学院负责人一如既往的支持。我们还要特别感谢中国社会科学院民族学与人类学研究所的于红女士和刘真女士，她们在百忙中不计名利地对论文进行了中英文翻译。没有她们无私的帮助，我们难以完成这本文集的中英文出版工作。

编　者

2013 年 1 月

第一编　灾害与文化知识

Part Ⅰ　Disasters and Cultural Knowledge

中国应对自然灾害的“08教训”和“08经验”

——以2008年抵御低温雨雪冰冻灾害为例

郝时远

摘　要

2008年1月10日至2月20日，一场罕见的低温雨雪冰冻灾害袭击了中国南方地区，其波及面之大前所未有。这场灾害不仅导致路面结冰、积雪冷冻、建筑物垮塌、道路封堵、铁路不通、电力输送线路和通讯塔台等设施断线等严重后果，而且对农作物、森林、养殖业等造成了严重危害，由此产生的对人民群众正常生活的影响，甚至财产和生命损失也十分严重。面对这场突如其来的低温雨雪冰冻灾害，中央政府、各级地方政府及时采取措施应对灾害、展开抗灾救助工作，举国上下形成了万众一心抗击低温雨雪冰冻灾害的社会动员和实际行动，展现了中国应对重大自然灾害从中央到地方、从政府到民间广泛的应急管理动员。2011年初，中国南方一些省区再度遭逢低温雨雪冰冻的袭击。这是中国步入21世纪第二个十年面对的首场自然灾害，也是继2008年中国南方各省区遭受前所未有的低温雨雪冰冻灾害后，对国家、地方各级政府在应对同类自然灾害时响应、动员、抗灾、救灾能力的再次考验。新闻媒体报导中出现的“08经验”之说，即是对中国应对2008年低温雨雪冰冻灾害经验、教训以及后续不断完善的应急机制做出的概括。虽然2008年的南方低温雨雪冰冻灾害，在与后来一系列重大的地震、泥石流等自然灾害的比较中，已经不那么引人注目，但是应对这场灾害的过程、教训和经验，却对中国应急管理体系的触动、改革和完善产生了重要影响，因此也构成了“08经验”的主题。

2011年初，中国南方一些省区再度遭逢低温雨雪冰冻的袭击。这是中国步入21世纪第二个十年面对的首场自然灾害，也是继2008年中国南方各省区遭受前所未有的低温雨雪冰冻灾害后，对国家、地方各级政府在应对同类自然灾害时响应、动员、抗灾、救灾能力的再次考验。新闻媒体报导中出现的“08经验”之说，即是对中国应对2008年低温雨雪冰冻灾害经验、教训以及后续不断完善的应急机制做出的概括。

在2008年初南方低温雨雪冰冻灾害中，最引人注目的现象之一是高压输电线路因冰冻凝结造成断线和倒塔。而电力的中断，无论是对政府应急管理、救灾能力的制约，还是对灾区抗灾、自救行动的影响，都具有关键作用。面对这种罕见的自然灾害现象，电力系统的修复能力、救灾抢险的专业队伍，都难以有效地应对和缓解这种危害。因此，电力系统在这场灾害中蒙受的损失也特别巨大。

根据国家电力监管委员会发布的《2008年低温雨雪冰冻灾害期间电力应急工作情况》显示：灾害期间有13个省份的电力系统运行不同程度地受到影响，特别是贵州、湖南、江西、广西和浙江等省区的电力设施损毁严重，发电出力受阻，多片电网解列，一些地区电网大面积停电。全国因灾害停运电力线路36740条，停运变电站2018座，110千伏及以上电力线路因灾倒塔8381基，110千伏以下电力线路因灾倒塔100万基（根）。全国因灾停电县（市）多达170个，部分地区停电时间长达10多天。灾害还造成部分铁路牵引变电站失电，京广、沪昆、鹰厦等电气化铁路中断运行，人民群众正常的生产生活秩序被严重破坏。大量通讯基站在停电后无法正常运作，公用通讯网络发生了不同程度的中断。此外，一些重要负荷（如政府、医院、金融机构）以及需连续作业的工业用户（如化工、钢铁、冶炼、煤矿和水泥等工业企业）都受到不同程度的影响。① 中国俗语说“吃一堑，长一智”，电力系统的“08教训”如何成为“08经验”？

2011年初，根据中央气象台的预报，1月6日南方电网公司应急指挥中心启动了低温雨雪冰冻灾害Ⅱ级应急响应。当时，贵州有286条110千伏及以上线路覆冰，其中严重覆冰122条，最大覆冰厚度18毫米。作为应急措施，贵州电网启动了全部12套直流融冰装置对覆冰线路进行融冰，取得了显著效果。截止到6日12：00，已完成了75条110千伏及以上线路的融冰工作，线路覆冰全部消融，保证了电网安全稳定运行。② 直流融冰装置是在2008年低温雨雪冰冻灾害之后，国家电网公司委托中国电力科学院等科研院所研制的一项科研成果，也是“08教训”的经验产物。在应对2011年南方低温雨雪冰冻灾害中，直流融冰装置为电网安全和电力供给在技术层面提供了保障，有效地提高了中国应对低温雨雪冰冻灾害的应急能力。

当然，应急管理不仅需要科学技术方面的支撑，还涉及政府、法律、社会、舆论等诸多要素的协同应对。因此，对这场低温雨雪冰冻灾害的观察和研究，也必然超越了自然灾害本身而成为对国家能力的一项研究。

---

① 参见国家安全生产应急救援指挥中心网站（http：//www.emc.gov.cn/emc/），2009年4月21日。

② 参见http：//news.163.com/11/0107/20/6PQQH5DC00014AED.html。

一 低温雨雪冰冻灾害损失严重

2008 年 1 月 10 日至 2 月 20 日，一场罕见的低温雨雪冰冻灾害袭击了中国南方地区，其波及面之大前所未有。在持续两个多月的恶劣气候中，长江中下游地区的最低气温降至 -6℃ ~0℃，日最高温度与最低温度接近。贵州、湖南、湖北、广西、广东、福建、江西、重庆、四川、江苏、浙江、云南、西藏、河南、陕西、甘肃、山西和上海等 20 个省区市不同程度地受到影响。这场以冰冻现象极其严重为主要特征的“极端天气事件”，持续时间之长、影响范围之广、侵袭强度之大和灾害程度之重，均达到 1949 年以来最严重的水平。

根据气象学专家对 1951~2007 年长江中下游、贵州等地平均最大连续冰冻天数的气象资料分析，2007 年 12 月 1 日至 2008 年 2 月 2 日的最大连续冰冻天数，超过了历史上最大值。而且，这场低温雨雪冰冻灾害“作为一次极端天气事件有多项气象记录超过了当地自有气象记录以来的极值”（王东海等，2008）。同样，如何应对这场突如其来的自然灾害，对中国政府、相关地方政府和当地群众乃至全国人民都是一次罕见的考验。

在自然灾害的分类中，气象灾害主要指台风、暴雨（雪）、寒潮、大风（沙尘暴）、低温、高温、干旱、雷电、冰雹、霜冻和大雾所造成的灾害。① 低温雨雪冰冻虽然属于低温范畴，但又有其显著的特点。在中国民政部颁发的《自然灾害统计制度》中，低温冷冻和雪灾（包括冻害、冷害、寒潮灾害和雪灾等）为一种类型。② 中国南方低温雨雪冰冻天气的基本成因是蒙古、西伯利亚冷高压形成迅速南下的强冷空气，与控制南方的暖湿气团相遇，造成势力强、范围广的冷锋系统，出现大范

① 《气象灾害防御条例》，中华人民共和国国务院令第 570 号，2010 年 4 月 10 日实行。

② 参见民政部《关于印发〈自然灾害统计制度〉的通知》，民函〔2008〕119 号，http：//jzs.mca.gov.cn/article/bzgz/zcwj/200805/20080520014115.shtml。

围的雨雪天气。由于持续的低温、雨雪造成了冻结、凝华、冰雾粒子附着增长等物理现象。

在迈入2008年之际，对于缺乏冬季公众供暖系统的南方地区来说，无论是地方政府还是普通人家，对这场低温雨雪冰冻的危害性是缺乏心理准备的。低温雨雪冰冻灾害袭来之初，在城镇、农村的自然界造成千姿百态的冰雪凝结现象，一度成为网络上流行的“南方冰雪世界”奇观景致。然而，当电力输送线路由于不堪冰冻凝结而断线垮塌、铁路公路和通信中断的现象接踵而至时，人们才感受到了灾害的降临。

这场灾害不仅导致路面结冰、积雪冷冻、建筑物垮塌、道路封堵、铁路不通、电力输送线路和通讯塔台等设施断线等严重后果，而且对农作物、森林、养殖业等造成了严重危害，由此产生的对人民群众正常生活的影响，甚至财产和生命的损失也十分严重。这场灾害形成的“链条”被简约概括为“低温—雨雪—冰冻/雪冰压拉（自然灾害）—机场关闭—公路堵塞—煤运受阻/断电—缺水—铁路中断—煤运受阻（生产事故）—旅途受困—乘客积压—车站拥堵/供应不足—物价上涨—生活困难（治安问题）”。① 这种连锁性、相互制约的困局，造成了重大危害和严重损失。

2008年4月22日，国家发展和改革委员会主任张平向第十一届全国人大常委会第二次会议报告了年初南方低温雨雪冰冻灾害的情况和损失：

——交通运输严重受阻。京广、沪昆铁路因断电运输受阻，京珠高速公路等“五纵七横”干线近2万公里瘫痪，22万公里普通公路交通受阻，14个民航机场被迫关闭，大批航班取消或延误，造成几百万返乡旅客滞留车站、机场和铁路、公路沿线。

——电力设施损毁严重。持续的低温雨雪冰冻造成电网大面积倒塔断线，13个省（区、市）输配电系统受到影响，170个县（市）的供电被迫

① 中国科学院学部：《建立国家应急机制科学应对自然灾害　提高中央和地方政府的灾害应急能力——关于2008低温雨雪冰冻灾害的反思》，《院士与学部》2008年第23卷第3期。

中断，3.67 万条线路、2018 座变电站停运。湖南 500 千伏电网除湘北、湘西外基本停运，郴州电网遭受毁灭性破坏；贵州电网 500 千伏主网架基本瘫痪，西电东送通道中断；江西、浙江电网损毁也十分严重。

——电煤供应告急。由于电力中断和交通受阻，加上一些煤矿提前放假和检修等因素，部分电厂电煤库存急剧下降。1 月 26 日，直供电厂煤炭库存下降到 1649 万吨，仅相当于 7 天用量（不到正常库存水平的一半），有些电厂库存不足 3 天。缺煤停机最多时达 4200 万千瓦，19 个省（区、市）出现不同程度的拉闸限电。

——工业企业大面积停产。电力中断、交通运输受阻等因素导致灾区工业生产受到很大影响，其中湖南 83% 以上工业企业、江西 90% 的工业企业一度停产，600 多处矿井被淹。

——农业和林业遭受重创。农作物受灾面积 2.17 亿亩，绝收 3076 万亩。秋冬种油菜等蔬菜受灾面积分别占全国的 57.8% 和 36.8%。良种繁育体系受到破坏，塑料大棚、畜禽圈舍及水产养殖设施损毁严重，畜禽、水产等养殖品种因灾死亡较多。森林受灾面积 3.4 亿亩，种苗受灾 243 万亩，损失 67 亿株。

——居民生活受到严重影响。灾区城镇水、电、气管线（网）及通信等基础设施受到不同程度破坏，人民群众的生命安全受到严重威胁。据民政部初步核定，此次灾害共造成 129 人死亡，4 人失踪；紧急转移安置 166 万人；倒塌房屋 48.5 万间，损坏房屋 168.6 万间。

上述危害造成的直接经济损失高达 1516.5 亿元人民币。（张平，2008）

当然，在这些数据背后，不同行业遭受的损失都有一部令人震惊的账目。其中林业损失即是一例。江西省一位农民面对自家成片的毛竹林欲哭无泪地说："白天满眼都是断毛竹挡路，夜晚满耳都是毛竹变爆竹。"这种毛竹成片爆裂、湿地松拦腰折断、油茶幼果尽落、幼树倒伏殆尽、经济林果减产甚至绝收的现象，在江西、贵州、安徽、广西、湖北等省区十分普遍。贵州黔东南州等重点林业地区的林业损失占到当地灾害总损失的70%以上；广西桂林市的林业损失占全区灾害损失的60%以上，永福县一个林业农户的3万亩桉树80%以上折断，漓江源头的水源涵养林几乎“全军覆没”；湖北全省林木种苗，特别是2007年秋冬播种的种苗、容器苗，90%以上因受冻而难以成活，一座投资近千万元的现代化育苗工厂的车间整体坍塌；等等。面对这些显性的灾难，林业专家认为其潜在影响、隐性损失、后续恶果将会逐步表现出来。林木、毛竹损毁，对林农、林业职工生产、生活的毁灭性影响和对区域性生态的影响，将是林业次生、衍生灾害最突出的隐患。

在这段时间内，依靠竹木实现增收的林农，其收入将会下降，有的将会出现负增长。江西省2613家木竹加工企业未来2~10年内，原料来源受到严重限制，31.5万企业职工就业受到严重影响，将产生大量下岗职工。林业专家估计，受灾害影响，毛竹恢复需要5年、松杉恢复需要10年、阔叶乔木恢复需要20年，古树无法恢复，生态修复恐怕需要更长的时间。① 显而易见，从林业这一个系统来观察这场灾害造成的影响，它不仅是现实数据的列举，而且关系到生态、产业、民生等一系列未来发展的后续问题。

二　举国应对灾害显示的国家能力

2008年，是中国改革开放的第30个年头，也是一个艰难而辉煌的年份。年初的低温雨雪冰冻灾害、随之而来的西藏拉萨“3·14”事件、“5·12”汶川大地震、奥运圣火传递的国际互动、中国人百年期盼的奥运会在北京成功举行，无不牵动着中国各民族人民、海外华侨华人的心。可歌可泣的

① 摘引自《抗击在雨雪冰冻中——林业抗击历史罕见雨雪冰冻灾害纪实》，2008年2月20日，http：//xnhz.forestry.gov.cn。

悲壮、众志成城的凝聚、欢欣鼓舞的喜悦，演出了一幕幕举国动员的宏大剧目。抗击低温雨雪冰冻灾害则是这一艰难而辉煌年份的序曲。

2008 年 1 月 10 日，中央气象台发布预报：受来自贝加尔湖地区的一股东移南下的较强冷空气影响，中国中东部大部地区自北向南将出现明显降温，西北地区东部、内蒙古中东部、东北地区中南部、华北、黄淮、江淮、江汉、江南、华南以及西南地区东部等地的气温将先后下降 4℃ ~8℃，云贵高原东部及长江中下游的部分地区的降温幅度可达 10℃。这一预报，揭开了南方低温雨雪冰冻灾害的序幕。在随后的几天中，南方一些省区的灾情相继显现，交通中断造成火车站、飞机场大量旅客滞留，公路阻断、事故频发、旅客受困，世界上绝无仅有、一年一度的“中国春运”遭受了天灾的重大困厄，而在那些被冰雪封闭的城镇、乡村和山寨则遭逢电力、燃气、通信、供水、商业等系统中断的困扰，甚至出现房屋垮塌、人员死伤和一些地区与外界隔绝的危机。

面对这场突如其来的低温雨雪冰冻灾害，中央政府、各级地方政府及时采取措施应对灾害、展开抗灾救助工作。从 1 月 10 日开始，国家减灾委、民政部系统启动低温雨雪冰冻灾害四级应急响应，紧急向湖南、广西、重庆、四川、贵州调拨棉帐篷、棉衣棉被等保障受灾群众基本生活的物资。在国家确定的“保交通、保供电、保民生”的抗灾救灾工作原则号召下，举国上下形成了万众一心抗击低温雨雪冰冻灾害的社会动员和实际行动，展现了中国应对重大自然灾害从中央到地方、从政府到民间广泛的应急管理动员。在此期间，中国政府领导人胡锦涛、吴邦国、温家宝等分别多次对煤电油企业、救灾物资生产厂家、南方各省区灾区进行视察和指导。

根据中央政府的工作部署，有关部门按照《国家自然灾害救助应急预案》及时启动国家救灾响应机制，在国务院煤电油运和抢险抗灾应急指挥中心的组织协调下，国家的财政、民政、铁路、交通、公安、商务、卫生、民航、电力、石油、煤炭、军队、媒体等23个部门、行业和企业系统，从政策制定、财政支持、物资调运、设施抢修、煤电油供给、医疗卫生保证、救灾力量组织、交通疏导、通信保障、社会安全、商品供应、舆论宣传等诸多方面展开了抗灾救灾工作。尤其是在“保民生”方面，专门协调解决灾区抗灾救灾、城乡居民生活必需品保障和紧急物资供应等重大问题。2月4日，国务院煤电油运和抢险抗灾应急指挥中心成立抢修电网指挥部，加快灾区电力恢复的速度。与此同时，各受灾省区地方政府，也相继启动应急管理预案，组织、发动、协调、指挥抗灾救灾行动。

在中国，任何一次抗灾救灾的行动，军队都是最重要的力量。在抗击低温雨雪冰冻灾害的社会动员和救灾行动中，军队累计出动兵员66.7万人次，空军出动飞机41架，飞行174架次，空运棉衣、棉被、蜡烛、应急灯等各种救灾物资3万余件700余吨。同时，全国公安系统也全面投入了抗灾救灾、维护社会稳定和保护人民安全的行动之中。据统计，1月11日至2月8日，广东、湖南、安徽、贵州、浙江、江苏、江西、广西、湖北、河南10个灾区共出动警力593.8万人次，救助群众约743.9万人，疏导车辆约1927.4万辆。① 全国消防部队组成300多个工作组、3万多人的应急救援机动力量，在打通道路、救助民众、排险抢修等方面发挥了重要作用。②

在抗灾救灾的举国动员过程中，全国各地、各行各业都对灾区进行对口支援，社会组织、人民群众也以捐赠等方式解决灾区的紧迫困难。香港、澳门特区政府和港澳台同胞、海外华人华侨积极向灾区捐款。同时，民政部积极协调外交、海关、质检等部门，建立国外捐赠物资接收的协调机制和快速通道。民政部、中国红十字总会、中国慈善总会及湖南、贵州、江西、安徽、湖北、广西、四川等7个重灾省（区）接收救

① 参见人民网站《全国公安民警抗击雨雪冰冻灾害纪实》，2008年2月11日。

② 参见中国消防在线《2008全国消防部队抗击低温雨雪冰冻灾害纪实》，2008年3月13日。

灾捐赠款物约 11.95 亿元。[①]

在这场抗击低温雨雪冰冻灾害的举国动员中，政府利用地方突发事件预警信息发布平台，努力在灾情信息方面形成及时、准确的报送网络，为抗灾救灾的工作决策提供了动态性、预期性的资料。同时，每天至少两次向手机用户免费发布交通、天气、卫生等相关信息。在这方面，新闻媒体发挥了重要作用。在重大灾害发生后，人们的恐慌、无助是加剧灾害危害性的重要动因，猜测、谣言、盲目的行为都可能造成危及社会稳定、人身安全的次生灾祸。因此，广播、电视、网络甚至手机短信传播的国家声音、展现的抗灾救灾的宏大场面以及民众相互救助的微观场景，会增强灾区人民脱困的信心，也会激发全国各族人民以各种形式投入抗灾救灾的热情。“在危机发生时，媒体给予受众的解释、引导、鼓舞和安慰是人们战胜危机不可或缺的精神动力”（芮毕锋、李小军，2008）。在 2008 年举国抗击南方低温雨雪冰冻灾害的过程中，中国的报纸、电视、广播、网络和通信平台通过多渠道、多角度向全社会展示了国家能力、民间力量，起到了增强信心、稳定民心、激发国民精神的重大舆论导向作用。

三 “08 教训”：灾害考验中国的应急管理预案

应急管理体制建设，是中国改革开放以来逐步纳入国家能力建设的一个重要方面。其重要的转折点基于 2003 年举国应对 SARS 疫情的经验和教训，以及随之而来的禽流感、矿难、污染等重大灾祸。

2006 年 1 月 8 日，国务院颁布了《国家突发公共事件总体应急预案》，10 日颁布了《国家自然灾害救助预案》，为全国各级政府制定突发公共事

① 参见中华人民共和国民政部网站《全国低温雨雪冰冻灾害灾情和救灾工作情况》，2008 年 2 月 14 日。

件、自然灾害救助预案提供了规范。6月15日，国务院发布了《关于加强应急管理工作的意见》（国发〔2006〕24号），指出了“我国应急管理工作基础仍然比较薄弱，体制、机制、法制尚不完善，预防和处置突发公共事件的能力有待提高”的现状，提出了“在‘十一五’期间，建成覆盖各地区、各行业、各单位的应急预案体系”的要求；确定了“构建统一指挥、反应灵敏、协调有序、运转高效的应急管理机制；完善应急管理法律法规，建设突发公共事件预警预报信息系统和专业化、社会化相结合的应急管理保障体系，形成政府主导、部门协调、军地结合、全社会共同参与的应急管理工作格局”的工作目标。

可以说，从2006年以来，中国在应急管理的法律建设方面取得了突破性进展，尤其是2007年8月30日颁布的《中华人民共和国突发事件应对法》，为应急管理体制的建设提供了国家基本法的保障，形成了国家总体应急预案（1项）、省级总体应急预案（31项）、国务院部门应急预案（85项）、国家专项应急预案（20项）的应急预案体系。但是，结构性的完备并不等于综合效能的完善。

制定应急预案，是中国社会管理体制建设中实施有效应急管理机制的重要措施。应急预案要求各地区“因地制宜”设计，在常态化的预防、模拟、演练中形成各部门、各行业的协同联动机制，以便在自然灾害等突发事件来袭时能够快速启动，最大限度地抗御和减轻危害。但是，从2008年抵御低温雨雪冰冻灾害的实践中，可以看出中国在构建应急管理体制和机制方面毕竟处于起步阶段，无论在预案的制定方面，还是预案启动后的实施能力方面都存在着一些问题。例如，地方各级政府应急管理预案的制定，存在逐级套用国家、省区市政府应急管理预案的基本内容、结构和话语的现象，而“因地制宜”地从本地区自然地理、气候环境、城乡分布、交通运输、电力供给、经济类型、社会生活等实际状况出发，对既往经验教训进行梳理、分析，进行针对性的应急管理设计明显不足。有的地区虽然制定了几十个单项预案，但是这些预案之间缺乏联动的统筹机制，在实践中出现各行其是的紊乱。

这场抗击低温雨雪冰冻灾害的应急行动，需要气象、铁路、民航、公路、电力、公安、民政、医疗等诸多部门之间，中央与地方之间，及时有效的沟通和联合行动，这方面的网络机制尚存在问题，“缺少整合条条与块块应对巨灾的综合性预案”（史培军，2008）。在一些地区，应急预案一经制定，缺乏纳入常态工作范畴给予演练、模拟的实践，未能根据本地区实际进行完善，尚未形成应急预案所涉及的各个部门之间协调运作的有效联动机制。在一些地区特别是局处基层的应急管理机构，由于编制、人员、设备、资金等各方面的因素，也导致一些应急管理机构有名无实，甚至运行机制的“休眠”状态，不能适应“快速反应”的响应、动员、指挥、协调、联动等应急要求。此外，在面对突发自然灾害的侵袭时，各地方自主的抗灾、救灾、减灾、赈灾能力明显不足，依赖国家、外部援助的需求过程，也常常导致灾情加重、次生灾害的出现。

总体而言，中国的一些基础设施建设在设计、施工和维护措施等方面，缺乏对全球气候变化及其对我国的影响等方面的预期性考虑。甚至，很多社会行业还没有做好应对巨大自然灾害的准备。例如，低温雨雪冰冻灾害发生后，保险业界为减少地区、企业、行业和家庭的损失，恢复灾区的生产生活秩序，积极开展灾后重建的赔付。截至 2008 年 3 月 5 日，保险业界共“接到灾害保险报案 101.7 万件，支付赔款 22.3 亿元，捐款 6000 多万元”。但是，“尽管保险业积极主动赔付，但与低温雨雪冰冻灾害造成的损失相比，保险赔偿占比明显偏低，还不到 2%，远远落后于全球 30% 以上、发展中国家 5% 的平均水平，这说明我国的保险覆盖面还非常低。多数企业、基础设施、农作物没有参加保险，经济损失无法得到补偿。有的即使参加了保险，也只选择少数风险较高的项目，保障不全面、不充分”[①]。这一实例表明，在中国保险业发展的进程中，保险、防损意识的社会化程度依然有限，尚未建立起巨灾保险制度，利用保险手段分散巨灾风险的能力明显不足。当然，不仅保险业面对灾害缺乏应对能力，即便是关系国计民生、经济社会生活命脉的传统产业也面对严峻挑战。

例如，国家电力监管系统在应对这一突如其来的低温雨雪冰冻灾害过程中，就切实感受到“缺乏有效的电力应急平台”，导致电力监管部门不能及时获取现场电力设施受灾、损毁和修复情况，不能及时掌握实时和全面的电网运行状况和运行数据，影响了应急判断、应急决策和应急指挥。尤其是“地方电力企业从物资、技术、人员三个方面得不到有力支援，一定程度上使灾害损失和持续时间扩大”（李霞，2008）。在这方面，中国科学院学部的综合研究报告对这场特大自然灾害进行的灾害链分析表明：“南方交通有赖电力，电力有赖能源，能源有赖运输，社会经济运行在这次特大自然灾害面前表现为一个恶性循环，而电力则是总开关”[②]。电力设施这一“总开关”受损，必然产生“一损俱损”连锁反应，甚至使很多其他行业的应急预案在“动能”受到制约的条件下，失去了功效和应急能力。这些教训是深刻的。

2008年南方地区罕见的低温雨雪冰冻灾害对电力、交通、通信、社会秩序和人民生活造成的严重影响，也凸显了各部门、各行业、各地区应急、应对能力不足的现状。俗话说“吃一堑，长一智”，应急管理预案的编制既要立足于本地的实际和既往的经验，也要对预期可能出现的突发性事件、自然灾害的规模和力度做出层级性的准备。而后者则是预案中不可忽视的要素。例如，“广州火车站应对旅客滞留的预案是1998年编制的，按滞留

① 保监会政策研究室：《低温雨雪冰冻灾害带给保险业的反思》，《中国保险》2008年3月号。

② 中国科学院学部：《建立国家应急机制科学应对自然灾害　提高中央和地方政府的灾害应急能力——关于2008低温雨雪冰冻灾害的反思》，《院士与学部》2008年第23卷第3期。

旅客15万~20万人编制的。2008年春节前夕，广州火车站共滞留旅客200多万人，以致预案失效”（栾盈菊，2008）。可见，编制预案也需要有超前意识，有备无患。当然，预案不是万能的，也不是一成不变的，它需要在应对灾害等突发事件的实践中去检验，在吸取经验教训的过程中去完善。灾害本身的突发性和严重性，应对预案存在的缺失和功效，都对全面贯彻落实国家的相关法律和政策，加强应急管理体制的构建，加快应急管理队伍和救援队伍的培养，改进救灾物资储备的布局，提高救灾设备的科技含量提出了新要求。

四 “08经验”：完善应急管理体制和提高抗灾救灾能力

中国自2003年SARS疫情之后，开始建立应急管理体系，初步形成的全方位、多层级、宽领域的应急预案，在2008年这场历史上罕见的大范围低温雨雪冰冻灾害中，经受了首次实践检验。随后发生的5月12日汶川大地震，则对中国应对重大自然灾害的应急管理体制提出了新的挑战。在经历了2008年这些重大的突发事件和自然灾害之后，总结经验、反思缺失，成为完善中国应急管理体制和提高抗灾救灾能力的必然要求。

完善中国的应急管理体系，需要国家、地方、各行各业在应对突发自然灾害综合能力的实践考验中，针对“经济社会发展和灾害应对工作中还存在着一些问题和薄弱环节”（张平，2008），加强对应急预案及其运作机制的综合能力建设。实践证明，除了预案和应急响应机制等因素以外，这场灾害所暴露的问题也突出了社会管理综合能力的欠缺，其中包括抗灾、救灾、减灾等方面的意识和能力。虽然中国在面对重大自然灾害方面，具备了举国动员的能力和“一方有难，八方支援”的全社会意识，但是这场灾害暴露出的社会各行各业或多或少存在着防灾、抗灾、救灾能力不足的问题也是事实。这方面的缺失，虽然受制于中国经济社会发展水平的总体条件，但是在现有资源和能力的储备、布局、配给等方面的调控，也存在着诸多问题。因此，充分认识到国家防灾能力尚不够强，经济发展与防灾需要尚不适应，加强防灾能力，特别是救灾物资储备能力的建设，成为“08 教训”的重要聚焦点。（马晋中，2009）

中国的中央救灾物资储备制度始建于 1998 年，是当年河北省抗震救灾实践的产物，也是针对救灾物资缺乏统一规划协调弊端的抉择。当时，民政部、财政部发出了《关于建立中央级救灾物资储备制度的通知》，提出了“为提高灾害紧急救助能力，保证灾民救济工作的顺利进行，促进灾区社会的稳定，中央和地方以及经常发生自然灾害的地区都要储备一定的救灾物资”的要求。根据这一通知的要求，沈阳、天津、郑州、武汉、长沙、广州、成都、西安被确定为首批 8 个代储点，分别负责东北、华北、华中、华南、西南、西北各个区域。其后，广州调整为广西南宁，增加了哈尔滨、合肥，形成民政部所辖中央救灾物资 10 个代储点的全国布局，形成国家中央级救灾物资储备制度，实行“专项储存、合理布局，快速高效、保证急需，集中管理、保证安全，专物专用、严格审批”的管理体制和工作机制。同时，地方也根据实际建立了相应的救灾物资储备库。

2002 年，民政部、财政部联合制定了《中央级救灾储备物资管理办法》，对国家救灾储备物资的采购、管理、调拨、使用、回收和责罚从“依法治国”的高度做出了规范。截至“十五”末（2006 年），中国已设立了 10 个中央级储备库，在 31 个省、自治区、直辖市和新疆建设兵团建立了省级储备库；在 251 个地市建立了地级储备库，占所有地市的 75.3%；在 1079 个县建立了县级储备库，占所有县市的 37.7%。[①] 这些储备库在安置受灾群众和保障灾民基本生活需求等方面起到了巨大作用。

实践证明，从中央到地方救灾物资储备体系的建立，在应对自然灾害、紧急救助灾区人民和降低灾情损失等方面，发挥着至关重要的作用。但是，

① 参见《自然灾害应急体系建设提速》，《京华时报》2006 年 1 月 13 日。

实践也证明，到2008年低温雨雪冰冻灾害以及随之而来的汶川大地震，国家救灾物资储备体系还不能满足应急管理的要求，物资储备不足、品种较少、储备库分布不均的弊端越来越突出。

第一，救灾物资储备的品种单一，即只有棉、单帐篷。这虽然保障了受灾群众遮风避雨的居住问题，但是衣、食、饮水、照明、取暖等民生迫切之需则不在储备物资之列。第二，救灾物资储备的仓储空间有限（中央级最大的仓储空间只有10000平方米），致使帐篷储备量也明显不足。2004年中央级救灾物资储备库储存的棉、单帐篷为15.8万顶，民政部移交各地区救灾物资储备库的棉、单帐篷为21.26万顶，总计37万余顶。（高建国，2005）而汶川地震10天后对帐篷的需求就达到90万顶，满足这一迫切需求的生产、调拨、运输过程需要一个月。第三，由于救灾物资仓储布局不平衡、救灾物资储备品种单一且数量不足，在组织应急投放过程中往往因调运的困难而导致救灾及时性和减灾有效性的迟滞，同时造成救灾物资运输成本的提高。

救灾物资能否在最短的时间内调运到灾区，是考验国家应急能力的重要指标，救灾物资储备能否适应灾区灾民的基本生计需求，是践行“以人为本”的重要标志。对于自然灾害多发、国土面积广阔、人口众多的中国来说，救灾物资储备的布局、救灾物资品种的常态储备，显得尤为重要。因此，“宁可备而不用，不可用而无备”，也成为2008年以来中国完善应急管理体制的重要原则。当然，这方面还涉及救灾物资储备的资金投入、救灾物资储备的科技含量等一系列问题，其中包括中西部地区地域辽阔、人口密集程度不一、交通运输能力不足、地方财政困难等实际问题，需要将救灾物资储备和救灾能力纳入区域经济社会协调发展中给予重视。

2009年，民政部对中央救灾物资储备库进行了重新规划和布局，数量增加到24个，并陆续开始建设。民政部编制的《救灾物资储备库建设标准》，为中央与地方各级救灾物资储备库建设提供了国家标准，明确了不同层级救灾物资储备库的规模等各方面的技术指标。现已建成的昆明中央救灾物资储备库，是规模最大的救灾物资储备库，可停放、起降直升飞机，救灾物资储备能够满足 70 万灾民的基本生活需求。救灾物资品种也由过去的单一品种（帐篷），扩大到主要生活需求品（棉被、衣服、净水器、火炉、炊具等），同时包括救灾设备、工具等。为此，民政部等相关部门，在加大救灾物资储备的数量和品种、建立物资调运和储备的管理信息系统、制定救灾物资行业标准等方面，进行了一系列制度、规范建设，并集中体现在《民政部关于加强救灾应急体系建设的指导意见》（民发〔2009〕148 号）之中。

同年，针对应急管理体系在人才队伍建设方面的缺失，国务院办公厅发出了《关于加强基层应急队伍建设的意见》（国办发〔2009〕59 号），确定了专业化与社会化相结合、提高应急队伍的能力和社会参与程度、形成规模适度和管理规范的基层应急队伍体系的指导原则，要求通过三年左右的努力，达到县级综合性应急救援队伍基本建成，重点领域专业应急救援队伍全面加强，乡镇、街道、企业等基层组织和单位应急救援队伍普遍建立，应急志愿服务进一步规范，统一领导、协调有序、专兼并存、优势互补、保障有力的基层应急队伍体系基本形成的建设目标。

国家制定的这些政策原则，体现了中国政府对救灾应急管理的高度重视：“加强救灾应急体系建设，是关系国家经济社会发展全局和人民群众切身利益的大事，是全面落实科学发展观、构建社会主义和谐社会的重要内容，是各级政府坚持以人为本、执政为民、全面履行政府职能的重要体现”；确立了“以保障人民群众生命财产安全和基本生活权益为出发点和落脚点，以提高救灾应急能力为核心”的基本原则，要求“综合运用行政、法律、科技、市场等多种手段，统筹做好灾前、灾中和灾后各阶段的应对工作，全面提高应对自然灾害的综合防范和应急处置能力”；提出了“用 3~5 年时间，形成具有中国特色的救灾应急体系，全面提升救灾应急工作的整体水平”等工作目标。

这一建设性的工作目标，包括了13个方面的具体内容——救灾应急管理体制机制、救灾应急法规制度、救灾应急预案体系、救灾应急队伍、灾情管理制度、救灾资金保障机制、救灾物资储备能力、救灾装备建设、救灾应急指挥系统、应急避灾场所、救灾科技支撑能力、社区综合减灾救灾能力、救灾应急社会动员能力。由此，在2010年我国基本形成“纵向到底、横向到边”的救灾应急预案体系。可以说，这些措施和工作目标，都是对2008年一系列重大自然灾害经验教训的系统总结，是“08经验”的产物，也是对全面建设中国救灾应急体系的规划。

应急管理是国家社会治理事业中不可或缺的内容之一，它作为一种非常态的管理，也必须纳入社会管理事业常态建设的范畴，这种常态建设就是制定并不断完善应急管理预案、建设和完善应急监测和预警系统，形成中央、地方、各部门和社会组织之间合纵连横的应急网络协调体系，做好有备无患的救灾物资储备和调度规划，建立和培育专业、高效的应急和救灾队伍，开展全民的应急防灾、自救和自觉维护社会稳定的教育，等等。从这个意义上说，虽然应急管理针对的是“非常态”的突发事件，但是应对突发事件的能力只有在常态化的准备中才能建立和健全。在这方面，相关法律法规的建设和完善、社会舆论的教育渗透、规范化的各种类型的演练，都是应急管理中至关重要的基本要素。

当媒体记者对北京市民随机采访“是否知道市内专设的应急避难场地”时，绝大多数受访者对此难以言对。可见，在应对灾害方面，危机意识、救助意识即便在首都这样的大城市，也还没有渗透到市民当中。中国是一个幅员辽阔、人口众多的大国，同时也是一个自然灾害频繁，而且将长期面对社会各类矛盾频发的大国。这样一种国情特点，不仅需要国家、各级政府、各行各业在应对突发事件方面高度重视，而且需要民间社会增强危机意识、安全意识和应急救助意识。从国际经验中可以看到，应急管理意识的民间化程度越高，应对危机的国家能力和社会功效也越强。应对危机、应急管理的意识和知识，需要成为国民教育的法定内容。

虽然2008年的南方低温雨雪冰冻灾害，在与后来一系列重大的地震、泥石流等自然灾害的比较中，已经不那么引人注目。但是应对这场灾害的过程、教训和经验，却对中国应急管理体系的触动、改革和完善产生了重要影响，因此也构成了“08经验”的主题。

参考文献

王东海等:《2008年1月中国南方低温雨雪冰冻天气特征及其天气动力学成因的初步分析》,《气象学报》2008年第3期。

张平:《国务院关于抗击低温雨雪冰冻灾害及灾后重建工作情况的报告》,《全国人民代表大会常务委员会公报》2008年第4号。

芮毕锋、李小军:《大众传媒与社会风险——以南方雨雪灾害报道为例》,《淮海工学院学部》2008年第6卷第2期。

史培军:《建立巨灾风险防范体系刻不容缓》,《求是》2008年第8期。

李霞:《电力系统受低温雨雪冰冻灾害影响情况报告》，中国电力网，2008年3月22日，http：//www.ccchina.gov.cn/cn/NewsInfo.asp?NewsId=11399。

栾盈菊:《对政府编制应急预案的实施与思考——以2008年南方低温雨雪冰冻灾害为例》,《江南社会科学院学报》2008年第10卷第2期。

马宗晋:《2008年华南雪雨冰冻巨灾的反思》,《自然灾害学报》2009年第18卷第2期。

高建国等:《国家救灾物资储备体系的历史和现状》,《国际地震动态》2005年第4期。

共同体和家庭中克服自然与生活危机的传统机制：基督教伦理、人类行为和健康

〔保〕塔尼亚·波涅娃 著　于　红 译

摘　要

本文从民族学的视角考察了应对危机局势的传统方法，着重于研究19世纪至20世纪期间保加利亚人中对自然和社会危机产生影响的观念、集体规则和行为规范，探讨的问题涉及传统的世界观、建立在基督教伦理基础之上的行为规范和价值观。这种理解和实践体系将某些观念加诸社会共同体内（家庭和地方共同体）人类行为、自然灾难和危机局势之间的关系上。它涉及地震、干旱、洪水、大雨和雷暴，以及人类行为引发的人口危机、动植物的繁育和疾病。

现代社会根本性地改变了对自然行为和人类行为的态度，消费者社会抛弃了自然与人类社会相互联系的观念。个人和集体对自然和人类危机局势负有责任的观念，被人力胜天的观念和运用科学技术战胜自然的实践所取代。人们热衷于采用新的再生产方式和新的技术来克服危机局势，这些引发了对人类干预自然进化极限的关注。新的危机局势需

要解决问题的理念和实践，其中一些也存在于对人类伦理的永恒问题做出的回答中。

当代社会已经发展出各种技术手段和组织，以保证在地震、火灾、洪水、海啸等危机情况下提供人道主义援助，然而，这种技术上的准备却不足以阻止人和自然遭受致命的结果。今天，人们行动起来解决特定的问题，但他们却不将自己的行为和生活方式与不利的自然条件和自然现象直接联系在一起，诸如上面列出的那些自然灾难。采取事后行动是数百年来的惯例，还是以往世代的经历表明人们对自然和生活危机有着不同的态度？

本文将概括出个人、家庭和地方共同体为应对和阻止危机情况所采取的理念和行为。关注的焦点将落在各种已经确立并不断重复的机制和手段上，这些机制和手段保证人们在遭受地震、干旱、暴雨、洪水、雷电、暴风雨或强风（龙卷风）等破坏生产的自然灾害时能够得到保护。本文也将考察人们是如何通过采取预防和医疗手段，来阻止和克服因疾病和时疫导致的人口增长率下降。本文重点关注保加利亚农民的世界观、行为模式和价值观，考察他们在爆发自然灾难、时疫和疾病时所采取的时间上的延后、空间上的隔离举措。[①] 这些表现出特定的理念，即在人们的行为与社会共同体（家庭、村庄等）遭受的自然和生活危机这二者之间存在联系。

实际上在20世纪中期以前农民一直是保加利亚人口的主体，其价值体系在社会结构中表现得最为充分，社会和文化都是在社会结构中不断复制的。一般来说，这种价值体系包括与一个属于“自己的文化”的人结

① 对这一问题各个方面进行的研究收录在《灾难2009》一卷中，参见波涅娃，2009：132–148；波涅娃，2010：5–18。

婚[①]，而“自己的文化”指的是地方共同体范围内一个稳定的基督教家庭（桑德斯，1935~1936：134；菲尔切娃，1984：38–39；贺瑞斯托夫，1990：9–10；波涅娃，2001：761–783）。经济生活的组织形式是家庭农场，家庭成员在其中辛苦劳作（在这方面有一句谚语“白白干活胜过白白待着”），社会纽带和平等主义哲学构成了保加利亚农民社会行为的主要特征。

写作本文遇到的一个挑战来自同笔者的一位女性朋友的谈话，我的朋友受过教育，有着现代的世界观。她 36 岁后才生孩子，根据当时的医疗情况，这表明她需要进行专门的检查并对孕期进行控制。我的朋友没有参加孕期排查胎儿是否畸形、失常的检查，她采信了她妈妈的观点：“在我的家里没有人做过任何坏事”[②]。

本文参考了 19 世纪后半叶和 20 世纪前半期对一个保加利亚村庄进行的田野调查资料，内容包括人们普遍接受的行为规范，以及将这些行为规范灌输给个人的理论和象征模式，其目的在于保证人口繁育，避免自然灾难和生活危机。这些规范反映出基督教的主要的道德伦理观念：德行、罪恶、谦卑、诱惑、忏悔、宽恕等，它们指导着人们的生活。[③]

---

① 这样一个“熟悉的”人是生活在共同体内的人。这种共同体是根据宗教和族类原则建立起来的。共同体的“外来者”是穆斯林，巴尔干半岛的基督教徒一般称他们为“土耳其人”（波涅娃，2006：283–303）。在民歌和民间故事中，土耳其人属于“异教徒”，被视为不合适的结婚对象（卡拉米霍娃，1995：263–267）。

② 幸运的是，她的孩子出生时都正常、健康。

③ 这里是十诫：第一条：除了我以外，你不可崇拜别的神。
第二条：不可为自己雕刻偶像，也不可做什么形象，仿佛上天、下地和地底下、水中的百物；不可跪拜那些像，也不可侍奉它。
第三条：不可妄称耶和华你神的名。
第四条：当纪念安息日，守之为圣日。
第五条：当孝敬父母，使你的日子，在耶和华你神所赐予你的土地上，得以长久。
第六条：不可杀人。
第七条：不可奸淫。
第八条：不可偷盗。
第九条：不可作假证陷害人。
第十条：不可贪恋别人的房屋，也不可贪恋别人的妻子……或他一切所有的。

一　保护人们免遭自然灾难、克服社会和生活危机

正如波涅娃已经研究指出的（2009：132–148），在村庄共同体，生育以及与自然的和谐是通过人们的直接参与实现的。基督教关于正义和虔诚的规定、旨在避免罪恶的准则，包括具体的行为教导、训诫，以及与生育直接相关的惩罚。[①] 直到20世纪中期，在保加利亚农村地区，防止、克服自然、社会和生活危机的机制反映出这样的观念，即人的行为影响到自然状态及其自身的生活遭遇。罪恶被认为是造成所有的自然灾难和社会危机的一个主要原因。伟大的保加利亚人类学家迪米塔尔·马利诺夫的田野调查资料表明，最可怕的自然灾难——大地震，被解释为“上帝给予重罪的严厉惩罚，人们应当对罪行进行忏悔”。而与之类似的小地震则被理解为有着自然原因：“角上顶着地球的公牛将地球移到了它的另一只角上”（马利诺夫，1994：74）。

个人行为以及共同体内社会关系赖以建立的主要观念，是奉行基督教信仰，保持共同体的基督教特色。对人的态度由人的本质的观念决定：人是上帝的造物，他们的创造被视为一项神迹，正如旧约中所描述的。家庭中一个孩子的出生被解释为上帝的福佑和来自上帝的礼物。因此，已婚妇女流产被视为一项严重的罪行，正是出于这些观念的影响——每个人都是“上帝所为”，孩子的出生是在圣母玛利亚的直接支持和帮助下完成的过程。父母没有用现代的“出生”一词来描述孩子的出生，而是使用了“发现”一词，“上帝赐给我们一个男孩/女孩”或是“孩子是来自上帝的礼物”。一个新个体的出现受到社会的制约，他们归属于一个特定的家庭。家庭中孩子的出生仅仅是其社会承认的开始——在进行基督教洗礼前，婴儿没有一个明确的身份，人们用非人称代词“它”“光溜溜的”“被哺育者”“襁褓

---

① 对这些现象的早期探讨，见波涅娃，1997：317–334；波涅娃，2010，10–12。

中的”等词来称呼婴儿（乔齐娃，1993：35）。只有在接受洗礼后，孩子才得到教名，成为家庭和村庄的一分子。未经由洗礼加入基督教的孩子死亡，其灵魂将会处于危险之中，因为他们没有被认定为基督徒，故而在“来世”不被接纳。这一传统观念被认为是为什么必须举行基督教洗礼，并将新生的婴儿在很小的时候就纳入基督教共同体的一个额外的宗教理由。

家庭中最大的生活危机就是不生育，或娩出死婴，或孩子在出生后不久即死亡。没有孩子的家庭就没有完整的社会价值，在共同体中处于边缘化的地位，没有孩子的责任要由妇女来承担。为克服这种情况，就要采取特定的举措，其目的就是生出一个孩子。一个家庭如果没有自己亲生的孩子，就应当收养一个，这种观念极为普遍。在这样的情况下，人们相信，收养孩子后亲生孩子随后出生是上帝因其收养了另外一个孩子的善举而赐给这个家庭的礼物。有许多关于膝下无子的家庭在收养了一个孤儿后生出了自己的孩子的案例报道（莎妮娃、基里洛娃、尼克洛娃，2010：9–20）。保证家庭后继有人的第二种方法是借助于“扔孩子”的习俗，在婴儿和另外一个人之间建立象征性的亲属关系。接生婆或家庭中的另外一名妇女将新生的婴儿放在街道上，发现孩子的人就成为礼仪上的母亲、父亲、姐妹或兄弟。孩子成为自己家庭的成员，但也被纳入了“发现”者象征性的亲属圈子内（莎妮娃，1990：23–24；莎妮娃，1994：25–34）。

传达给年轻的男孩和女孩的基本行为准则是在婚前避免性接触，以防止在婚外怀孕、生孩子。严格禁止婚前性关系，只能在家庭中生孩子的准则，限制了村中爆发人际冲突与家庭之间冲突的可能性。在家庭以外生孩子被定为一项严重的罪恶。这样的孩子被称为“科佩勒”（kopele，意为杂种）或是“山姆尼克”（shumnik）。生这样的孩子会引发洪水或暴雨等自然灾难，这样的观念对青年人的行为产生强烈的心理影响。在发生持续的干旱或暴雨、洪水等灾难时，人们的第一个解释就是罪恶。当一名未婚的女孩生孩子时，“上帝会降下”可怕的灾难，例如雷暴和豪雨。寡妇生孩子也会发生同样的情况。少女或寡妇在婚外生孩子，会危害到整个共同体，中断庄稼的正常生长，导致不育。对于家庭和公众来说，这样的行为是如此不可接受，以至于人们将其与违反十诫的规定——例如不可杀戮——等同起来。根据 19 世纪的资料，农民们聚集在一起，纵火烧死这样的母亲和孩子（马利诺夫，1994：235）。保加利亚人中发生的一系列杀婴的案例，对象就是少女或寡妇生出的私生子，或是“草药打下的孩子”（流产）。在许多方面，母亲杀死的孩子都不属于共同体。他们的出生和死亡都是罪恶的，因此他们不会与其他死者一起被葬在公墓中，而是被埋在靠近河流和水洼的地方（杨切夫，1985：204–205），降下大雨以“洗涤罪恶”。当作为最可靠的净化和治愈手段的水[①]，“洗刷了罪恶”，河水带走了埋葬在河岸附近的孩子的尸体后，暴雨才终止（杨切夫，1985：204–205）。

另外一项研究指出，即使孩子是婚前怀上、婚后在家庭中诞生的，他们也被视为在罪恶中孕育的，属于另类。尽管他们会活下来，在家庭中被抚育长大，但人们仍将他们作为在罪恶中孕育的人来看待。[②] 因此，每个人的生活和命运不仅是由其在婚内的家庭中还是婚外出生决定的，而且是由其孕育和出生的时间决定的。

少女社会行为出轨导致新生的婴儿横死，将会给年轻母亲的生活带来额外的危险。农民的传统观念认为，出生时死去或被谋杀死去的婴儿的灵魂将会变成鸡雏或“不洁的幽灵”（纳威，navi），它们忍受痛苦，在大地上游荡，寻找对他们的死亡负有罪责的母亲。这些幽灵会导致年轻的母亲死去，通过“射中”她们，使她们失去知觉倒地而亡（马利诺夫，1994：

① 水作为基本的自然元素，直接与地球的创造联系在一起（关于对水和河流的阐释，见马利诺夫，1994：79–81，以及乔齐娃，1993：71–72）。将水作为主要的净化手段的观念，在围绕巴斌登节（1 月的接生婆节）举行的仪式等众多场合中不断地显示出来。在这一天，年轻的母亲们被接生婆带到河水中，并在河中洗澡，因为“水将带来更多的孩子”。

② 他们有着不同的名字，表明父母的出轨行为（兰卡、巴辛卡、莱福特这些名字表示过早出生）。这些孩子没有与其他孩子平等的地位（关于这方面的内容见波涅娃，2009：132；波涅娃，2010：10–11）。

313–314；乔齐娃，1983：206–207）。

另外一项自然灾难——干旱，也被人们同罪恶联系起来。除了杀害私生子外，干旱还是由已婚男女通奸、不贞的少女结婚、未婚男女同居引发的（马利诺夫，1984：164；杨切夫，1974：346–351；杨切夫，1985：238–240），还可能是由引发干旱的专业魔法所导致的。[①] 在为了结束干旱而采取的举措中，有“佩佩鲁达”和“日耳曼”的习俗，是由年轻的女孩和少女举行的。[②]

这一系统性的观念——将个人的罪恶视为引发自然灾难、导致村民死亡和生活危机的原因所在，其目的在于促进贞洁、避免男孩和女孩在婚前进行性接触。未婚生子的少女会遭受最严厉的惩罚。那些打破公认的行为准则、由此引发自然灾难的人，会身败名裂，丧失在家庭、村里的社会地位和社会意义。他们构成了被边缘化、没有完整的社会价值的群体。对于他们来说，有可能打破公认的门当户对的同族通婚，或是在村内与年龄相当的人结婚的惯例。未婚生子的少女被嫁给与其年龄不相配的人。她们不是与村内的同龄人结婚，而是嫁给鳏夫或别的村子的老光棍。

违反其他的基本行为准则会导致许多问题。受孕的时间，以及在一年中特定的时刻和时段生孩子，决定了孩子的身体和心理特征。人们普遍相信，不应当在节日的前夜要孩子，甚至存在着一套在某些节日（星期日、复活节、天使报喜节）前以及在斋戒期间禁止要孩子的规定（波涅娃，1994：21–30）。同样，对于孩子在一年中出生的时期也有讲究，例如耶稣基督出生至受洗期间（12月25日至1月5日）也被称为“脏日子”或是“异教日”。人们相信，一个在这期间受孕的孩子出生时会有缺陷，并且不会活太久（波涅娃，1994：21–22）。生出一个身体异常或是有精神问题的孩子，被认为是对人们的罪恶的惩罚，并且会和母亲的行为举止联系起来。存在

① 例如，砖瓦匠将活着的驴埋在土里以带来干旱，方便他们干活（瓦斯莱娃，1985：126）。
② 关于这方面的介绍，见下文。

着在怀孕期间禁止做出某些行为、避免吃某些食物的禁忌，以便能够生出健康的孩子。其中包括不要从一条蛇的身上跳过去（以免脐带缠绕到胎儿的脖子上使其窒息）；或是不要吃兔肉（以免生出兔唇的孩子）。如果妇女偷东西，生出的婴儿身上会有一道疤痕。当一个孩子出生时就有病，或是有特殊的特征——例如带有尾巴或是在腋窝下有“翅膀”，人们会另寻原因，例如母亲背离正常的行为，她有可能和一种神秘的生物（龙）进行性接触，结果生下一个龙孩儿（乔齐娃，1993：109–110，134–135；波涅娃，1994：22、35）。

少女在青春期的精神状态也是家庭特殊关注的一个焦点。在保加利亚农民的传统中，少女们心理上的反常被描述为“一条龙爱上了她”。这类少女不与同龄的女孩外出，没有爱人，并坚称一个好小伙子、一条龙在晚间拜访她。龙的爱慕成为少女嫁给村里年轻人的障碍，并常常导致少女的死亡（伯格达诺娃，1972：239–259）。人们用草药保护并“疗治”这样的心理问题，此外还有举行“拉扎鲁瓦尼”（Lazaruvane）和“库米施尼”（Kumichene）仪式的习俗。“拉扎鲁瓦尼”是在棕榈星期日之前的星期六圣拉扎鲁斯日举行的，“库米施尼”是在棕榈星期日举行的，保加利亚传统上称其为“花日”。尽管是在基督教节日举行的，但这些风俗的内容显然不是对圣人的崇拜，或是根据基督教的节日系统的观点来解读棕榈星期日。[①] 参加这两个仪式的主要是女孩儿和少女。“拉扎鲁瓦尼”和“库米施尼”是少女的习俗，一些著者将其解读为成人仪式（科勒娃，1972：367–372）。为了参加这些仪式，少女们（被称为“拉扎基”，lazarki）第一次穿上年轻新娘的服装，或是新娘服装的部分服饰。这些服装，以及少女头上的装饰，可以被视为某种掩饰。这个风俗是建立在赠予礼物的基础上的。女孩们走遍村里的所有人家，跳着一种特殊的圆圈舞，向家里的每

① “沙维特尼扎”（Tzvetnitza，花日）或棕榈星期日是复活节前的一周，这一天是为了纪念耶稣基督胜利进入耶路撒冷，人们用棕榈枝向他表示欢迎。

个成员唱祝福歌。这些祝福，是少女们给予每个家庭成员的口头礼物，内容包括祝愿家里五谷丰登、六畜兴旺，根据每个人的年龄以及在家里的社会地位，祝愿少男少女未来觅得佳偶，或是早得贵子。在仪式结束后，“拉扎基”会收到每家主人送的礼物（瓦希勒娃，1985：119–121）。少女们遍访全村，进入各家各户，履行既定的象征性行为，因为人们相信“拉扎基”跳舞的家庭是一个幸运的家庭。这样的家庭将会兴旺发达，主人将会在全年健康、快乐。在接下来的日子（棕榈星期日），这些少女参加“库米施尼”仪式，每个“拉扎基”都要准备一个柳条做的花环，或是一个仪式的面包（称为“库卡拉”或娃娃）。她们将花环（娃娃）扔到河里，谁的花环第一个掉进河里，就被推选为少女们的首领（库米沙，kumitza）（瓦希勒娃，1985：119）。根据迪米塔尔·马利诺夫的说法，少女们参加这些仪式，目的在于保护她们免受龙的骚扰。“参加‘库米施尼’仪式的少女将不会被龙爱上……如果少女没有参加‘库米施尼’仪式就结婚，她将会被龙带走，做龙的新娘”（马利诺夫，1994：548）。

图 1　索菲亚附近一个村庄里的“拉扎基”，恢复于 20 世纪 80 年代

在这里，防患于未然有着特殊的意义。少女参加仪式，表示她们不会被龙爱上，因此少女本人、她的家庭、村庄共同体都不会遭受致命的后果。实际上，这是一种保护性举措，使少女们免受青春期抑郁和忧伤的困扰。

“科勒杜瓦尼”（Koleduvane）和“苏尔瓦卡尼”（Survakane）的风俗也有相似的作用。前者是在圣诞节（12月25日）的唱歌拜访，后者在圣巴兹尔日（1月1日，新年）举行，由男孩儿和少男们用装饰的树枝祝愿人们健康。“科勒达瑞”（Koledari）是圣诞节在村子里游走、拜访的年轻人。这一风俗也遵循着赠予礼物的原则。与身着新娘服装的“拉扎基”相似，“科勒达瑞”们穿着成年男性的部分服装。他们除了告知人们年轻的神（耶稣基督）诞生的消息，还祝福五谷丰登、人畜兴旺。他们向村里的每家每户的所有成员都送去祝福。他们履行这些仪式后，作为回报，会收到拜访的各家主人赠送的礼物，例如特殊烤制的小圆面包（中间有个洞的仪式面包）和其他的东西。“苏尔瓦卡瑞”（survakari）男孩儿在新年的第一天携带着苏洛瓦切基（surovachki）或装饰着爆米花、小的圆环形面包以及红色和白色羊毛的山茱萸枝条，走遍全村。他们用苏洛瓦切基轻轻拍打遇到的每个人，祝愿他们在新的一年健康、兴旺[①]，并收到礼物作为回报。这些祝福包括祝愿人们身体健康、万事如意，例如少男少女喜结良缘、早得贵子，等等。这些风俗的内容，以及年轻人在其中的核心作用，表明了年轻人对于共同体的重要社会意义。仪式上的祝福包括了富饶、健康、婚姻和孩子、兴旺发达等方面的内容，表明了人们对家庭繁盛兴旺、万事如意的向往和期望。未婚的年轻人是做出这些美好预言的人，希望他们的村庄共同体的所有成员生活美满，他们自己也是共同体的一分子。

在对抗旱灾和持续雨灾的仪式中，村里的年轻人被赋予了中断自然危机的角色。这些仪式，例如“佩佩鲁达”（Peperuga，或称“多多拉”Dadola，意为蝴蝶）或是“日耳曼”（German），目的在于阻止或中断干旱或洪水，以保证繁盛发达（瓦卡雷尔斯基，1997：516-519；杨切夫，1974：346-348；杨切夫，1985：238-240；瓦希勒娃，1985：125-

① 他们也唱着下面的歌词：“健康，新年健康！ / 新年快乐！麦田里麦穗饱满，/ 玉米地中玉米金黄，/ 钱包装满钱，/ 健康，新年健康！ / 直到下一年，身体健健康康，/ 直到下一年，直到许多许多年，阿门！”（瓦卡雷尔斯基，1977：505）

127；波涅娃，1987：101–102）。在这些仪式上，参加“拉扎鲁瓦尼”和“库米施尼”的女孩儿和少女们也参与其中。这些仪式在春天和夏初举行，常常是在圣乔治日（5月6日）和圣灵节（复活节后的51天）期间举行，此时庄稼（主要是小麦）需要雨水以便成熟。“佩佩鲁达”，是一个披戴着绿叶的女孩儿，她和同龄的女孩子走遍村子，为每家每户演唱仪式的歌曲，旨在“引来雨水”。①

家里的女主人将水倒在她身上，“以便引来雨水”，给她粮食产品（例如面粉和谷类），并在“佩佩鲁达”身后用筛子筛面粉，说着五谷丰登、人畜兴旺之类的吉祥话。仪式结束后，女孩儿们来到河边，将“佩佩鲁达”穿戴过的绿叶扔到河中。这个仪式以参与者们都出席的一顿宴席作为结束，宴席的菜肴是由收到的礼物做成的（瓦希勒娃，1985：126）。参加者们相信，仪式举行后，雨水会接踵而至，甚至是在仪式的当天、举行宴席之时下雨，许多故事都提到这种情况的发生。

另外一个在发生旱灾时由少女们参加的仪式是“日耳曼”，也被称为“吉约吉”（Gyorgi）或“卡洛杨”（Kaloyan）。参加仪式的人身着“拉扎基”和“佩佩鲁达”的服装，制作一个带有明显性特征的年轻男性的小黏土像，人像的阴茎被涂成红色。“日耳曼”或“日耳吉”被解说成一个死于饥饿的人。少女们将它放在一个瓦片中，双手交握捧着一支燃烧的蜡烛，在其周围举行一个安葬死者的仪式。这个人像上被装饰着鲜花，人们唱着哀歌，歌词包括了祈雨的内容。② 仪式上还有一名装扮成教士的少女，她陪着送葬的行列来到水边（例如河流、沼泽或水井）安葬小黏土像的地方。一个基督教十字架被安放在坟墓上。在葬礼后，少女们在街上会举行一个纪念宴席，所有

① 这里是最常重复的歌词：“噢，上帝，赐予我们雨水，/以便黑麦生长，/我们来烤面包”。

② “佩佩鲁达飞着飞着，祈祷着/上帝啊，赐予我们大雨，/以便粟子生长，/粟子和小麦生长，/赐予我们夏天的甘露，/赐给年幼的孩子们，赐给小孤儿们，/一块面包皮和一小点盐”（瓦卡雷尔斯基，1977：517）。

从旁经过的人们都会参加。[①] 如果在仪式后没有立即下雨，仪式的参加者会为“日耳曼”举行“泰提尼”（Tretini）和“德维提尼”（Devetini），或是在每位死者葬礼后的第三天和第九天举行纪念仪式。举行仪式是因为人们都相信大雨会到来，纪念仪式最晚在葬礼后的第四十天举行。如果大雨如期而至，女孩儿们便将“日耳曼”从坟墓中挖出来，把他扔到河中或另外一个水塘中。这些女孩们有时也会制作和埋葬“日耳曼”，以便终止持续不断的降雨，但这种情况比较罕见。在这种情况下，女孩儿们会用扫帚来做男性人像（瓦希勒娃，1985：126）。

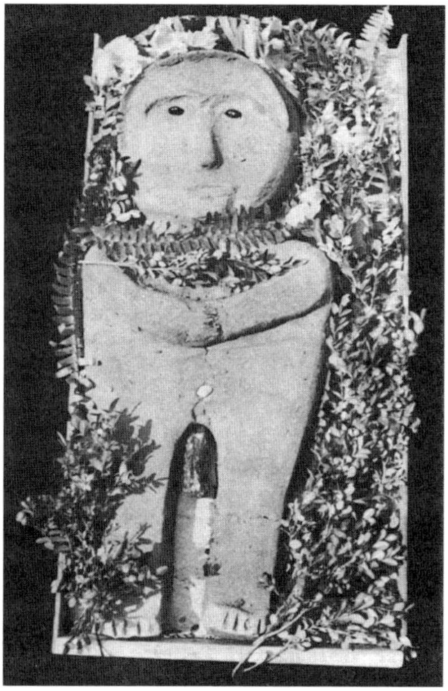

图 2　保加利亚中部真实的“日耳曼”礼仪人像

上面描述的习俗和仪式补充了女孩儿、少男少女们在保证繁盛发达的仪式中所起到的重要作用。在“科勒杜瓦尼”和“拉扎鲁瓦尼”仪式中，他们通过说吉祥话和跳舞，祝愿人们兴旺发达、身体健康。在发生旱灾和大雨等自然灾难的情况下，他们举行“佩佩鲁达”（多多拉）和“日耳曼”的仪式，以便恢复自然界的平衡。

教堂也组织一种对抗旱灾的仪式，称为“莫勒班”。在发生干旱时，整个村子的人，都在教士的带领下围绕着村子、田地、水源地和礼拜堂游行，圣像被放在最醒目的位置，教士祈祷降雨，并将圣水洒在这些地方。当他

① 瓦卡雷尔斯基，1977：517。另见瓦卡雷尔斯基，1977：517–518；杨切夫，1974：348–351；波涅娃，1987：102–103。

们返回村子时，农民们“为了雨水、为了田地”，举办一个全体参加的奉献餐。在某些村子，年轻人举着圣像，唱歌求雨。游行的仪式包括已经参加过“佩佩鲁达”的女孩儿的歌唱和舞蹈。女孩儿参与教堂的游行，并表演佩佩鲁达的仪式歌曲和舞蹈，清楚地表明教堂和民间传统相互交织，其目的都是渡过危机阶段。

为了免受危险的自然现象的困扰，使庄稼免于绝收，使家畜免于不育，在圣伊莱亚斯、圣乔治、圣维拉斯、圣巴塞罗缪等基督教圣人的特殊纪念日里，人们举行各种仪式，奉行各种禁忌。在农民们看来，这些圣人有能力对危险的自然现象施加影响，例如雷暴、冰雹或火灾，并能够保护家畜。① 对自然和社会平衡的其他威胁，与违反基督教伦理规定的行为规范联系在一起，包括不得杀戮、不得偷盗、不要觊觎邻人的房屋。违反这些行为规范的人被视为对共同体的威胁，不仅是在其活着的时候，而且是在其死后。出于这个原因，作恶者、纵火者和谋杀者为死亡所不容的观念广为传播，他们被埋葬在墓地之外，不举行教堂的葬礼，“因为在墓地举行葬礼会导致自然灾难——降下暴雨或发生旱灾”。自然灾难也可能是由那些非自然死亡的人引发的，例如自杀的人、被谋杀的人、溺死者或死于疫病者（杨切夫，1985：204–205）。

农民们传统的基督教伦理观将好的和坏的定义为永恒的道德类别，会带来和谐或导致自然和生活危机。借此，人的行为不仅仅在生前，而且在身后也受到评估。善行或恶行与这一观念联系在一起，即每个人的肩上一边是天使，另一边是恶魔（乔齐娃，1983：34）。当一个人做坏事时，人们就说“他的天使软弱无力”。

在保加利亚的某些地区，人们被认定为“左派”或“右派”，由其各自的行为而定。“右派”只做好事，并且为人非常正直。他们恪守宗教规定的

① 在这些纪念日，人们遵守禁忌，不去做某些特定的工作，例如在田地劳作、编织或纺线。人们举行血祭（库尔班，Kurban），相信这会有助于避免冰雹、火灾和疾病。

共同的行为规范，包括斋戒、祈祷和好客。“左派”则是“狡诈的”、邪恶的、不公正的。他们“不与人们往来”，不尊重父母，不照顾家庭（波涅娃，1994：22）。好的和坏的行为都有其各自的后果。善行有助于提高农田的产量，保护田地免受雹灾，并能保护家畜。善行伴随着人们，使其能够向前发展：“一件善行会伴随人们跨越坟墓，直至来世”（马利诺夫，1994：355–356）。

反之，“一件恶行也会伴随人们跨越坟墓，来到上帝跟前”。一个人的恶行，它所导致的寡妇和孤儿的泪水，因其洒下的鲜血，都会受到惩罚。然而，“恶行不能通过祈祷得到弥补和偿还，血不能通过血来偿还”，同样，“偷盗抢劫也不能偿还”（马利诺夫，1994：356、358）。这些行为被认定为罪恶，会报应到作恶者或罪犯的子孙后代身上，“直到第三代、第六代或第九代……上帝会延迟，但不会忘记……即使一个坏人富有发达，财富也会在他死后，甚至在他在世时化为乌有”（马利诺夫，1994：355、358）。这些观念反映出这样的信念，即罪犯的罪行会不可避免地报应到孩子、孙子和曾孙身上。后代因为父母、祖父母犯下的罪行而受到惩罚，确认了对上帝的公正的信仰。同样，恶人有可能失去财富，反映了对未来的社会公正的观点。

基督徒死亡的时刻与其灵魂的命运，是由他们一生的行为决定的。所有的成年人都会思考他们死去、灵魂离开身体的时刻。他们相信，灵魂与身体的分离难易与否，取决于他们做过的正直的行为，或是犯下的罪恶，圣米歇尔大天使教派宣扬、传播这一观点。圣米歇尔大天使与每个人死亡的时刻联系在一起，在教堂的壁画上被描绘为取走人们灵魂的天使，根据每个人的正直或罪恶，以不同的方式取走灵魂。大天使以一个“英俊的年轻人”的形象现身，向正直的人赠送一个苹果，并取走他们的灵魂，“温柔犹如棉花”；或是折磨罪人，用刀子割断他们的喉咙，或是用钩子从喉咙中钩出灵魂（乔齐娃，1983：34）。这样的形象旨在引起对死亡时刻的恐惧，人们死时会因为犯下的罪恶而受到惩罚。

违反基督教伦理确立的行为规范的人（例如不得杀戮、不得偷盗、不得觊觎邻人所拥有的任何东西），被视为对整个共同体的危险，不仅是在其在世时，而且是在其死后。出于这个原因，作恶者、纵火者和谋杀者为死亡所不容的观念广为传播，他们被埋葬在墓地之外，不举行教堂的葬礼，“因为在墓地举行葬礼会导致自然灾难——降下暴雨或发生旱灾”（杨切夫，1985：204–205）。上帝赋予的生命不得被凡人中断。自然灾难也可能是由那些非自然死亡的人引发的，例如自杀的人、被谋杀的人、溺死者或死于疫病者，他们的尸体被埋葬在墓地之外。他们总是被安置在远离其家庭和亲属的地方，生前与死后都与家庭和村庄共同体分离，是共同体对其行为的严重惩罚。

二　疾病：煎熬与惩罚

人们认为，违反基督徒的行为规范会导致疾病。“疾病是魔鬼的造物，上帝派遣它们来到世间惩罚人们的罪恶”（瓦卡雷尔斯基，1977：431）。它们是人类不能毁灭的生物，常常以年轻或年老的妇女、外国人等形象出现，在罕见的情况下也会表现为动物（卡内夫，1975：582）。它们来到村子的房子里，让人们生病。人们之间存在着一个不能直接提疾病名称的禁忌。反之，人们用各种相关的名称或是友善、礼貌的名字来称呼疾病，例如“阿姨”“友善的疾病”“我们的母亲”“甜蜜的人儿”“红红白白的人”“健康的人”。疾病还被描绘成客人：“女客人”“客人”，等等（马利诺夫，1994：192；瓦卡雷尔斯基，1977：433；乔齐娃，1983：147、149）。

在家庭和共同体中，如果有背离正确的行为规范的情况发生，就会导致疫病肆虐，最可怕的疫病是瘟疫（“黑死病”）和天花。瘟疫“是受上帝的派遣而来的，不是为了分离罪人或罪犯，但在共同体的许多人成为罪人并做出无法无天的行为时，就是这样的”（马利诺夫，1994：281）。瘟疫的到来不是为了分离人们，但当有许多罪人时就会是这种情况（瓦卡雷尔斯基，1977：432）。在19世纪收集到的田野调查资料中有一个古老的观念，将瘟疫描绘成一个“……老妇人，非常丑陋的老奶奶，非常非常丑陋，手握头发，破衣烂衫，领着一个得瘟疫的小孩子”（马利诺夫，1994：192）。在另外一段描述中，瘟疫是一个“衣着褴褛的丑妇，在不同的场合下，拥有超自然的力量，能够变成一只狗、一个赤裸的孩子、一个外国人、一个乞丐、一只带着小鸡的母鸡”（卡内夫，1975：582）。马利诺夫记录下人们对其提出的问题“瘟疫在哪里肆虐”的答案：

瘟疫主要是在存在着下列人员的家庭或社区挑选她的牺牲者，其中包括女巫、荡妇、匪徒、犯下暴行的人、残忍的人、叛徒、卖葡萄酒或掺葡萄酒的白兰地以及卖掺杂灰尘的面粉的旅馆店主或商贩。

这种可怕的疾病的行为，促进了某种社会公正的理念：“瘟疫不会进入有寡妇和孤儿的房子……瘟疫不会杀死孤儿”（马利诺夫，1994：282）。这样的观念再次将疾病和罪恶直接联系在一起，可怕的疫病主要对罪人构成威胁，他们犯下罪恶，打破了基本的社会道德规范——“不得杀戮，不得偷盗，不要对他人做坏事”。

通过对疾病采取好态度，以免受疾病之苦，这表现在好客上。当一个孩子或家里的其他成员染上疾病时，人们会说：“女客人来拜访了”，“她被当成贵客受到欢迎”。“瘟疫在对她尊重礼遇的地方不会杀人，在人们注意保持清洁、不犯罪恶的地方不会杀人，在不偷盗、不说谎的地方不会杀人”（马利诺夫，1994：282）。

人们对房子和整个家庭的清洁予以特别的关注。但人们听说瘟疫横行时，会清洁、清扫庭院、房子、地下室和羊圈。户主们准备热水，以便

“女客人”为她的孩子洗澡，他们摆放一张放有新鲜的面包、葡萄酒和盐的桌子，以便她能够吃饱喝足（马利诺夫，1994：281）。家里的行为和饮食遵守严格的禁忌：不做肉类，并建议人们禁欲守节。在基督教斋戒期间遵守这样的禁忌，在疫病暴发的时候人们重又遵守。人们特别强调家里的清洁和对“女客人”的友好态度。在罗多彼山脉地区暴发瘟疫的时期，人们记录下来这样的观点：蜂蜜（一种普遍的自然药物）可以使瘟疫变得仁慈。在暴发瘟疫的情况下，人们拿出蜂蜜和蜂巢，放在路上，此外还有热乎的涂着蜂蜜的小扁面包，以便喂食、安抚瘟疫，使她“平静地走开，甜蜜犹如蜂蜜”（卡内夫，1975：583）。对疾病的好客和良好态度，被视为保护人们的最佳途径。然而，保护人们免受致命的疫病侵袭的最可靠的办法则是健康的人从村里逃到森林或牧场的羊圈中，由此避开沾染上疾病的地方（刚德夫，1976：243–268；马诺洛娃 – 尼克洛娃，2004）。

当发生瘟疫或是出现疫病的时候，在村子周围犁出一道深深的犁沟，可以保护人们免受瘟疫的侵袭：“瘟疫不会进入周边有犁沟包围的村子”（马利诺夫，1994：282）。犁出这道犁沟是男性的仪式，事前经过仔细的准备。根据迪米塔尔·马利诺夫的描述，参与这个仪式的人最重要的目标是在森林里找到一棵有两条根的树，他们用它制作一个犁铧。然后，他们在村里搜寻属于九个不同的“卡兹”（行政区域）的铁。夜深的时候，在公鸡的第一声啼鸣前，两个双胞胎兄弟赤裸着工作，打制出一个犁铧。仪式本身是在夜间举行的，操纵犁铧的双胞胎被套在犁铧上。在夜里万籁俱寂之时，他们在村子周围犁出三道同心的犁沟。在夜里举行制造犁铧仪式的时候，不许有人进出村子。[①] 根据记录，在20世纪初期以前，保加利亚的东南部还存在着这样的风俗，在“建立村庄、发生疫病和对抗雹灾的时期”，人们就举行这样的犁铧仪式（乔齐娃，

① 由此限制疾病接近的区域（见马利诺夫，1994：741–743）。

1983：147；卡内夫，1975：586–588；马利诺夫，1994：281–282）。举行这种仪式的风俗极为古老，其目的是创造一个疾病不能接近的区域，后来世代的人们的记忆中还保存着这一风俗。

另外一项疫病，三种类型的痘疹（流行性蔷薇疹、水痘和天花），被表现为三个少年姐妹的形象。天花（“芭芭沙卡”、“斯珀卡塔”或“甜蜜蜜的”）是最危险的。当她来到房子时，要遵守与发生瘟疫时同样的禁忌。这种疾病喜欢甜蜜的东西，例如面点和蜜渍的新鲜食物。当一个孩子生病时，要遵守下列的禁忌：“不要用火、不要烤肉、不要酸的或咸的东西”，以便不会激怒疾病，否则她会杀死患病的孩子（卡内夫，1975：595）。当芭芭沙卡被“迎进门”时，患儿的母亲将“考拉切塔”（kolachata，中间有个洞的新鲜的小圆面包）用一段红线放在孩子的头附近、门上、房屋的四角和烟囱上。她也会将涂有蜂蜜的小扁面包放在街道上，将其献给“甜蜜蜜的”。妇女们会为“芭芭沙卡”烤制小面包、小圆面包和面粉糕饼，并将它们带到礼拜堂、十字路口、田地和花园里，将这些面食（为仁慈的疾病预备的盛宴）留下来，或分发给妇女和儿童（卡内夫，1975：595）。

另外一项保护人们免受疾病（包括瘟疫）侵袭的习俗是将东西拿到村子外。下面是几条在19世纪末和20世纪头几十年记录下来的对这一做法的描述。一位妇女准备一个新鲜的面包，另外一位妇女拿着用红线绑着的一束花和一枚硬币，第三个人缝制一个新包，她们将花、面包、干果和苹果放在包里面，将包交给一个男人，这个男人在夜间将其拿到另外一个村子。① 妇女们也采取行动，将疾病从一座感染的房子里转移走。她们烤制三个圆环形的面包，用布将面包、蜂蜜、糖、葡萄干、一束花包裹起来，然后将布包带到喷泉旁边。人们都相信疾病会来到喷泉，挑选来到喷泉打水的人（乔齐娃，1983：149）。在十字路口或与另外一个村子相连的田地

① 20世纪初，在普罗夫迪夫地区的两个比邻的村子里记录下了这一习俗（乔齐娃，1983：149）。

边界处摆放一张礼仪性的宴会桌，也会将疾病带出房子和村庄（马利诺夫，1994：289）。

因为火具有净化和保护的能力，在发生大规模疫病期间，人们会用到火，例如在牲畜群中爆发口蹄疫的时候。在这样的情况下，文献中记录有燃起仪式性的“长明火”的习俗。在家畜中爆发口蹄疫时，男人们制作“长明火”。这个仪式与在村子周围犁出犁沟的习俗非常相似。在夜间，两个赤裸的男人静静地摩擦两块木头点火。从产生的火花中，他们点燃一个“桥”的模型，并在完全悄然无声的情况下，将畜群带到火下面（马利诺夫，1994：744–746）。

在某些日历上的节日，人们也举行仪式，以避免疾病。对某些圣人的崇拜包含了某些教义上没有的观念，表现在对于年历节日的理解上。圣哈兰彼（2 月 10 日）与疾病直接联系在一起。人们相信，他将瘟疫封闭在一个瓶子里，这就是瘟疫何以未在人间流行的原因所在，直到今天人们还保有这种信念。妇女们过他的节日（也被称为瘟疫日），她们在当天不工作，以受到保护，不致染病。她们烤制并发放覆盖着蜂蜜的小扁面包，面包事先在教堂已经圣化过了。蜂蜜是保加利亚人普遍使用的一种医疗物。在这一天，还有另外一项习俗，即妇女们清扫房屋，相信她们会将“疾病扫地出门”（瓦希勒娃，1985：110）。

在保加利亚的传统中，红色是一种普遍使用的保护人们免受疾病和邪恶之眼困扰的颜色。在三月的第一天，全国各地的妇女们将红色的东西（一块红布）放在房子的屋檐下，“以便取悦‘芭芭玛塔’（玛塔老奶奶），使她舒舒服服地晒太阳”。在这一天，各家的妇女们还准备红色和白色的“马泰尼奇”（martenitzi，绞拧在一起的线[①]），将它们戴在右手上，或是别在孩子们和年轻妇女的衣服上，作为一种健康的标志。家畜的主人出于同

① “马泰尼奇”常常用红色、白色和绿色的丝线制成，但在某些村庄还加上了蓝色。

样的目的，也将“马泰尼奇”放在幼畜身上。妇女和儿童佩戴着这些装饰物，直到鹳鸟和燕子从南方飞回，春天到来之时①（马利诺夫,1994：521–522；瓦希勒娃，1985：111–112）。三月是从冬季过渡到春季的季节剧烈交替的时段。与“马泰尼奇”有关的传统习俗，目的在于保护共同体内最脆弱的群体——孩子和生育孩子的年轻妇女，使其免生疾病、确保健康。在保加利亚的某些地区，三月的第一天被作为预防疾病的日子来庆祝。在斯莫利杨地区（罗多彼山脉），妇女们烤制加蜂蜜的扁面包，将面包送给邻居，以“安抚疾病”（马利诺夫，1994：522）。

今天，制作和佩戴“马泰尼奇”是一项普遍的习俗，保加利亚各地的人们都奉行之。男女老幼在3月1日都佩戴“马泰尼奇”“以保健康”，直到看到鹳鸟为止。在看到鹳鸟后，人们将“马泰尼奇”系在一棵开花的树上。这种象征显然将期待中的春暖花开、保护人们免生疾病，与繁花盛开的树木的欣欣向荣联系起来。

保加利亚人也使用圣像和标志作为护身符以及在重要情况下采用的保护性举措。这些被称为奉献物，通常是人体或人体一部分的小金属（通常是铜或银）造像，也有动物像。它们被用在患病或遇到麻烦的时候，保佑人们能够痊愈和转危为安。

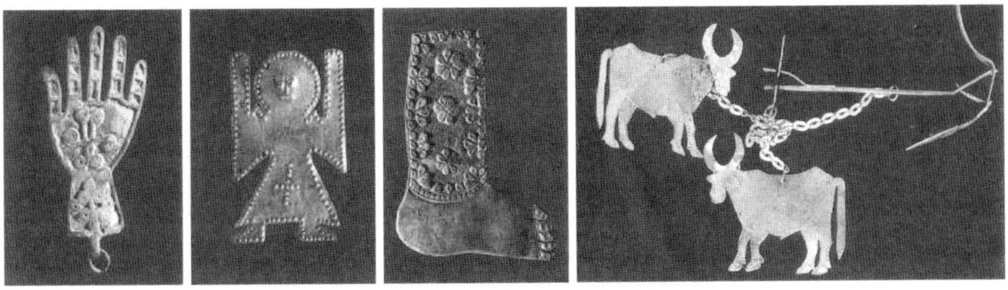

图3　19世纪的奉献物

① 这些饰物在3月9日被埋到地下，或是被放在一棵开花的树下面。3月9日是四十名神圣殉道者的重大的基督教节日，并且是春季开始进行农业生产的时候。

直到20世纪中期，四十名神圣殉道者的基督教节日（3月9日），也被称为“莫拉丹齐”（新生儿），与防止疾病的习俗联系在一起。在这一天，有幼儿的妇女们不工作，而是烤制“库克拉”（玩偶）—— 一种仪式面包——在上面描画出小粒的绦虫幼虫图案，或是烤制另外一种仪式面包（上帝的面包），上面覆有蜂蜜，“以便保护羔羊和孩子们的健康”。在每家每户，妇女们还会烤制40个仪式小面包，“莫拉丹齐”。这些小面包覆有蜂蜜，形状类似婴儿。妇女将这些面包分给家里所有的孩子们，以便使“芭芭沙卡变得甜甜蜜蜜”，或是帮助疾病平和地过去。吞咽这些仪式面包被解读为解除疾病的武装（马利诺夫，1994：522–523）。在某些村庄，妇女也将这些面包分发到街道上，使孩子免受绦虫病的困扰，保佑其健康（瓦希勒娃，1985：116）。

“斯帕索福登”（Spassovden，升天节，复活节后的40天）和“鲁萨尔斯卡赛德米沙”（Russalska sedmitza，俄罗斯周）是人们染上“坏”病后寻求病愈的节日。在第一个节日的前夜，受精灵病（即癫痫症）困扰的病人颤抖着，到生长着“罗森”（Rossen，烧焦的灌木丛）草的特殊地方过夜。草被视为精灵和“卢萨利”（Russalii）之花[①]，因此病人相信精灵在夜间会来到这个地方，为他们留下治疗疾病的（草药）（乔齐娃，1983：122–123；瓦希勒娃，1985：127）。

圣灵节（复活节后的第51天）后的一周，被称为“鲁萨尔卡奈德尔亚”（马利诺夫，1994：631–634；636）。在保加利亚北部和罗马尼亚，直到20世纪初期，治疗疾病的男性仪式被称为“卢萨利”（Russalii）或“卡露莎瑞”（Kalushari）。这一仪式的主要目的是治愈所谓的“萨莫迪夫斯

---

① 萨莫威利（Samovili，精灵），是神话中的生物，与自然力量、疾病以及女性医疗者联系在一起。“卢萨利”很可能是萨莫威利的另外一个名字，在保加利亚北部广为传播（乔齐娃，1983：110–123）。

卡”病（samodivska，鲁萨尔卡，也被称为“奥格拉玛”和“普鲁达”[①]）。直到20世纪初期，男性治疗师的仪式队伍（被称为“卢萨尔齐－卡露莎瑞”，russaltzi–kalushari）在这个星期里游走于保加利亚的北部地区，人们期冀他们能够治愈“萨莫迪夫斯卡”病。还有一种观点认为，仪式不是在病人去采集罗森草的地方，或是在精灵们居住的水源地举行的（乔齐娃，1993：124）。“卢萨尔齐－卡露莎瑞”的队伍由一个首领（“瓦塔凡”）带领着，首领是从其父那里继承了首领的头衔以及在仪式上的角色的。队伍的成员数目是奇数。最为常见的情况是，参加者有7人，身穿非同寻常的服装，头戴帽子，上面有花环和一束药草，在他们的凉鞋上，绑缚着铃铛和铁刺。每一个人都手持一根由悬铃木、山茱萸或水曲柳制成的大棒，上面装饰着咔嗒作响的东西以发出声音。队伍的成员必须是健康、灵活敏捷、诚实、心理状态稳定的，并且能够保守秘密。“瓦塔凡”手持一面白色亚麻布旗子，四角装饰着药草，顶上还有一束药草。在仪式中，除了首领以外的参加者都保持沉默。整个队伍在村子周围游走。队伍中的成员将病人带出房子，在每个病人的周围，人们伴随着一种特殊的旋律从右到左跳一种圆圈舞。这是一种非常快速的舞蹈，在舞蹈期间，治疗师从病人身上跳过，将他们扔到毯子里，此时首领喊着：“嗨，卡鲁施”。一个新罐子装着刚从喷泉或水井里打来的水——打水过程是在完全沉默的状态下进行的，放在病人的旁边。仪式队伍中最年长的人打破水罐，将水喷洒在舞蹈者的身上和四周。据信，打破水罐，“关在水罐里的精灵就被摧毁了”。在这个时候，病人要跳起来，仿佛他们已经被“治愈”，而一两个仪式上的舞蹈者则昏了过去。每个人都相信如果他们不昏倒，病人将不会被治好。此后，舞蹈者在昏倒的成员周围重复着他们的圆圈舞，这次，他们的舞蹈是按照反方向从左到右跳的（阿诺多夫，1971：128–186；瓦卡雷尔斯基，1977：514）。

① 人们相信一个人如果经过精灵居住的地方，或是在“鲁萨尔卡奈德尔亚”期间工作，就会染上这种疾病。

上面描述的夏季仪式的行为、象征和意义极为古老，病人在仪式的过程中被治愈，反映了治疗师的力量能够通过仪式舞蹈和音乐影响到疾病和患者的观念。① 这些是基督教以前的仪式，被保加利亚人和罗马尼亚人吸收并保留在历法中，成为巴尔干人将异教的内容融入乡村传统之中的一个例证。

总的来说，在保加利亚农民的文化中，防止和克服危机局势是通过严格遵守基督教行为规范，并严厉惩罚违反者来实现的。人们相信，罪恶决定了个人在家庭和村子里的地位，不仅生前如此，死后亦然，而且会影响到其后数代人的命运，这种信念就是为了防止人们犯下罪恶。将有罪的人与共同体隔离开来，是应对单独的个人行为出轨的传统机制。每个季节重复举行的祈祷健康、富饶、繁荣兴盛的仪式，或为克服自然危机而举行的仪式，是调节地方共同体内部社会关系、防止人口危机和生活危机的手段和途径。在这些仪式中，最积极的参加者是那些能够犯下最危险的罪行，对生育力和人们产生最严重影响的人，即年轻的男子和妇女。他们举行这套仪式，通过仪式使生育力和健康得到象征性的描绘和期冀，从而中断自然危机。“卢萨利”或“卡露莎瑞”治疗师仪式群体也是由年轻男性构成的。热情好客和互换礼物，是另外一种维持共同体内社会关系、保持生育力和健康的主要手段。这些也通过对疾病的处理方式表现出来，其目的在于改善病人的情况，并避免人们染上疾病。这些疾病中的神、人同形同性论的内容，将疾病象征性地吸纳进亲属和朋友圈，把它们作为贵宾来欢迎，以及通过礼物和仪式宴席将它们送出家和村子，都再现了传统文化中对待客人的方式。在民间基督教信仰中，好客是展现正直和人道态度的主要方式。在日常生活和节日中，好客是扩展人们之间的社会联系、实现社会化、克服危机和冲突的普遍途径。

---

① 他们的治疗包括萨满教的某些内容。

参考文献

Arnaudov，M. 1934，1968–1969. *Ochertzi po bulgarski folklor* [Studies on Bulgarian folklore] . Sofia.1971.

Studii vurhu bulgarskite obredi i legendi [Studies on Bulgarian rituals and legends], vol. 2. Sofia.

Bogdanova，L. and A. Bogdanova. 1972. Lyubenite ot zmei–dushevnobolni [The loved by a dragon–mentally sick] . In *Izvestiya na Etnografskiya Institut i Muzei* [Proceedings of the Ethnographic Institute and Museum]，14，1972，239–259.Boneva，T. 1987.

Le Figure rituali nelle feste popolari bulgare. In *Ricerca Folklorica*，Contributi allo studio della cultura delle classe popolari，16，101–110.1994.

Naroden svetogled [Folk worldview] . In *Sbornik Rodopi. Traditzionna narodna duhovna i sotzialnonormativa kultura* [Rhodopes volume. Traditional Folk Spiritual and Social Normative Culture]，21–30. Sofia.1997.

Ekologiya i traditzii [Ecology and traditions] . In *Kulturna ekologiya* [Cultural ecology]，317–335. Sofia. 2002.

Etnichnata kultura na lokalnata obshtnost [The ethnic culture of the local community] . Sbornik v chest na prof. Strashimir Dimitrov [Collected volume in honour of Prof. Strashimir Dimitrov] . In *Studia Balkanica* 23，423–445.2009.

Bulgarite v Bessarabia—vlast i identichnost (istoriko–etnografsko prouchvane) [Bulgarians in Bessarabia—power and identity (historical and ethnographic study) . In *Bulgarska etnologiya* [Bulgarian ethnology]，XXXV，1–2，18–35.2009.

Bulgarian Traditional Ecology. In *Disasters，Culture，Politics. Chinese–Bulgarian Anthropological Contribution to the study of Critical Situations*(Ed. E. Tzaneva, F. Sumei and L. Mingxin)，132–148，Cambridge Scholars Publishing. 2010.

Za nyakoi spetzifiki na traditzionnata ekologiya na bulgarite [On some specific features of traditional ecology among Bulgarians]. Moderni i post-moderni etyudi v etnologiyata i antropologiyata [Modern and post-modern essays in ethnology and anthropology]. In *Ethnologia academica*, 5, 5–18. Gandev, Hr. 1976.

Problemi na bulgarskoto văzrajdane [Issues of the Bulgarian revival], 243–268. Sofia. Genchev St. 1974.

Obichai i obredi za dujd [Customs and rites for rain]. In *Sbornik Dorbudja. Etnografski, folklorni i ezikovi prouchvaniya* [Dobrudja volume. Ethnographic, folklore and language studies], 346–351. Sofia. Bulgarian Academy of Sciences. 1985.

Obichai i obredi za dazhd i susha [Customs and rites for rain and drought]. In *Sbornik Kapantzi. Etnografski, folklorni i ezikovi prouchvaniya* [Kapantzi volume. Ethnographic, folklore and language studies], 238–240. Sofia, Bulgarian Academy of Sciences. 1985 a :

Semeyni obichai i obredi [Family customs and rites]. In *Etnografiya na Bulgariya* [Ethnography of Bulgaria], vol. 3, 204–205. Sofia.Georgieva Iv. 1983. *Bulgarska narodna mitologiya* [Bulgarian folk mythology]. Sofia. 1993.

Bulgarska narodna mitologiya [Bulgarian folk mythology]. Sofia. Sbornik Dorbudja. 1974.

Sbornik Dorbudja. Etnografski, folklorni i ezikovi prouchvaniya [Dobrudja volume. Ethnographic, folklore and language studies]. Sofia, Bulgarian Academy of Sciences. Drajeva, R. 1985.

Trudovi obichai i obredi [Work customs and rituals]. In *Etnografiya na Bulgariya* [Ethnography of Bulgaria], vol. 3, 216–224. Sofia, Bulgarian Academy of Sciences.

Etnografiya na Bulgariya. 1980–1985.

Etnografiya na Bulgariya [Ethnography of Bulgaria], vol. 1–3. Sofia, Bulgarian Academy of Sciences.Kapantzi. 1983.

Sbornik Kapantzi. Etnografski, folklorni i ezikovi prouchvaniya [Kapantzi volume. Ethnographic, folklore and language studies]. Sofia, Bulgarian Academy of Sciences. Karamihova, M. 1995.

Ujasniyat “obraz” na turchina kato brachen partnyor [The terrible “image” of the Turk as a marriage partner] . In *Predstavata za drugiya na Balkanite* [The notion of the Other in the Balkans], 263–267. Sofia.Koleva， T . 1972.

Za proizhoda na proletnite mominski obichai [On the origin of spring maiden rituals] . In *Problemi na bulgarskiya folklor* [Issues on Bulgarian folklore]，367–372. Sofia.Kulturna ekologiya. 1997.

Kulturna ekologiya [Cultural ecology] (Ed. T. Boneva) . Sofia. Manolova-Nikolova，N. 2004. *Chumavite vremena* (1700–1850) [Plague times (1700–1850) . Sofia.Marinov，D. 1914.

Narodna vyara i religiozni narodni obichai [Folk belief and religious folk customs] . In *Sbornik narodni umotrvoreniya* [Collection of Folklore]，vol. XVIII. 1994.

Narodna vyara i religiozni narodni obichai [Folk belief and religious folk customs] . (Second edition，Ed. M. Vassileva) . Sofia，Bulgarian Academy of Sciences.Maskaradut i vremeto. 2009.

Maskaradut i vremeto [Masquerade and Time] . Pernik，Argus.Pirinski Kray. 1980.

Sbornik Pirinski kray. Etnografski，folklorni i ezikovi prouchvaniya [Pirin region volume. Ethnographic，folklore and language studies] . Sofia.Plovdivski Kray. 1983. *Sbornik Plovdivski kray* [Plovdiv region volume] . Sofia.Sanders，I. 1935–1936.

Snosheniyata na edno bulgarsko selo s okolnata sreda [The relationships of one Bulgarian village with the natural environment] . In *Zemedelsko stopanski vaprosi* [Agricultural Issues]，№ 3，134. Sofiyski Kray. 1993.

Sbornik Sofiyski kray [Sofia region volume] . Sofia.Strandja. 1996.

Sbornik Strandja. Traditzionna narodna duhovna i sotzialnonormativa kultura [Rhodopes volume. Traditional Folk Spiritual and Social Normative Culture] . Sofia，Bulgarian Academy of Sciences.Filcheva，V. 1984.

Semeystvoto v Godechko (*Diplomna rabota v katedra “ Etnografiya” kym Istoricheski*

Fakultet na SU "Kliment Ohridski")[The Family in Godech region (MA thesis at the Department of Ethnography, Faculty of History of Sofia University "Kliment Ohridski"), 38–39.София.Hristov, P. 1990.

Predbrachno obshtuvane v selo Noevtzi, Breznishko prez 20–te–30–te godini na XX vek [Pre–marriage communication in the village of Noevtzi, Brfeznik area in 1920s and 1930s] .

In *Bulgarska etnografiya* [Bulgarian ethnography], № 6, 9–10. Tzaneva, E. A. Kirilova, V. Nikolova. 2010.

Osinovyavaneto v bulgarskata kulturna traditziya [Child adoption in Bulgarian cultural tradition] . Sofia.Tzaneva, E. 1990.

Edna starinna praktika na osinovyavane na dete [An old practice of child adoption] . In *Bulgarska etnografiya* [Bulgarian ethnography], № 2, 23–34.1994.

Simvolikata na ritualite pri osinovyavane na dete [The symbolism of rituals of child adoption] . In *Etnografski problemi na narodnata duhovna kultura* [Ethnographic issues of folk spiritual culture], vol. 2, 25–34. Sofia.Vakarelski, Hr. 1977.

Etnografiya na Bulgariya [Ethnography of Bulgaria] . Sofia.Vassileva, M. 1985.

Kalendarni praznitzi i obichai [Calendar holidays and custom] . *Etnografiya na Bulgariya* [Ethnography of Bulgaria], vol. 3, 110–119. Sofia, Bulgarian Academy of Sciences.

村寨遇旱求雨的地方叙事

——汶川巴夺羌寨的人类学案例研究

罗吉华　巴战龙

摘　要

农业社会历来重视对自然灾害的认识和应对。在长期的历史发展过程中，人们形成了一套认识、处理灾难的方式，包括信仰、象征和仪式，等等。四川省汶川县巴夺羌寨群众的遇旱求雨仪式，就是一例农业社会典型的生产祭祀活动。多年来，寨子里的人不但没有怀疑过仪式的“灵验”，而且还努力为此寻找“科学”的依据。随着社会的变迁，生活能力的增强，“知识”发生了改变，为符合时代，如今人们并非严格按照传统来执行求雨仪式。通过巴夺羌寨遇旱求雨仪式的人类学考察，我们发现人类实际上不是主要按照大自然的原理来安排自己社会生活的，而主要是按照自己的社会生活需要来认识和塑造自然，用社会关系来认识和解释，甚至操控自然。

引　言

人类社会生活，始终伴随着与灾难斗争的艰难历程。灾难研究也一直没有脱离学者的视野，人们努力分析致灾因素，探索救灾、减灾等领域。对于人类学来说，研究灾难及其对人类社会的影响，以及特定群体在特定环境中对灾难的认识、适应和应对行为，是应有的题中之意。在我国，人类学灾难研究尚处于起步阶段。“5 · 12”汶川大地震的发生，使国内的人类学灾难研究获得了难得的发展契机和动力。不少人类学学者积极奔赴灾区，发挥学科特长，研究灾后重建及相关问题，对如何抢救、传承、延续地方传统文化等问题建言献策。人类学学者研究灾难，在认识论和方法论上表现出一些新特点：第一，以整体论为视角，多采用个案研究的方法；第二，注重地方知识，包括非官方文献、口头叙事等资料的收集；第三，关注受灾群体中弱势群体的声音、立场、诉求和权益保护。

农业社会历来重视对自然灾害的认识和应对。然而，抵抗灾害的承受力差、恢复力弱，成为农业社会的脆弱点。对此，人们形成一套认识、处理灾难的方式，探讨人与自然的关系、因果、超自然力等，这其中不可避免地会卷入信仰、象征和仪式，这些亦是人类学灾害研究关注的重点。

遇旱求雨是中国农业社会中典型的生产祭祀活动。不少学者对不同地区不同民族的求雨信仰进行研究，以解读在特定社会文化语境下求雨仪式的内容、功能和意义，或是探讨求雨信仰背后所反映的村落空间、文化权利等。农业社会中，人们对于想要认识、了解、掌握自然环境的迫切性从未降低过，希望从实用性的层面对环境和人类之间的关系进行合理的文化解释。本文试图通过微观民族志（micro ethnography）的案例研究，分析位于大山深处的一个羌寨在干旱发生时，寨里的人们将会如何应对灾害，以及如何对这种应对方式加以解释。

文中述及的个案是中国四川省汶川县巴夺羌寨的羌民们遇旱求雨的地方叙事。巴夺羌寨位于汶川县龙溪乡阿尔村境内，地处海拔2200米的高山峡谷之中。这山谷中尽管水资源较为丰富，但是在农业灌溉上没有任何水利设施，农作物种植依然“靠天吃饭”，若在生长季节缺少雨水或是雨水过多，都会严重影响农作物的收成。在巴夺寨，至今都流传着这样的风俗：若是雨水过多，寨里就会组织“还天晴愿”；若是天旱少雨，则有“祈雨”仪式。与其他地区的遇旱求雨相比，巴夺羌寨表现出不同的文化特点：多年来，寨里人不但没有怀疑过仪式效果的“灵验”，而且还努力为此寻找“科学”的根据。

人们的现实需求产生了信仰和仪式，在实践之后，不止于此，而要不停地建构“合理性”，从“为什么要这样做”到“这样做了为什么会产生效果”。为了与“上天打交道”，人们建构出了神话，而随着社会的变迁，生活能力的增强，“知识”发生了改变，为符合时代，人们不愿意再相信被视为“迷信”的说法，转而寻求“科学知识”的解释。

仪式在变迁，信仰在变迁，人们对其的解释也在变迁。本文主要目的既不是要寻求对于传统仪式文化的静态解读，也不是要追寻神话和仪式的原初形态，而是在社会文化变迁的背景下，当地人如何解读自己所实践的文化。

一　农事与信仰

巴夺是一个典型的羌族村寨，这里被立为“释比文化传承地”①，寨中90%以上的人会讲羌语。“巴夺”是汉字译音，羌语发音为“bia’duo”。据当地人说，“bia”即“a’bia”，是汉语“躲起来”的意思，“bia’duo”

① 释比，羌语，意指巫师。

的意思就是说当地人住在这里像是躲起来了。据说以前这里森林茂密，外面人只看得见森林里青烟袅袅，实际上是大家正在生火做饭，可是看不见人户，所以说是躲起来了。以前也有人说“巴夺”的意思是“猪多的地方”。寨子周围五座山脉围成一个河谷地带，东西两条沟和南北走向的河沟形成了典型的“十字”大峡谷。这里植被丰富，空气湿度大。

羌族村寨大多分布在高山或半高山上，山与山之间是一条条沟。居住在同一条沟内的羌族，在语言、风俗等方面基本相同，而不同沟之间的羌族，其文化存在一定的差异，甚至在语言交流上都有障碍，不同沟的羌族具有典型的“沟文化”。在这“沟文化”内，则是以寨子为整体的文化空间。每个寨子都有自己的“地盘业主”，也就是最早在此地生活的人；有保护寨子的寨神；在举办祭祀活动时，严格限制外寨人参加本寨活动。巴夺寨在农历十月初一祭天还愿时，释比从本寨子开始，要念经邀请龙溪沟以前26个寨子的地盘业主；要祭祀本寨寨神，如果有外来者迁入本寨，或是本地有人迁出，释比都要通过特定的仪式告知寨神；在举办仪式的过程中，如果外寨人闯入本寨，则要赔偿仪式活动的一切损失。

这种以寨子为整体的文化空间观也体现在巴夺寨人对周围五座大山的认识，这五座山被赋予了不同的功能和意义：（1）西方“阿八期格山”：是计时神山，每当有人家修房造屋或婚姻嫁娶的时候，就靠太阳在这座山上光照的线来定吉时；（2）西北方“神山”（sa’dou’yu）：过羌历年时以及雨水过多时“还天晴愿”，在这座山上举行；（3）东北方“甲甲格山”：是海子山，主要是干旱时求雨的山；（4）东方“洛格期山”：是佛山，此山像一尊坐佛，羌人在此居住以来，都像拜佛一样来祭拜它；（5）东南方“速达格山”：是气象山，以这座山上的云雾来断定未来两天的天气状况。这五座大山又被寨里人称为“五龙”。寨里人认为，羌民们居住在深山峡谷之中，靠山吃山，在五座大山交汇处的平坝上修建了一座祭祀塔，称“五龙归位之地”。五山环绕着寨子，保护着寨人，由五座山划定的物理空间与寨子的

图 1　五座大山环绕巴夺寨，使之形成一个谷地（罗吉华摄）

文化空间重合，人们把对环境的认识整合进观念和实践中。五座山中有三座直接与气象相关，天旱求雨、雨涝求晴、预测天气，这说明在农业社会中，人们对于能了解、掌握自然环境作用的期盼。五座山的定位，反映了寨人最基本最重要的生活所需：农事、家事和信仰。

巴夺羌寨是一个典型的旱作农耕村寨。寨里以种植业为主，兼养牛羊。1989 年以前，寨民主要种植玉米、小麦、土豆、荞麦、青稞、苦荞、莜麦和各种杂豆。其中以玉米、小麦为主，以荞麦、青稞、苦荞、莜麦为辅。1989 年以后调整产业结构，主种蔬菜，如辣椒、白菜、莲白（即卷心白菜）、莴笋等，已成为主要的经济收入来源；种植玉米、土豆为辅，主要是用于牲畜的饲料和草料，荞麦、莜麦、青稞等杂粮品种已经绝迹。

村寨建于本地“阿尔沟”“巴夺沟”“阿入格沟”三条主要溪水的交汇之处，溪水从未断流，水资源充足。当地一些人从岩洞里引水入户作为日常生活的主要用水，他们常说这些水干净、清凉，而且经过相关部门检测，含有多种对身体有益的矿物质。这里的生活饮用水基本没有问题。然而，农地在溪水两旁或山坡之上，缺少农业灌溉系统和水利设施，天降雨水依然是当地农业主要依赖的水源。雨情对农作物的丰歉起着决定性作用。雨水若是少，定会给农作物生长带来影响，出现旱灾。据《汶川县志》，这里的“旱灾分为冬干、春旱、夏伏旱。由于处于崇山峻岭之中，四周相对高差超过千米，气流下沉增温，产生焚风效应”①。由于自然因素，6~8 月本地常发生夏伏旱，而这几个月又是农作物生长和成熟的关键期。据县志记载，汶川县几乎“年年有干旱”，造成粮食减产甚至绝收。

生产力越不发达，对自然力的依赖性就越大。人们对雨的需求和依赖，反映在水神的神性和权威上。旱作农耕村落往往都有特定的水神崇拜，然而在这里，却无法寻找到明确的崇拜形态。羌族文化是多神信仰，其特点是万物有灵和自然崇拜。人们认为专管江河溪水的就是水神。在以前，“羌人认为洪水泛滥和泥石流的发生是有人触犯水神所致，所以禁止在江河溪水两旁砍伐树木，取石捞沙，不能在河水里大小便等，每年四月举行敬水神仪式，每人还要种三棵树等”②。在巴夺寨，并没有专门供奉水神的庙宇和神位，只是在有需要的时候，寨民才会到水边祭祀。寨民家里，也有两个与水相关的神，都在灶房里，一个是“水缸神”，一个是“运水郎君”，与人们日常生活用水密切相关。

在农作物耕种中缺少雨水时，人们会按照代代传承的方式祈雨，这时的水神形态有了另外一种表现，那就是龙王。龙王是与旱涝最为密切的

① 汶川县地方志编纂委员会编《汶川县志》，民族出版社，1992，第 136 页。
② 陈春勤：《羌族释比文化与生态环境保护》，《阿坝师范高等专科学校学报》2008 年第 4 期。

神灵。在羌区的高山上，分布着一些海子，有些地方把这些海子叫作“龙池”，神话中那里居住或曾居住着龙王。巴夺寨羌民过春节时，有“正月里要狮子不要龙灯”的习俗。人们认为，这是先人们总结出来的经验，由于巴夺寨地处水边，只要寨人或外来人过年时在这里要了龙灯，那么这一年必定发生洪水。

长期实践中，当地人逐渐形成一套认知风险和应对灾难的地方知识，在适应自然环境及其变迁的同时，以特有的活动方式应对和作用于自然环境。

二　行动：求雨仪式

据说巴夺寨所在的龙溪沟原本有26个羌人寨子，各寨的求雨地点和求雨方式均有不同，例如布兰村求雨要带上陈家人（也有说是姓杨的），因为陈家人是龙王的母舅家；直台村（2008年因地震已搬迁）的要杀羊烧狗，因为当地人认为龙王怕狗臭。[①] 巴夺寨表现出另外一些特点。

巴夺寨的祭祀求雨仪式没有固定的时间，是一种临时性活动，大多在6~8月间久旱不雨时举行，带有强烈的功利性和实用性。当地村民朱金勇讲述了求雨的一般过程：

> 1. 当天吃完早饭后，带头的人召集起寨里的中青年人，男女不限，背上弯刀，带上香烛、柏枝、敬酒、刀头等，排成长长的队伍去祈雨。
>
> 2. 巴夺寨的仪式一般在“甲甲格山”上举行，一路上敲锣打鼓，浩浩荡荡，边走边唱雨歌。用柳树皮做成“萨呐”吹奏求雨歌。到求雨的地方需要四个小时左右。

① 吕大吉、何耀华:《中国各民族原始宗教集成·羌族卷》，中国社会科学出版社，2000，第558页。

3. 这个地方方圆有几百亩，地势呈“凹”形，叫干海子，没有一点水。队伍到达以后，长辈点上蜡烛、香，一边烧柏枝，一边不停念经，恳求龙王、天神帮助。通白（祈求神）以后，所有的人围成几个圈，唱丧歌，跳丧舞。唱啊，跳啊，哭啊，场景十分凄惨，跟死了人没有什么两样。说神，就是神，当唱和跳到一定的时候，在“阿入格”神仙水的山梁上就可以看到一股股大雾升腾起来，一会儿，这个地方就会乌云密布，下起雨来。

4. 求完雨返回时，一个人装死，由寨民从山上像抬死人一样抬下山来，其余的人跟随哭丧。当快要走到寨子时，村民们事先准备好一盆盆冷水，泼在参加求雨的人身上，浑身上下，没有一处干的地方。

组织这样的活动去祈雨还是很灵验的，所以一直延续到今天。

可见，巴夺寨的求雨仪式有四个过程：准备、上山、祈雨、返回。在求雨方法上则采用了跪请、哀求、模拟等几种方式。

跪请是与龙王沟通的首要方式，由寨里的老年人执行，男女均可。2010 年 8 月举行的求雨仪式，就是由两个老年妇女来实施的。这与本地其他一些重要仪式不同，例如羌历年、祭山会等，是由本地老释比（男性）来主持仪式、负责与神沟通，往往把妇女排除在外。为何求雨仪式并不排斥女性？第一，相对于羌历年等偏重于宗教性的仪式，求雨仪式是一种更偏重于世俗性的仪式，明确地指向现实生活所需。第二，求雨仪式上不需要对龙王念唱释比经，只是需要告诉龙王旱情如何。第三，相对于天神等更为权威的神灵来说，龙王地位显然不及天神等神灵。羌寨里有专门供奉天神的庙宇，家家户户的房顶上也修建有“塔子”来供奉天神，而龙王连庙宇也没有。龙王的神灵等级允许在村寨公共事务中并不具有重要社会地位的女性来主持仪式。又为何只有老年人才可主持仪式？第一，羌人素来尊敬长辈，无论是在日常生活中还是在特定仪式里，都有一套长幼有序的规则，例如在火塘边吃饭时，老人必须坐在“上把位”，而在举行祭山会等仪式时，只要老释比还在，那么年轻释比只能担任祭祀副手。第二，老年人熟知仪式的过程，具备与神沟通的资格。跪请时，香蜡等祭祀用品是必需的，其中柏树枝发挥着重要的作用。羌人在跪请时，燃烧柏树枝是必不可少的，柏树枝含有丰富的油脂，易于燃烧，而且燃烧时会散发出特别的清香气味，羌人认为这可以驱邪去秽，也被视为一种法器。

哀求是与龙王沟通的关键方式，由参与仪式的寨人共同执行。人们一起哭诉，向龙王表达苦情，以“人死、哭丧”的形式来哀求龙王降雨。寨里人说：“这样就是告诉龙王，你看嘛，人都干死了，你还不下雨？”人们把龙王人格化为一位富有同情心的异己，认为哀求和哭诉可以令之动容。

模拟是与龙王沟通的重要方式，可由全体寨人一起执行。上山求雨的人们返回村寨，寨里的人将事先准备好的水泼向他们。这看似是仪式之后发生的行为，却也是仪式之中的重要组成部分。寨人说：“我们也不晓得为啥要泼水，一直就是这个样子的。不泼不得行。”笔者认为，泼水是对降雨的一种模拟，通过泼水这一行动将求雨的观念和实践效果连接起来。

跪请、哀求和泼水模拟是巴夺寨羌人求雨必不可少的三种方式。求雨仪式通过寨里人的分工与合作来参与执行，而参与仪式的人们通过仪式获得一种共同感。一般来说，求雨仪式在社会功能上具有增强共同体凝聚力的作用，而在个人心理上，则有克服恐慌、宣泄情感等功能。

对于求雨仪式，依然有许多疑问：为何巴夺寨求雨一定要去“甲甲格山”上？龙王在羌人心目中究竟是怎样一个形象？人们认为“一求就灵”的观念来自哪里？关于这些问题，巴夺寨羌人通过一个神话加以解释。

图 2　跪请龙王降雨（罗吉华摄）

图 3　燃烧柏树枝（罗吉华摄）

三 “神话”的解释：海子龙王与求雨

仪式与神话之间往往存在着紧密的联系，神话有赖于仪式的支持，而仪式也需要得到神话的解释和神圣化。民间的神话传说中，龙王总是与当地的旱涝有极大关系。在羌区，高山海子龙王的神话流传非常普遍。这类故事主要分为：“龙王造孽说”，解释当地曾经发生旱灾和洪灾的由来；“人龙情缘说”，解释干旱时人们为何求龙王会灵验。巴夺寨的神话传说“思英吉和龙王的故事”属于后者。

思英吉（也有的说“阿达英姐”“泽英不”）这个女娃娃本姓陈，是汶川龙溪乡布兰村陈光清他们家的人。思英吉长得非常漂亮，能歌善舞，常年在布兰村后的龙池边放羊。有一天，太阳很大，她在歇气坪扎花，旁边有只蜜蜂说话了：“嗡嗡嗡，思英吉，背起嘛抱起？”思英吉一听，这只蜜蜂真奇怪，既知道我的名字，又说背起嘛抱起，就很讨厌它。

这个蜜蜂一连叫了两三天，思英吉回去跟她妈妈说：“妈妈，我跟你说个笑话，有个蜂子，它叫唤，晓得我的名字，嗡嗡嗡，思英吉，背起嘛抱起？”她妈哈哈大笑：“你这个女子瓜的哦，蜂子背得起你吗？”“是真的。”“那你就敷衍它，就喊它背起。”

第二天，蜜蜂又来了，也是同样地说，思英吉就说：“背起嘛。”蜜蜂又说：“你把眼睛眯到嘛。”思英吉就把眼睛闭上了。刚刚一闭，没一会儿她就到了另一个世界，龙宫里金碧辉煌漂漂亮亮的，很多人在伺候。蜜蜂不见了，思英吉看见龙王站在她对面。龙王说：“我是此地的龙王，看到你贤惠漂亮，天天在海子边放羊子，我看起你了，你能不能嫁给我？”思英吉说：“我要跟我父母亲说一下，他们不晓得我去哪里了，会着急。”龙王一想，这也是应该的，就把思英吉送回原地。

回去后，思英吉跟她妈妈说：“妈，蜜蜂是海子里的龙王变的，喊我嫁给他，要是不嫁给他，他要把我们布兰村全部淹完。”为了救村子和东门口一带，她父母允许了。龙王拿了些聘礼来娶思英吉。他们走到海子边上，龙王让所有人闭上眼睛，他就把思英吉背走了。之后，这一带总是风调雨顺，年年丰收。

过了几年，思英吉想娘屋（即娘家）。龙王把她送回来了。她就只带了一个小木头匣子。她还是睡在自己的闺房里，每天出门把房屋锁好后就去帮爸妈干活，中午到时要回屋把匣子打开一下。她妈妈就感觉到好奇：“为啥子这个女子每天这个时候要回去？以前都不锁自己屋子，这次回来要锁上？”

有一天，思英吉出去走人户（即串门，去见亲戚朋友）了，忘记锁屋子。妈妈好奇，到屋里去看，只有一个很精致的木头匣子。她抱起来，很重，拉开匣子，没想到出来两个蛇脑壳样、有冠子的东西正张着嘴巴。这一下把她吓倒了，实际上这是两个龙仔。她连忙一关，结果就把这一对龙仔给夹死了。

思英吉回来后，发现这对龙仔已经死在匣子里，说：“这个当妈的惹了大祸事了，这次我肯定要死了。”她妈妈说：“那你不要回去了。”“不行，我必须要回去的。这次回去就不能再见到你们了。你们看海子里的水，如果浑了，就说明我在挨打；如果海水红了，他们就把我杀了，证明我就不在人世了。”

她回去的时候，亲戚都去送她，站在海子边看，海水越来越浑，没过好一阵，突然冒了一阵红的起来，把整个海水都染红了。他们就喊：“思英吉、思英吉。”但根本没有人答应，就晓得是遇难了。他们很生气，这个太不像话了，就把布兰村人都喊起，拿起脏东西朝海子里扔，搅海子，拿起锄头，在海子边上挖开了一个口子，让水流尽，为思英吉报仇。

龙王感觉到这个地方住起来不安定了，就腾云驾雾跑到巴夺的雪夺（地名），重新造了一个海子。所以我们说雪夺那片山是求雨的地方。以前只要把雪夺的水引到甲甲（地名），天就要下雨。

这样，年复一年，后来不晓得是哪一个人，在山上干活，把娃儿的屎片片尿片片一些不干净的东西在海子里洗。龙王最见不得这些“郁气”（煞气）的东西，就换到巴夺小沟山顶上，小地名叫“尼窝族”。他一看，那里只有一点点水，在那里住了一年左右，满足不了他的需求，又想这里的人都是亲连亲，害怕布兰村的人走上来搅事。他就又到了茂县的黑虎黑龙池，一直到现在。

后来，布兰村的海水流完后成了干海子，每当到了七八月天气干旱无雨时，村民们便组织起来，带上思英吉娘家的后代亲人去求雨，必须哭。听老人讲，如果不带上思英吉的后代亲人，不容易求出雨来，只要带上后代亲人，求雨还是非常灵验的。

（讲述者：余世华；记录整理：罗吉华；时间：2010 年 11 月 18 日）

在羌区，许多地方流传着类似的神话，只是人名、地名有所不同。巴夺寨人对于这个神话的认同感很强，讲述者余世华说：“这个传说是很有来头的，这里面有真实的人户，陈光清那家现在还在呢，一直到人民公社化时期，陈光清还在，布兰村求雨必须带上他。如果是编的故事，哪门会这么清楚地指名道姓呢？”正因为有了现实生活中的真实人家所在，这个半虚构半真实的故事才能在当地流传至今。

神话中讲述了龙王如何成为羌族女婿，又如何断亲的过程，这也是羌人在农业生活中为何从对“风调雨顺”的期望成为后来要“求”雨的过程。

在神话中，风调雨顺来源于龙王与羌人的互酬性关系，而羌族姑娘思英吉则成为这种互酬性关系的中介者。龙王在神话中代表着两层意思，他既是海子里的龙王，又是羌族人的女婿。这种亲属关系自然使得龙王应该保佑羌人。羌人与龙王连着，龙王与“天”连着，天降雨水的多寡直接决定着羌人的存亡。就这样，在羌人的想象中，以建构亲属关系的方式，通过超自然力而与自然力发生关系。

然而，龙仔和思英吉的死导致了龙王与羌人之间关系的断裂，原本具有的亲属关系被割断，甚至怀着仇恨相互对立。思英吉的母亲意外害死了龙仔这个本该增加人和龙关系的产物，龙王因此杀了思英吉，彻底斩断与羌人的关系。羌人也因龙王杀害思英吉而逼走了龙王。

在神话中，羌人意欲与龙王恢复关系，实际是出于对自然力的依赖。而恢复的形式则折射了羌人的社会关系。思英吉娘家的后代延续着与龙王曾有的亲属关系。据说，布兰村人每遇天旱就集体到龙池边痛哭，称为“众母舅求雨”，据说一哭就灵。羌族人有“天上的雷公，地上的母舅”一说，意味着母舅在家族事务中具有很高的地位。日常生活中，母舅权力很大，羌人的婚丧嫁娶都得听取母舅的意见。对于龙王来说，布兰村人是“母舅”，母舅的社会地位决定了龙王应该尊敬布兰村人。然而，由于曾经破裂的关系，“母舅”必须要“痛哭求雨”才行。在神话中，龙王似乎也被叙述成“念旧”形象，所以“求”雨才会灵。

在现实生活中，上天是否能按照人们所需来降雨，这对于羌人来说存在着很强的不确定性，因此，羌族姑娘思英吉作为中介者登场。在神话中形成的这种互酬关系成为龙王与羌人之间的契约。然而，“年年风调雨顺”无法成为现实，不确定性始终是农业生活中的主要因素，这在神话中被描述为龙王与羌人之间亲属关系的断裂，因为不再是羌人女婿，所以不能再保证风调雨顺。因此，羌人创立了一套行动策略——“求”雨。

对于巴夺寨来说，神话中的发生地在另一个村庄，巴夺寨之所以要到“甲甲格山”去求雨，只是因为那里曾是龙王的暂居之地，因此便被认为具有灵气。巴夺寨与布兰村同处龙溪沟流域，距离较近，因为“亲连亲”的关系，自然也被认为与龙王有一定联系。人类社会的关系就如此被羌人建构进神话中。

四 “科学”的解释：从“求雨信仰”到“震动空气”

据当地老人讲，1949 年以前，包括巴夺寨在内的整个龙溪沟羌人，凡遇天旱不雨，就向龙王求雨。在人民公社化时期（1958~1980 年），许多仪式被视为“迷信”而被禁止，而具有严重“迷信”色彩的求雨仪式却被保留下来，生产大队甚至还会组织人们进行求雨活动。之后，遇旱求雨的仪式一直延续到今天。

然而，如今人们并非严格按照传统来执行求雨仪式。2010 年 8 月 12 日，因已有半个月没有降雨，巴夺寨举行了一次求雨仪式，但仪式并没有在“甲甲格山”上的干海子处举行，而在寨子的另一条小沟（阿尔沟）里，也无须走上好几个小时，而是吹吹打打地只走了二十来分钟，这里没有干海子，只有从山上流下来的一小股水，但依然有跪请、唱歌跳舞哭丧和泼水三种求雨方式，整个过程不到两个小时。老人解释说：“这边近啊，而且还是比较灵的。”人们选择了更为简便的方式来求雨，走了一条近道，参与的人数只有十来人，甚至没有带上酒和刀头肉这两样献祭品，本寨不少人对这次仪式毫不知情。事后，果然降雨，人们认为即使比较简单的仪式也能发挥作用。

可是，人们对“求雨灵验”的解释已经发生变化，从“龙王显灵”变成了“震动空气”。“天干了，玉米苞苞长不好了，海椒也趴起了，就要震动空气，喊它下点雨蛮”，寨里的释比朱金龙这样说。“不是说向龙王求雨吗”，笔者问。“哦，以前是说向龙王求雨，但事实上就是震动空气。我们到甲甲格那个地方去挖药，在山里头都不敢大声喊，如果喊了，一会儿就看到山梁梁上起云雾了，就打雨点子了。”朱金龙答道。

这种“震动空气”的说法，在人民公社时期得到很大发挥。旱情严重时，县里乡里会组织一些人进山，甚至会带上雷管、炸药等爆破物品。据说，几个点同时震动，往往更有效果。

随着社会的发展，现代学校教育的普及，大山里的村寨不再似以前那样“封闭”，人们拓宽了眼界和知识范围，“震动空气”作为一种“科学”的说法更容易被人接受，也解释了人们长期以来的质疑：“奇怪，为啥子一求就灵呢？”如今，很多人意识到，求雨仪式不再那么复杂，因为真正能发挥作用的是大家在云雾环绕的山里一起唱歌、跳舞、敲鼓。

人们什么时候开始把“求雨”定义为“震动空气”，不得而知。与这个解释一起发生变化的，是人们对于“传统”的看法。笔者在寨里调查一些人们解决困难的“旧”做法时，一些年轻人会说“那都是老年人以前信的迷信”，觉得不值一提。

在羌族社区，“传统”不仅仅意味着羌族的语言、宗教、艺术以及各类物质文化。一个社区之所以形成“社区”，是通过其特定的社会交往规则、空间分布和行动领域、社会－经济模式，以及人对社会生活的解释的组合而实现的。我们可以把这种社区生活的组合称为“地方传统”①。这种地方传统是羌民族在历史上形成且持续至今的独特性文化模式。当然，“文化传统”和“传统文化”并非同义。

如今，偏远的羌族山寨同样面临着现代性的一些困境，人们在追求现代化所带来的物质成果时，这个民族在历史上形成的“集体记忆”也在悄然发生变化，许多人不了解、不相信仪式，传统的“守护者”日益年老和减少。

人们越来越趋向于用“科学”的观点来解释社会生活的一切。我们也注意到，即使有了“科学”的解释之后，人们还是会遵循某些仪式的过程和形式，就像求雨中依然要请神、哭丧等，长期以来人们认为的仪式具有的因果效验为坚持者提供一定安全感。社会文化变迁过程中，传统社会的人们在应对灾难时，以这样的方式在传统和现代之间找到了一个出口。

① 王铭铭：《村落视野中的文化与权力：闽台三村五论》，生活·读书·新知三联书店，1997，第 149 页。

结　语

不少人认为传统社会在面对灾难时很脆弱，传统社会中的人们由于缺乏技术不能有效解决自然灾害，多少形成了一些宿命论的说法。但是，“人类学的研究也一再显示，传统社会的环境适应方式和地方性知识在面对灾难时具有很强的恢复和适应能力”[①]。案例中的仪式及“求雨灵验”的解释，使得人们在面对困境时依然充满希望。我们无法统计求雨成功与否的真实概率，但人们往往记住了“成功”的实践，并一次次强化了“成功”时的体验。人类对于文化实践的解释，也在不断发生改变。在本案例的神话中，我们发现人类实际上主要不是按照大自然的原理来安排自己社会生活的，而主要是按照自己的社会生活需要来认识和塑造自然，用社会关系来认识和解释甚至操控自然。对自然的认知，不是自然原理作用到人类心灵的结果，而是把自己的社会原则投射到自然上，实现自然的社会化。如今，传统社会的人们依照新的思路继续寻求新的解释，最初流传的神话成为对仪式行为的溯本究源。这种“解释”的改变是人们对如何处理社会和自然力关系的知识的更新，是在试图以更合理的方式来说服自己采取的行动所具有的正确性。

---

① 庄孔韶:《人类学灾难研究的面向与本土实践思考》,《西南民族大学学报》2009 年第 5 期。

中国瑶族传统文化中的生态知识与减灾

梁景之

摘　要

瑶族是个古老的农业民族，主要居住在中国南方，拥有悠久的历史和多样性的文化传统。在长期认识自然、适应自然、利用自然的生产生活实践中，勤劳智慧的瑶族人民不仅积累了丰富的保护赖以生存的自然环境、自然资源的生态知识，而且面对频发的自然灾害，发明创造了许多颇具民族与地方特色的减灾之道，并以规约、禁忌、宗教信仰、习惯等方式世代流传，成为民族传统文化中可资传承、借鉴的宝贵遗产。

瑶族是中国南方历史悠久的山地民族。在长期的历史发展过程中，瑶族人民不仅积累了丰富的与自然和谐共处的生态知识，而且基于对人与自然之关系的深刻认识和理解，在应对自然灾害，实施减灾方面也形成了自己的特色。减灾是防灾、抗灾与救灾的统一。瑶族地区自然灾害的形式、特点以及当时生产力的发展水平，决定了其减灾手段、方式、方法上的时代特点以及所蕴含的民族文化特色。具体而言，除工程措施外，其减灾方式主要涉及农业技术、生物以及文化等多个层面的措施，是瑶族人民应对自然灾害，处理人与自然关系的智慧、经验与知识的集中体现。

一　传统文化中的生态知识

历史时期，虽然瑶族的社会经济发展具有较大的不平衡性，但以农为主，兼营林业、副业的模式是一个最基本的特点。因其所处的地理环境多为崇山峻岭，气候多样，土地狭小，加之生产生活对自然环境条件有着高度的依赖性，因此长期以来瑶族人民对于环境的认知深刻而独特，总结形成了一套保护山地生态环境的知识体系，并以规约、习惯、禁忌等形式得到充分体现，其中最重要的就是对于林木与水源地的保护。

森林是陆地生态系统的主体，在涵养水源，调节气候，保持水土，改善生态环境，防止泥石流、滑坡等自然灾害方面发挥着重要作用。长期以来，瑶族非常重视对林木和水源地的保护，并以“石牌律”这种独具民族特色的形式，勒石立约，晓谕乡里，如在 1951 年 8 月 28 日大瑶山各族代表会议订立的石牌公约中明确规定：

> 经各乡各村划定界之水源、水坝、祖坟、牛场，不准垦殖，防旱防水之树木，不准砍伐。凡防火烧山，事先各村约定日期，做好火路，防止烧毁森林。[①]

1953 年 2 月 22 日，为了合理利用山地资源，保护自然环境，妥善处理“种树还山”和山权问题，大瑶山各族各界代表会议又补充规定：

① 广西壮族自治区编辑组:《广西瑶族社会历史调查》第九册，广西民族出版社，1987，第 28 页。

1. 订有批约者，以批约为准，已退批约者为还山，未退者不还。2. 没有订批约者，或订有已失者（指种树者失批约），原则上按谁种谁收，如双方争执时，双方亲自到区人民政府报告，在不伤民族感情下，协商处理，但根据历史社会情况，应多照顾种树者。3. 承批人向出批人批山岭开荒地而出批人去种树，不管有无批约，由双方协商处理，按双方所出劳动力多少来分树，根据历史情况及社会情况，应多照顾开荒者。

1. 为当地各族人民公认历来没有开垦而树木成林的山叫老山，该老山可以栽培土特产者不准开垦，各族人民可以自由到老山培植土特产，并加以保护，但为了避免彼此猜疑可以协商划分地区各自培植。2. 开伐过之山现已成林者，可根据当地情况在保护森林与水源原则下，由政府领导通过当地各族代表，划定若干森林区封山育林，但为了解决靠种地为生的贫苦群众要求，经区人民政府批准可在林区开荒。3. 水源发源地由政府领导通过各族代表划定水源范围内之林木不应砍伐，以免损坏水源，不利灌溉。除此之外不得乱扩大水源范围，限制开荒。4. 牛只应有专人看管，不得乱放，牛场地点大小由当地乡人民政府协同代表，根据牛只多少和需要，协商踏勘划定牛场范围。但牛场不要过宽过多。5. 村边附近的柴山归该村所有，不得借口生产，而在村边柴山开荒。[①]

公约订立于20世纪50年代初期，应该说既是对原有公约的部分继承，又是在旧约基础上的补充和发展。其核心内容是在重点保护森林和水资源的前提下，明晰山权，合理分配林、地、草、水等自然资源。因此，为了达成预期目标，公约重点突出了三大措施：一是封山育林，二是限牧禁牧，三是禁林限垦。保护的范围包括传统的水源地、“老山”和“柴山”等。无疑，公约的制定体现出对传统的最大尊重，较之旧约，新约在个别条款的

① 广西壮族自治区编辑组:《广西瑶族社会历史调查》第九册，广西民族出版社，1987，第28页。

规定上虽然有所放宽，如在“老山”的利用上可以自由栽培土特产，为了解决靠种地为生的贫苦群众要求，经区人民政府批准可在林区开荒等，但总体上是以资源保护为前提，以适度开发为原则，以合理利用为目标，体现出一种难能可贵的环保理念与契合自然的生态价值观，即便在今天看来仍然具有十分重要的现实意义。

“靠山吃山，吃山养山”。在长期的生产实践中，瑶族人民摸索出了一整套的山林和农田护理技术，以实现资源的可持续利用与生态环境的整体保护。如为了有效护理山林，采取分封禁区的办法，将林地划分为柴炭林、幼林保护区、造林区、开垦区、封山育林区、牧牛区、山火危险区、防火区、积肥区等不同的功能区，对各区域分别采取不同的管护手段。为了保护农田水利，稻田上面山坡不能烧茅草灰，不准砍树，特别是水源头的树不能砍，并要种植芭蕉，搞好水土保持。同时对遮挡农田阳光的林木要砍去，以防鼠害。另外，为了防火，屋边不准堆积稻草，天旱开会不点火把，半夜有急事也不准打火把，各户要挑几担水放在火炉边或楼上，上山抽烟烟头要熄灭，以防失火烧毁村寨和林木。林木砍伐须注意合理限度，出卖枕木应先砍衰老的、洼地的林木，家庭用材则一律禁砍生树，等等。[①] 说明瑶族人民对于生态环境的认知，业已由传统的经验性知识转化为现代的科技性知识，这无论是从深度还是广度而言，均是一种质的飞跃。

二　灾害现象及其种类

瑶族人民不仅积累了丰富的与自然和谐共处的生态知识，而且基于对人与自然之关系的深刻认识和理解，在应对自然灾害、实施减灾方面也形成了自己的特色。

---

① 广西壮族自治区编辑组:《广西瑶族社会历史调查》第四册，广西民族出版社，1986，第199页。

图 1　大瑶山中的广西金秀县城（梁景之摄）

据早期的调查资料可知，瑶族地区的自然灾害主要有风灾、旱灾、水灾、兽灾、鸟灾和虫灾。

风灾在高山地带比较多发。每年八九月间正值水稻抽穗或将近成熟的时期，遇有大风，时常会造成禾苗倒伏，禾穗泡水发芽或谷粒脱落，致使农业歉收，如 1949 年的一次风灾即造成一户农家歉收稻谷达 45% 以上。①

旱灾虽有发生，但发生的频率以及成灾的范围、强度均不大，即便干旱持续期较长，因山间多水源、植被茂盛，除少部分高山田和水尾田不同程度受旱外，大部分地区不会受到旱灾的影响。

水灾在瑶族地区则很少发生，主要是发生在低洼地带，即便遇有山

① 广西壮族自治区编辑组：《广西瑶族社会历史调查》第四册，广西民族出版社，1986，第 185 页。

洪暴发，受灾也极其轻微。据当地老人回忆，几十年来，仅1953年遭受过一次较大的水灾，尽管如此，也只有15亩田受灾比较严重。① 当然，由于地形地貌的差异性，在个别植被稀疏的岩石地带，每逢大雨，无处排水的洼地作物受灾就比较严重。

兽灾在瑶族居住的山区可以说比较严重。瑶山植被茂盛，林木覆盖率高，原始生态状况保存完好，从而为各种野生动物种群的繁衍生息提供了适宜的环境条件，但同时也带来一个问题，即个别种群的过度繁衍会对农作物构成危害，给人们的生产生活造成不同程度的损失。通常为害作物的野兽有山猪、箭猪、黄猄、山兔、猴子、老鼠等数种，其中以山猪为害最大。据说，山猪对所有的农作物都构成危害，尤其喜食薯类作物，若无人看守，会吃光整块农田的作物。黄猄，主要吃红薯、玉米和红薯藤，像山猪一样，若不加看护，整片作物都会被糟蹋。猴子、箭猪的危害稍小，但也吃各种农作物。此外，比较难对付的还有老鼠，老鼠除了啃食各种农作物外，经常咬坏桐籽和茶籽，甚至在禾苗扬花抽穗时咬断禾秆，吸吮汁液。虽然老鼠的食量不大，但由于其繁衍快，种群数量大、分布广，所以破坏性也大，而且不易防治。山兔则主要为害红薯和旱禾。

鸟灾也是当时比较常见的一种灾害形式。为害作物的飞禽主要有野鸡、麻雀、鹧鸪等三种。其中麻雀造成的损失最大，尤其是在谷子即将成熟或者播种期间。虫灾也时有发生，特别是在玉米生长早期和抽穗期间，会受到黑毛虫的危害，但一般不会造成太大的损失。②

综上所述，瑶族地区的自然灾害按其成因及性质而言，可以划分为生物灾害与气象灾害两大类，滑坡、泥石流等现在日趋频发的地质灾害

---

① 广西壮族自治区编辑组:《广西瑶族社会历史调查》第四册，广西民族出版社，1986，第186页。

② 广西壮族自治区编辑组:《广西瑶族社会历史调查》第四册，广西民族出版社，1986，第252页。

则不见发生。而就其成灾的强度、范围、频度而言，则以生物灾害比较突出，其中又以兽灾为害最烈，这与当地原始生态状况保存完好有着很大的关系。比较而言，气象灾害的影响相对较小，而且以风灾为主，水、旱灾害虽有发生，但除个别地区外，一般不会造成太大的损失。其中一个规律性的特征就是水旱灾害的成灾强度、范围与植被覆盖率之间，存在着密切的内在关联，即大凡植被茂盛之地，水源涵养能力强，水土保持好，小气候特点明显，因此遇干旱而不灾，逢水洪而无涝。无疑，瑶族地区自然灾害发生的规律和特点，是瑶族地区自然环境之原生态性的客观反映，某种意义上，可以说又是人与自然之间最朴实、最本真关系的生动写照。

三　减灾的技术手段

减灾是防灾、抗灾与救灾的统一。瑶族地区自然灾害的形式、特点以及当时生产力的发展水平，决定了其减灾手段、方式、方法上的时代特点以及所蕴含的民族文化特色。具体而言，除工程措施外，其减灾方式主要涉及农业技术、生物以及文化等多个层面的措施，是瑶族人民应对自然灾害，处理人与自然关系的智慧、经验与知识的集中体现。其中关于生物措施如封山育林、限牧禁牧、禁林限垦等方面的内容，前面已有述及，故接下来就农业技术方面的减灾措施简单做些介绍。

因地制宜，多种作物，可以说是作为减灾措施的农业技术在瑶族地区的具体实践。瑶族居住生活的山岳地带，地形地貌复杂多变，小气候特点明显，为了充分利用有限的土地资源、应对可能的灾害，瑶族人民在长期的生产劳动中总结出了一整套行之有效的农业技术，逐渐形成了具有民族特色的生产习惯。他们根据复杂地形，栽种不同的作物，并在同一块畲地内同时种植多种不同的作物。基于对山区环境特点及作物特性的了解，他

图 2　笔者（右）与大瑶山瑶族妇女合影（2010 年 5 月）

们善用地力，通常在山腰、山脚种植玉米、黄豆和红薯，因为山腰、山脚不仅背风，而且土地比较潮湿，可以满足作物对水分的需要。玉米和黄豆间种，既不误农时，又可充分利用土地，玉米开花时播种黄豆，玉米收割后，黄豆正可除草作业。山顶或半山腰的地块，则多种竹豆、青豆、猫豆和小米，因为这些作物耐旱经风，抗倒伏能力较强。在种植竹豆时，又可同时下种南瓜等作物，在施肥上也可一次性为几种作物同时施肥，节省人力物力。[①] 当地的肥料来源主要有牛粪、绿肥、鸡粪、草木灰、牛骨粉等，人们掌握了各种肥料的不同特性，会根据不同作物的需要施以不同肥性的肥料。如鸡粪，热度高，仅用于辣椒地；牛骨粉肥效大，一

① 广西壮族自治区编辑组:《广西瑶族社会历史调查》第九册，广西民族出版社，1987，第 140 页。

般施于贫瘠的高山田；猪粪、牛粪可施于水田和旱地，其中以水田为主要；等等。

同时基于山地环境的不同类型，相应地采取不同的生产技术也是应对灾害的一种方式。如山冲平原地带，通常水田少，旱地多，旱地多砂土，水利缺乏，雨后储水困难，故每年须犁两次，耙三至四次，秧田五次，且须趁雨连夜犁田，不然雨水过夜即可渗干。山区同样由于水少旱多，土质欠佳，耕作须特别细致，方能储水抗旱，同时多插秧苗，以免因旱枯苗无法补救。畲地由于坡度大，又多砂土，最易水土流失，故畲田耕作用牛犁后即用锄头开坑下种，像这种精耕粗播的方式堪称山区生产技术的典型特点之一。[①] 水田由于水过多过深，不能用牛耕，而用锄头挖，加之留水太久易造成禾苗枯黄，因此须开沟排水，以为水利。

因地制宜，发展副业是农业技术减灾的又一特点。山区植被茂盛，饲草资源丰富，为发展畜牧业提供了良好的物质条件。瑶族群众历来重视家庭养牛、养羊、养猪、养鸡及其他副业，并积累了相当丰富的经验。据调查，一头猪可当年出栏，其价可抵八九百斤玉米。牛、羊则比较耐粗饲料，饲养成本较低，也可规模养殖。同时，由于当地野生动物资源极为丰富，因此，长期以来狩猎成为当地瑶族群众的一项重要的副业活动。

瑶族群众狩猎的主要工具是粉枪或鸟枪，几乎家家户户都有这种武器。据调查，有的村落每户最少有一支粉枪，多则两三支。传统上，瑶族男子从十六七岁起即练习射击，因此他们的枪法大都比较精准。他们狩猎的对象主要有山猪、黄猄、山羊、猴子等，甚至包括老虎。由于这些野兽多损坏农作物，甚至伤及人畜，因此狩猎活动一方面保护了庄稼，遏制了兽害；另一方面也增加了肉食或收入。此外，瑶族群众在粉枪狩猎的同时，也熟练运用其他多种“物理方法”消灭野兽。第一种方法以

① 广西壮族自治区编辑组:《广西瑶族社会历史调查》第九册，广西民族出版社，1987，第104页。

洞为守、以绳索为攻，即在野兽来往频繁的路上，挖一大洞，洞口以绳索反复相套，上覆泥土，野兽过时即被绳索捆缚于洞底。第二种方法为造栏架，即利用木棍、小铁丝造一个四方小栏架，内放若干苞谷，诱使猴子往返其中，最后套于栏内。第三种方法是装箭、装弩，即在野兽经常活动的路旁，安装利箭，并涂以毒药，当野兽踩过绳索时拉动毒箭，击中野兽。① 这些方法简单实用，既可遏制兽害，又不会破坏既有的生态平衡，更不会引发其他环境问题。因此，即便以今天的眼光来看也不失其合理性。

四　减灾的文化因素

大自然是人类之母，对大自然的敬畏和尊崇是瑶族传统文化的特质之一。为了抵御和消弭自然灾害，瑶族人民进行了长期不懈的努力和积极的探索，在重视生物措施、技术措施减灾的同时，对以宗教信仰、禁忌习俗为核心的文化措施减灾也给予了极大的热情，我们透过那些神秘的表象，会依稀窥见瑶族人民团结一致与自然灾害抗争的史实及其展现出的聪明才智。

“做洪门”是茶山瑶族最隆重盛大的祭奠，祭仪由师公、道公主持，所祭神灵众多。其目的在于祈求人口平安、五谷丰登、家畜兴旺。关于祭奠的起源，歌词云：“山猪、马鹿伤禾苗，那时无枪也无炮，木棍竹矛组成队，撵跑野兽立洪门。一十二年做一次，有道公来有师公……再过五年到六年，又有老虎乱进村，咬猪咬牛不太平；再请师公来问卦，问出神圣不安宁，又才许了做洪门，宰了肥猪两大头，请师公来跳洪门，

① 广西壮族自治区编辑组：《广西瑶族社会历史调查》第四册，广西民族出版社，1986，第314页。

图 3　广西贺州瑶族巫师的喷火表演（方素梅摄，2011 年 10 月）

后来无虎伤猪牛，神安六畜才兴旺。”[①] 显然，“做洪门”起因于山猪、马鹿、老虎等兽灾，同时反映出早期生产力水平低下，对兽灾无能为力的困境，而人们只有借助于群体的力量、团结一致才能战胜兽灾。祭奠无疑是在宣示这种群体力量的重要性，表达战胜灾害的一种坚定信念。事实也证明，只有通过群体间的相互协作，才能有效地防御山猪、马鹿等兽灾。尤其是对付老虎这种大型猛兽，更是如此。

瑶族在生产方面的诸多禁忌也从侧面反映出其与自然灾害的直接关联。如：三月初三忌山猪，不出工。惊蛰忌虫，不出工。谷雨忌水灾，不出工。分龙节不能挑粪，不能用刀从事生产活动，否则，天不落雨。小暑不进园，不进旱地，否则老鼠多。大暑不进田，否则山猪多。正月初十、二十不能

① 覃光广等编著《中国少数民族宗教概览》下册，中央民族学院科研处内部发行，1982，第 433~434 页。

扫地，不能用利器（如刀），否则就会刮大风。五月初一不出工，否则毛虫多。[①] 可以看出，以上禁忌无不与自然灾害密切相关，所涉及的自然灾害包括山猪、老鼠、毛虫等生物灾害，以及大风、干旱、水灾等气象灾害，而这些灾害均是当地最为突出的几种灾害形式。若揭去禁忌的神秘面纱，它所警示的无疑是生产中时常面临的种种灾害威胁，并试图通过约束人们的行为，起到强化大众灾害意识的客观效果。

瑶族在生活方面的禁忌，同样折射出自然灾害特别是生物灾害的深刻影响以及朴素的原始生态观念。瑶族一般禁食狗肉、猫肉和蛇肉，神职人员如师公、道公不但禁食狗肉、猫肉和蛇肉，而且禁食乌鹰、鲤鱼等。[②] 瑶族中认为，是狗带来了谷种，所以新米饭要让狗先吃，可以说狗在瑶族的信仰体系中占据重要地位。每年十二月二十九日，瑶族家家置办酒肉，男女老少盛装过节，晚上先把一块肉和一团糯米粑给狗吃，名曰祭狗，然后家人才可进餐。据说祭狗是祈祷来年五谷丰登。[③]

其实，瑶族崇狗有着深厚的现实生活基础，与狗在瑶族生产生活中的地位和作用不无关系。狗历来就是人类的忠实朋友，看家护院，出狩打猎，堪称最为得力的帮手。瑶族地区，山大沟深，野兽时常为害作物和家畜。狗嗅觉灵敏、机警勇猛，自然就成了人们对付兽灾的可靠帮手。瑶族群众习惯用猎犬追逐或围堵山猪、黄猄、山兔等野兽以及山鸡、鹧鸪等鸟类，然后再用粉枪射击，狩猎效率大大提高。而猫、蛇、鹰等则是鼠类的天敌，通过禁忌的方式，变相保护猫、蛇、鹰等，以达到遏制鼠害的目的，此可谓瑶族人民对于生物界食物链知识的巧妙运用。因此在禁忌的表象下，其

① 广西壮族自治区编辑组：《广西瑶族社会历史调查》第四册，广西民族出版社，1986，第253页。

② 广西壮族自治区编辑组：《广西瑶族社会历史调查》第四册，广西民族出版社，1986，第265页。

③ 广西壮族自治区编辑组：《广西瑶族社会历史调查》第四册，广西民族出版社，1986，第227页。

实深埋着禳灾祛害的极其现实的功利目的。

总之，绿色、环保、生态的价值与追求，已成为当今时代的最强音，瑶族传统文化中所蕴含的生态知识与减灾理念，无疑完全可以也必将为瑶区社会、经济、文化的均衡、可持续发展，以及实现人与自然的和谐统一做出自己独特的贡献。

第二编　自然、生物与技术灾害——文化的反应

Part Ⅱ　Natural, Biological and Technological Disasters–Cultural Responses

环境、家族与社会保障

——帕米尔高原的塔吉克人

杨圣敏

摘　要

自然环境对人类的社会组织形式会有一定的影响。当一个人类群体的生产力水平较低，又处于一个恶劣的自然环境中时，这种影响就较大，他们就只能选择那种能有效地帮助他们抵御自然环境的重重压力和自然灾难的社会组织形式，血缘家族就是这样的一种组织形式。本文在实地调查的基础上，对塔吉克人的家庭功能与其所处的自然环境两者之间的关系进行了探讨，认为帕米尔高原上的塔吉克人所处的环境与其传统的社会组织，正可以说明以上道理。

人是社会的动物，每个人都生活于一定的社会组织中并需要得到社会的帮助才能生存下去。从古至今，人类社会一直用各种形式的社会保障制度来维护社会成员的基本生活需求，维护社会团结稳定，保障社会的发展。现代社会的社会保障主要由政府来担当。在人类的长期历史中，家庭、社区、民间组织等都在为社会成员提供保障方面扮演过重要角色。因此，传统社会的特点是社会生活和社会秩序以家庭、亲属关系，地缘关系和友情关系为中心。帕米尔高原的塔吉克人世代生活于恶劣的自然环境中，却始终保持着内部团结稳定、家庭和睦、尊老爱幼、无犯罪记录的道德社会的特点。

正确看待和评价帕米尔高原塔吉克人的社会特点，可以帮助我们更深入地理解传统与现代、自然环境与人类社会组织之间的关系。

笔者自 1992 年至 2001 年，曾 4 次到新疆塔什库尔干塔吉克自治县进行实地调查，除了对当地各级政府各类文献的搜集，对各族人士的访谈和实地观察之外，2001 年，还在当地的塔吉克农村和新疆塔里木盆地的维吾尔、柯尔克孜和汉族人农村社区分别进行了问卷调查。其中，在塔吉克和柯尔克孜人社区中各发放问卷 500 份，在维吾尔人社区中发放问卷 1000 份，在汉族人社区中发放问卷 200 份。本文试图利用这些调查的材料，探讨塔吉克人的家族功能与其所处的自然环境两者之间的关系。

一　环境与经济

中国的塔吉克族共有 41028 人（2000 年），其中的 96%（39493 人）居于新疆。新疆的塔吉克人大多（65%，25653 人）生活在帕米尔高原的塔什库尔干塔吉克自治县，其余的基本分布于该县邻近的泽普、叶城、莎车、皮山等县境内。他们世代聚居于此，已有两千年以上的历史了。塔县东西长 484 公里，南北宽 329 公里，面积 2.5 万平方公里，西南与塔吉克斯坦、阿富汗和巴基斯坦三个国家接壤，边境线长 888 公里，历来是中国最偏僻的一个县。

塔什库尔干位于帕米尔高原东坡，自然环境恶劣，交通闭塞，平均海拔 4000 米以上。境内有多座 7000 米以上的冰峰，遍布着 5000 米以上的高山，常年积雪，冰川覆盖，沟壑纵横，道路崎岖，一般的谷地也在3000米左右，是典型的山地型高原。这里气候干旱寒冷，年均降水69毫米，年平均气温3.8℃，无霜期平均只有75天，比平原地区相对缺氧37%。境内71%以上为裸露的山地，植被稀少，9%为冰川，17%为草场，其余为山谷中的耕地和人工草场等，可利用土地甚少。没有森林资源，树木稀少。

塔县地处自然灾害频繁的高原山区，主要有雪灾、风灾、霜冻、洪灾、泥石流和雪崩等。据1957年以来该县气象局的统计，低温灾害每年发生1~2次，其他的灾害平均3~5年一小灾，5~7年一中灾，7~10年一大灾。1999年的雪灾和洪灾，全县半数乡1万余人受害，冻死牲畜近3万头，500多户失去了房屋、土地和牲畜，无家可归。

该县耕地都分布于水土易于流失的河谷地带，土地狭窄贫瘠。草场多为高寒荒漠草场，载畜能力极低。这里交通闭塞，距自治区首府乌鲁木齐1765公里，县城距最近的城市喀什市294公里。在20世纪40年代以前，当地人骑马到喀什要走一个月。40年代以后虽然修了可通汽车的公路，但这段崎岖的山间公路经常被泥石流冲毁，时通时断，加上每年10月以后就大雪封山，真正能通车的时间不多。境内居民居处分散，主要聚居于九条山谷中，山谷之间隔着终年积雪的高山，往来困难。在全县64个自然村中，到2002年，仍有25个村不通公路，30个村不通电，牧民多以马为主要交通和运输工具，从最远的乡骑马到县城约需6天。

当地经济基本上处于自给和半自给状态，以畜牧业为主（据塔县畜牧局2000年统计，畜牧业收入占全县总产值的66%），农业为辅。牲畜有绵羊、山羊、牦牛、黄牛、马、驴和骆驼等。2000年存栏牲畜161700头，人均5头。畜牧业仍保持着传统的游牧方式。牧场分为夏牧场、春秋牧场和冬牧场。各季牧场之间相距几十至一二百公里山路，转场很困难。由于高寒气候和草场贫瘠，牲畜生长慢，羊要2~3年才出栏，在有的地方6~7年才养肥（在塔里木盆地维吾尔族聚居的绿洲上，羊养8个月就出栏了）。出栏率低，商品率更低。

当地高寒干旱的气候、频繁的灾害和贫瘠的土地，不适于农业的发展。全县粮食长期靠外部输入。近 50 年来，耕地扩大了 3 倍，但单位产量很低，粮食仍无法自给。

由于这种严酷的自然环境，塔吉克族的社会经济发展非常缓慢。据该县政府 2000 年的统计，全县人均收入 600 元左右，有 75% 的农牧民收入在中国政府规定的贫困线以下。按人均收入计算，该县是中国最贫困的一个县。

二 以家族为核心的文化特点

在严酷的自然环境和艰苦的生活中，能为塔吉克人提供可靠庇护的主要是传统的血缘家族。因此，他们的文化特质也处处表现出维护家族的稳定和凝聚力的特点。

塔吉克人的家族是一个堡垒，是他们的生命线，对于个人来说同时是生产、消费、教育、保险以及生活和情感的小社会。所有的生活和生产活动，都是围绕着血缘的家庭、家族和地缘的乡亲邻里进行。这与其他生产组织的根本不同之处是内部强烈的凝聚力和信任关系。个人除了服从家族、社区的权威，履行对家族和社区的责任与义务之外，不再或很少服从外来的权威。家族与社区关系的维系是建立在一系列传统的伦理道德、行为规范和习俗之上的。这些伦理道德、行为规范和习俗主要有哪些呢?

1. 近亲通婚

塔吉克人传统上除兄弟姐妹间禁止通婚外，其他亲戚之间都可以通婚。几千年来，他们基本上不迁徙，世世代代用婚姻来强化着地缘的纽带。因此，传统上盛行近亲间通婚，不能在近亲中找到合适配偶的，也多在本村本乡内通婚。塔吉克人中流传着一句谚语:“翻山不结亲，过河不种田。”因此，同村同乡的人基本上是亲戚。血缘与地缘的亲属、乡里关系，是他们主要的社会关系，是几千年来维持塔吉克人生存的主要社会组织形式。笔者在瓦恰乡调查时得知，任何一户有婚事时，全乡 406 户每户都会派人参加并送彩礼。因此一般的婚礼参加者都在一千人以上。

如果我们根据问卷调查的统计，将塔吉克人的相亲方式与妻子的出生地比例和新疆南部的维吾尔族、汉族对比，就可以明显看出其近亲通婚的特点：

表 1　相亲方式比例

民族	自由恋爱	朋友介绍	父母决定
维吾尔	57.1%	12.4%	17.4%
汉	30.3%	64%	4.6%
塔吉克	16%	5.7%	56%

表 2　妻子出生地比例

民族	本村	本乡	本县
塔吉克	65%	32%	1.7%
维吾尔	41%	33%	6.7%

从以上两项统计可以看出：1. 塔吉克人的婚姻大多（56%）由父母决定，远远高于汉族（4.6%）和维吾尔族（17.4%）的比例。2. 塔吉克人的妻子有 97% 出生于本村和本乡，也高于维吾尔族 74% 的比例。

这一方面显示了塔吉克人家族的重要性，因为父母对子女的权威是维系家族关系的核心因素。另一方面也表明了他们近亲通婚的特点。

2. 离婚率低

在塔吉克人的家庭中，夫妻关系普遍很稳定。对塔吉克人来说，夫妻之间不是单纯的个人之间的关系，它还代表着世代生活在一起的两个家族的关系。于是，离婚、休妻都被认为是羞耻的，会伤害很多人的感情。一对夫妻有矛盾时，两个家族的人都会帮助调解。于是，离婚是很少见的。

以下在南疆三个民族中不同的结婚次数的统计结果，可以帮助我们了解他们不同的离婚率，也可以比较出塔吉克人较低的离婚率：

表 3　结婚一次以上的占已婚人口比例

民族	百分比
维吾尔	14%
汉	9%
塔吉克	2%

结婚一次以上并非都是离婚后发生的，有些是在配偶一方死亡或失踪后发生的，因此，实际的离婚率比以上统计要低。

3. 不尚分家

在塔吉克人中，父母在世时儿子分家单过会受到舆论的谴责。家长是父死母继，母死长子继。大家庭一般包含几个小的核心家庭，各个小家庭在生产中分工合作，相互依赖，生活用品都由大家庭统一供给。所以，大家庭是基本的生产生活单位，所有成员都相亲相爱，十分和睦。与维吾尔人相比，塔吉克人的家庭人口规模要大一些（塔吉克家庭户均 6.2 人，维吾尔户均 5 人）。请见图 1、图 2 中关于这两个民族每户家庭人口数的统计。

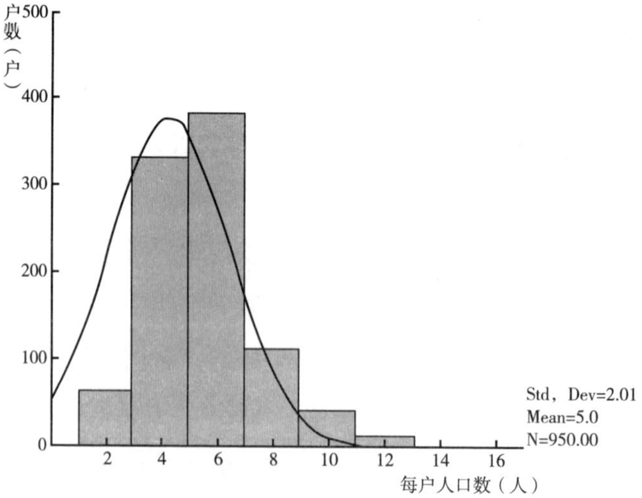

图 1　维吾尔族每户人口数统计

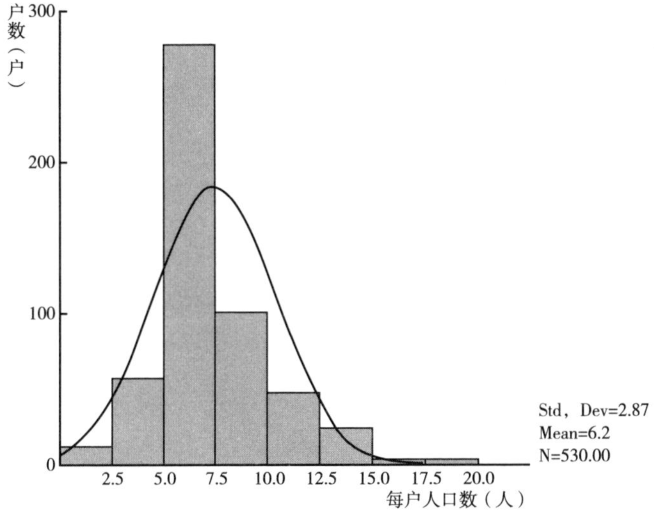

图 2　塔吉克族每户人口数统计

4. 敬老

在当地塔吉克人社会中，让孩子成为孤儿和不赡养老人是不可饶恕的罪行。家长制大家庭是塔吉克人传统的家庭形式，一般男性家长为一家之主，家庭成员的生产劳动和生活都由家长安排。于是，尊重家长、尊重老人是塔吉克族一直坚守的传统道德观念。新疆南部农村的维吾尔人聚居区，人均收入在 1000 元以上（参见《2001 年新疆统计年鉴》之七，人民生活部分，中国统计出版社，2001），远高于塔什库尔干县塔吉克人的人均收入。但根据我们调查统计的结果，新疆南部农村维吾尔人聚居区 60 岁以上老年人占人口的比例却不如塔吉克人高。这应与塔吉克人更浓厚的敬老传统有关联。

表 4　60 岁以上老人占人口比例

民族	百分比
维吾尔	6.1%
塔吉克	7.9%

5. 团结互助

除了大家庭内部的合作以外，塔吉克人与亲戚邻里间的关系也都十分密切，在生产上互相协作是十分普遍的。村里各家遇到盖房、修水渠、春耕、秋收和转场等事，亲戚邻里都会来相助，不计报酬，只供饭食。春耕和秋收期间，亲戚邻里都要轮流代为放牧牲畜，合伙耕地和收割。遇有灾害时，亲戚邻里都患难相恤、同甘共苦、共渡难关。一家有难时，大家都会主动相助。因此，塔县尽管是新疆最贫困的县，却一直是整个新疆社会最安定、刑事犯罪率最低的县（自 1949 年至 1992 年的 40 年间，全县无一例犯罪记录。1992 年以后虽出现了少数犯罪案例，但基本上是外来人口所为，当地塔吉克人极少犯罪）。

表 5 的统计，表明了他们遇到各种困难和大事时，多数人首先找亲戚帮忙。亲戚，显然是他们生活中主要的依靠。

表 5　遇到困难时找谁帮忙

最先找谁帮忙	亲戚	朋友	老人	干部	阿訇	银行贷款
家庭经济遇到困难	64.8%	2%	1.7%	5%	0.6%	23%
婚事找谁帮忙	66.2%	4.2%	4.6%	2.6%	2.2%	16.6%
割礼找谁帮忙	63%	5%	12%	6%	1.8%	7.4%
建房找谁帮忙	52%	2.6%	3.1%	4.2%	1.8%	7.4%
丧事找谁帮忙	59%	4%	7.6%	6.3%	4.1%	13%

三　派生的特点

塔吉克人的文化处处表现出维护家族的稳定和凝聚力的特质，而这些文化特质又派生出其他的一些文化特点。

1. 宗教的影响较小

从表 5 可以看出，他们遇到困难时，较少找阿訇帮忙。塔吉克人的礼拜活动较少，宗教职业者少，全县 64 个村庄，只有 22 个清真寺。这与维吾尔族聚居区每村必有清真寺的情况形成了鲜明的对照。据统计，新疆现共有 23000 余座清真寺，平均每 465 个穆斯林人口就有一个清真寺（见孟航《中国穆斯林人口分布格局浅析》,《西北民族研究》2004 年第 4 期），而在塔吉克族聚居区，平均每 1100 余人才有一座清真寺。表 6 将调查问卷中塔吉克人与维吾尔人在一些活动中请阿訇参加的比例做一对比，也可看出其对宗教依赖的程度有所区别。在塔吉克人聚居区，宗教影响较小，应该与家族功能的强大有直接关联（见图 3）。

2. 商品意识薄弱

塔什库尔干的塔吉克人采用一种自给自足的自然经济，是比较单纯的生计经济，每个农牧家庭均基本自给自足，很少有剩余产品，因此也就较少需要市场交易的机制，于是他们的商品意识很淡薄。

3. 不太重视行政权力

在塔什库尔干这样的地区，代表国家权力的地方政府，如果不能有效地帮助人们减轻自然环境的压力，它的影响就较小。表 6 的统计，间接表明了当地塔吉克人对行政权力的一种态度。

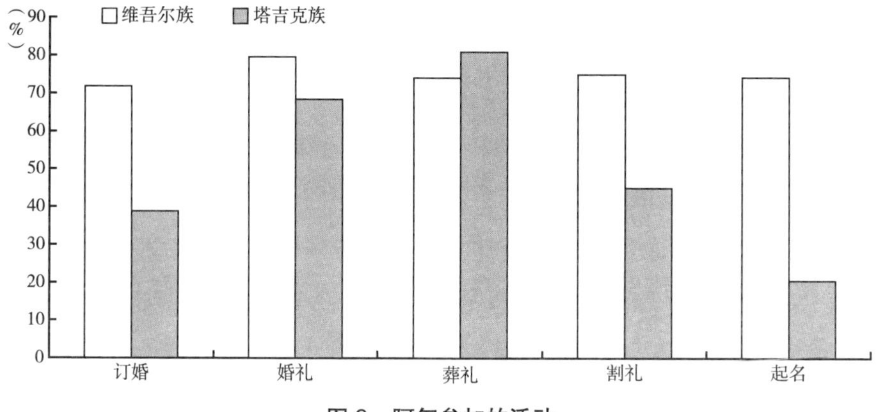

图 3　阿訇参加的活动

表 6　希望孩子选择什么职业

职业＼民族	维吾尔	塔吉克
医生	10.5%	23%
干部	48%	19%
农民	10.4%	14%
教师	19%	13%
军人	—	10%

从表 5 可以看出，他们在遇到困难时，较少找政府的干部求助；从表 6 可以看出，与维吾尔族相比，塔吉克人较少希望自己的孩子选择国家干部为职业。这间接反映了他们不太重视行政权力的观念。

四　靠政府还是靠家族

在一个政府的功能和影响力较小的社区中，国家基层政权建设的进程往往十分缓慢。在塔什库尔干，自古就是如此。

1. 基层政权建设缓慢

在古代，塔什库尔干曾是塔吉克人的一个小王国。公元 8 世纪，这个小王国灭亡，唐朝在此驻扎军队，建立军事要塞，当地成为军事要塞的辖区，但内部的事务是自治的。这种状况维持了一千多年。到 18 世纪，这里归入清朝版图，称色勒库尔回庄，有居民 500 户。清政府在此任命当地塔吉克人首领为世袭伯克，管理当地司法和税收等事务。1884 年，新疆建省，下设府和县。当时新疆全省已全面取消世袭的伯克制，改由省政府任命各县官吏。但在色勒库尔却没有设县，而是保留了由当地首领世袭伯克的制度，当地内部事务仍由地方首领自治。直到 1926 年，世袭伯克制才被取消，并开始在当地设县，下辖 27 个庄，由县长委任当地塔吉克族头人为各庄乡约。于是就产生了县以下的基层行政机构——乡。

1952年，政府在新疆实行改革，召开人民代表会议、村民代表会议，建立农民协会，实行县、区、乡和村四级管理制度。县长和区长由政府任命，乡长和村主任在村民代表会议中选举产生。1958年以后，又改为县、公社、大队和小队四级制度。公社主任由县政府任命，大队长和小队长则由选举产生。四级所有，小队为基础。小队是生产和分配的基本单位。1983年，实行承包生产责任制，土地和牧场分配给每个家庭，家庭又成为生产的基本单位。1984年以后，改为县、乡、村民委员会和自然村四级制。乡长由县政府任命，村民委员会主任则由选举产生。

自20世纪初当地建立乡以后的90年中，乡政府的作用虽然有所扩大，但直至现在，塔什库尔干县的乡政府与中国其他地区的乡政府相比，对当地社会所发挥的影响要小得多。主要在于与当地的生产组织和经济生活脱节。由于塔什库尔干县是全国最贫困的县，国家对当地农牧民基本免除了税收。全县各乡基本上没有工业企业。所以，乡政府所能管理的就是地方的治安、教育、公共工程等，与乡民的实际生活联系很少。而塔吉克社会是一个没有犯罪和暴力的社会，当地的治安无事可做。教育事业落后，全县有16所小学、1所中学，各乡只有一所规模很小的小学归乡政府管。公共工程就是在农闲时，召集各村村民修理被洪水冲坏的乡间土路或维修水渠等临时性工作。乡政府不能深入影响当地人的生活。

2. 政府的措施效果不明显

近50年来，当地政府一直将发展经济、提高人民生活水平作为他们的主要任务。他们主要采取了以下3项措施。

向中央政府要钱。现在，中央政府每年给县政府的拨款达5000万元以上，是县政府财政收入的30多倍。但这些钱主要用于养活各级政府官员、学校的教员和遇到灾害时给农牧民发救济金。

扩大耕地。现在，农田面积比50年前增加了3倍以上。

扩大畜群。50年来，牲畜总头数增加了6倍以上。

但这 3 项措施并没有使当地的塔吉克人摆脱贫困（因为 50 年来人口也增加了 2 倍以上）。相反，扩大耕地和畜群，却造成了草场退化、水土流失、自然环境恶化和灾害增加。

2000 年以后，为了改善塔吉克人的生存环境，新疆维吾尔自治区政府投资 3 亿元，计划将 1 万名塔吉克人迁往 400 公里之外的岳普湖县安置。政府在岳普湖县为每户搬迁的塔吉克人修盖了房屋，开垦了农田（人均 5 亩）和水渠，但大部分塔吉克人不愿搬迁，少数已迁去的农户又有部分人迁回了塔什库尔干。

五　瓦恰乡的例子

本文的前面几部分较多利用了笔者在当地问卷调查的统计资料，以下将介绍一个实地观察的案例，希望给读者一个更直观的印象。

2001 年 7 月，笔者曾在塔县瓦恰乡进行实地调查。该乡的状况，可以基本代表当前塔吉克族基层社会的情况。这个典型的案例可以帮助我们理解塔吉克人为什么如此依赖家族与社区。

瓦恰乡位于塔什库尔干县县城以东约 80 公里的一条山沟中。全乡面积约 2500 平方公里，东有卡拉巴德热克山，西有奎提代尔山，两山的山脊海拔都在 5000 米以上。在 4500 米以上就是寸草不生的终年积雪地带，两边的山脊就成了瓦卡乡与东边的大同乡和西边的牙特滚白孜乡的天然分界线。两山之间的山谷中，有一条宽约 30 米的瓦恰河，平时水量很小，水深只有 30~50 厘米，还常有断流的情况发生，而一遇山洪和暴雨，河水猛涨，水流湍急，水深会涨至几米，往往造成大量水土流失。河两岸的狭窄山谷海拔 3310 米，50 余公里长的山谷中分布着全乡的 7 个村庄，共 406 户，2393 人（其中劳动力 718 人。1949 年时，全乡共 70 余户，400 人左右），除一户柯尔克孜族外，其余都是塔吉克族。该乡 2000 年人均收入 579 元，低于当时中国政府规定的 600 元的贫困线。

瓦恰乡是一个半农半牧，以牧为主的山乡。全乡共有牧场1023240亩，都是高山荒漠草场，载畜能力很低。牧场分为四季，夏牧场都在山顶上，春秋牧场在半山腰，冬牧场在避风的山脚和山谷里。牲畜总头数15488头，其中羊12365头，其余为牛（1397头）、马（196匹）、牦牛（778头）、驴（656头）和骆驼（96头）。人均有牲畜6.4头。虽然这个数字较低，但这样的牲畜数量已超过了当地草场的载畜能力。全乡有耕地5216亩，人均2.1亩。耕地在山谷中，主要播种青稞、豌豆、玉米等作物，一部分作为村民的口粮，另一部分作为牲畜的饲料。由于水土流失、土地贫瘠和高寒的气候，2000年粮食平均亩产仅103公斤，总产518162公斤，人均204公斤。但在每年的2~5月，需在牲畜的饲料中加一些粮食，每头羊需10~20公斤，一匹马约需150公斤。这样，除去喂牲畜的粮食，每人的平均口粮就不足100公斤了。因此，牧民每年仍需买粮吃。尽管按人均计算，农牧产品都不丰富，但牧民如需购买生活和生产用品时，就只能靠出卖自己的农牧产品。当地离市场很远，于是物物交换盛行，牧民们往往直接用牲畜与外来的商人交换必需品。

自1983年以后，全乡的土地和牧场都分给了单个家庭，但当地的生产活动从来都是需要家庭之间互助的。以我访问的白克力·艾沙家一年的生产活动为例：白克力·艾沙家共6口人（5个儿子，1个女儿，老伴儿已去世，女儿已出嫁），有羊98头、牦牛20头、耕牛1头、驴1头，有牧场1218亩。其中冬牧场274亩，夏牧场634亩，春秋牧场310亩，草场5亩。另有农田14亩（有4亩已被洪水冲走），种豌豆和青稞。生产活动分为农业和牧业两部分。

（一）农业

每年4月当地进入春季。4月1日开始修水渠。先集体修全乡的干渠，大约3~4天，然后修各家自己田里的渠。同时，要赶着毛驴去几十公里远的山上的春秋牧场和夏牧场，将牧场上的畜粪运回来，送到地里，捣碎后撒到地里。接着就播种，浇水。4 月 15 日左右播种，到月底播种完。因为当地土质属于砂石地，渗水很快，存不住水，所以每年要浇水 12~13 次，庄稼才能长好。遇到干旱年，河水常断流，只能浇 7~8 次，收成就很差。但雨水多时，就有泥石流，泥石常将耕地埋住，所以每年春季要在田里捡石头。泥石流严重时还会冲走农田。白克力家在 1983 年分了 14 亩地，被冲走了 4 亩，现在只剩 10 亩了。从 4 月至 8 月的五个月中，每个月至少要浇两次水。这中间还要多次维修水渠、除草、松土等。8 月中旬，开始收割豌豆，到月底收完。9 月初，开始收割青稞，月底收完。9 月底以后，开始积肥。将家里的羊、牛和驴（毛驴、牛犊和羊羔是在家里养的）等畜圈中的粪拉出来，准备春耕时用。到了 10 月中旬，一年的农活基本结束。他家的 10 亩地完全种青稞，年产量 1000 公斤，仅够牲畜的饲料。一家 6 口的口粮全要去粮店购买，每年要买 1300 公斤面粉。

（二）牧业

牧民们和所有的牲畜整个冬季都住在冬牧场和村里。当地 10 月初就开始下雪，冬牧场上的草很快枯黄，到了 1 月，气温降到零下 30 摄氏度，牲畜就主要靠原来存下的干草并加粮料喂养。5 月初开始往山上的春牧场搬家。春牧场距村里约 30 公里，牧场上有土房子，搬家前要先去山上修补好已闲置一年的房子，准备好取暖和做饭用的木柴。搬家时要将粮食、被褥、炊具和生产用具用毛驴、马或骆驼运到山上。一般需要十几头毛驴或 3 头骆驼。搬家都要请亲戚和邻居帮忙。每次搬运，都是清早起身，晚上才能到达，然后把牲畜赶到山上。羊、牛和马等各种牲畜都是需要分开放牧的，这就要几家分工合作。因此，各个牧场上都是几家住在一起，便于互助。1983 年分配牧场时，就根据村民的要求，将亲戚邻居的牧场分得连在一起。在放牧时，他们的牧场是合在一起使用的，把同样的牲畜也合在一起，互相代为放牧。白克力家的春牧场与五户亲戚的牧场连在一起，在牧场上也住在一起。冬牧场是 8 户住在一起，其中 4 户是亲戚，另外 4 户是邻居。夏牧场是 12 户住在一起，其中 2 户是亲戚，另 10 户是邻居或本村人。实际上，塔吉克人自古的传统是，各村的牧场都是村民集体合用的，只有山下村子附近种植和储存干草用的草场才是分开各家自己用的，至今仍基本如此。此时如遇春寒，牧草尚未长高，就要把干草也运上山去，给牲畜加喂干草。在春牧场放牧约一个月，到了 6 月 1 日左右，就迁到夏牧场。白克力家在夏牧场住毡房。夏牧场距村里 40 余公里，在 4000 米以上的山梁上。7~8 月时，就要在山谷里的草场上割草，将割下的草晒干存起来，预备冬天给牲畜吃。白克力家的 5 亩草场可收割 1500 公斤干草，他家每年还要另买 3000 公斤干草才够牲畜过冬。在夏牧场放牧约 3 个月，到了 9 月初，下到秋牧场，秋牧场距村里 20 余公里。11 月中旬，回到冬牧场。冬牧场在山沟里，距村里 7 公里。牲畜在冬牧场待 5 个半月。

牧民们在四季牧场都要修建固定的石头和土坯房居住。因为夏季气候温暖，条件好的人家在夏牧场搭毡房，可以不盖土坯房。所以，每家在牧场上至少要建 3 处房屋。白克力家就在春秋和冬牧场建有 3 处房子。他家每年要卖 20 只羊（5000~6000 元），4 头牦牛（6000 元），用于买粮、买干草、供一个儿子上学和其他花费。

在这里，每户都是农牧兼顾的，因此，必须同时由多个劳动力来完成这些工作。每家必须同时有一个男人在村里管理农田，两个男人在牧场上放牧和运输，还要有至少两位妇女分别在家里和牧场上做饭、洗衣、喂养羊羔和牛犊，照顾老人、幼儿，剪羊毛，挤奶等。遇到转场、修房、收割等季节，需要的人手就更多了。在这样的环境中，他们承受着巨大的压力，他们要生活下去，要与自然对抗，没有别的选择，每个人必须依靠家庭，每个家庭都要依靠亲戚和乡邻。外部的世界和当地的政府在村民的日常生活和生产中影响很小，人们最看重和依赖的就是家族与乡邻。

（三）乡政府与村民的关系

瓦恰乡乡政府共有乡长、副乡长等国家干部 50 人（如算上当地的公安派出所、邮局、医院、小学校和银行等国家建立的机构的人员，共有近 200 人，这 200 人的工资是由国家支付的）。与该乡总人口数相比，不可不谓一个大政府，但其与乡民的关系是松散的。乡政府与乡民之间的关系是由村民委员会（过去的生产大队）来联系的。全乡共有 5 个村民委员会，每个村民委员会由 4 人组成（主任、书记、副书记和会计），委员由全体村民投票选举，每三年改选一次。每位委员一年可得到 650 元的补贴，这笔钱是由全体村民按户交纳的（每户 56~100 元 / 年）。村民委员会根据乡政府的规定管理计划生育和治安，还负责组织村民维修本地的水渠和道路。除此之外，村民的生产和生活是基本自给的，与村民委员会或乡政府没有多少联系。实际上，他们的生产方式和生产组织，他们所处的自然环境，与几百年前没有本质的区别，他们的家族、社会关系和风俗仍保持着旧的传统也就没有什么奇怪了。

G.William Skinner（施坚雅）先生在研究中国古代社会时认为：行政首府是经济核心地点的副产品。离经济核心地点越远、越边缘的地区，对商品的依赖程度越低，自给的程度越高，与国家权力越远。①

安东尼 · 吉登斯（Anthony Giddens）和王铭铭先生在论述国家政权与现代化的关系时，都提出物质生产高度发达，工业主义渗透到社会的各个方面，公民型社会对社区型人际交往的取代，是国家权力进入乡村的基础和条件。②

他们的理论，都可以帮助我们解释塔吉克人社区与国家基层政权之间的关系。

---

① William Skinner，“Cities hierarchies of local systems”，in *Studies of Chinese Society*，ed . by Arthur Wolf，Stanford University Press，1974.

② Anthony Giddens，The Nation–State and Viplence，polity，1985.

余　论

中国有句老话:“衣食足而知荣辱。”也就是说，物质生活富足了才会懂得礼仪，才会有精神上的文明。这句话似乎是个普遍的真理，我们可以举出很多例子来证明此话的正确性。但人类学的研究有一个特点，它往往会用一个特殊的例子来挑战普遍性。以上笔者所举的中国塔吉克人的例子，就可以挑战前面的那个“衣食足而知荣辱”的真理。塔什库尔干的塔吉克人生活贫困，但他们却营造了一个尊老爱幼、团结互助、自尊自爱、离婚率低、犯罪率基本为零的社区人文环境。同时，我们也看到世界一些地区的弱势民族，在现代化的过程中，抛弃了自己大部分的生产和生活的传统，经济发展了，收入提高了，而家庭与社会却失去了安定与和谐。这促使我们有必要重新思考人类到底需要什么样的“发展”。

人类的生物性与心理性告诉我们：人的需要有两种，物质的和文化的。如果我们仅赋予“发展”以经济和技术的内涵，而忘记了文化，最后吃苦的显然还是人类自己。塔什库尔干塔吉克人的案例显然再次给了我们这样的启示。

参考文献

中国国务院人口普查办公室:《中国 2000 年人口普查资料》，中国统计出版社，2002。

Mingming Wang，“国家与社会关系视野中的中国乡镇政府”，*Chinese Social Sciences Quarterly*，No.24 Autumn 1988（HK）。

William Skinner，“Cities hierarchies of local systems”，in *Studies of Chinese Society*，ed. by Arthur Wolf，Stanford University Press，1974.

Anthony Giddens，The Nation-State and Viplence，polity，1985.

记忆与防范：纪念洪水遇难者的活动

——保加利亚中部奇拉塔利萨地区的个案研究

〔保〕马加丽塔·卡拉米霍娃 著　于　红 译

摘　要

2006年6月19日，在保加利亚中北部的奇拉塔利萨小镇的教堂举行了一场纪念（1943年6月19日）洪水的活动。在纪念活动后，洪灾的目击者/受害者、当地的编年史学家展示了他刚刚出版的回忆录。地方官员、几位老妇人和“儿童中心”的小学生出席了纪念活动。这一事件提出了诸多问题，例如为什么在洪水发生66年后、在中断纪念活动多年后，而且在几乎没有遇难者亲属出席的情况下举办纪念（3000余名居民中的）11名遇难者的活动？

本研究的既定目标是综合运用多种研究方法来收集和分析相关的资料。采用传统的民族学方法来组织访谈，对文中提到的著作进行内容分析并对可获得的照片进行分析。

理论框架是由这一概念决定的，即任何灾难都使民众回归本原。他们的反思和互动、他们的策略揭示了其文化的基本内容。这一具体现象却缺少理论上的阐释，本研究对此予以了特别的关注。在2009年纪念活动的主要参与者的个人动机、地方共同体在不断的危机转换时期制定的策略中，我们将找到相关的答案。

2006年6月19日，在奇拉塔利萨小镇（保加利亚中北部维利克图恩诺夫地区）的教堂里，人们为当地洪水（1943年）中的遇难者举行了一场纪念活动。作为极少数曾经亲眼看见过洪水的居民中的一人，地方史学家瓦希尔·乌祖诺夫在纪念活动后展示了他的著作《奇拉塔利萨：1943年6月19日的水灾》。市政官员、几位资助教堂的妇女、在夏天前往儿童中心的小学生参加了纪念活动。这一事件提出了许多问题，例如，在洪水发生后的第66个周年纪念日之际、在中断了多年并且在洪水中遇难者的亲属都缺席的情况下，举行一场纪念活动，究竟是出于什么理由？

作为保加利亚民族学学者，并且作为家庭传统影响下的当地文化模式的载体，我要对这次纪念活动做出解释，它不同于仍在共同体中采用的保加利亚的纪念模式。在研究过程中，重心自然转移到灾难民族学领域，这引发了一系列新的问题。本文从2009年纪念活动主要参与者的动机和策略、地方共同体应对宏观社会持续不断的危机、社会灾难的现代策略的角度来探索文中大多数问题的答案。

一　方法论

阐明问题需要使用多种方法收集和分析相关资料。《奇拉塔利萨：1943年6月19日的水灾》一书一方面作为二手资料（译者：原文如此），另一方面作为对其进行内容分析的文本，是分析的中心。对该书中资料的核实及补充采用传统的民族学方法包括：设计或半设计的访谈、对教区死亡记录的考察、对可获得的照片的分析（2009~2010年）；对举办纪念活动的该书的作者、地方博物馆馆长、市政官员和教士进行的详细、深入的访谈；对

31 名 1943 年洪水目击者及其后裔（人们告诉了他们当时洪水的情况）进行的半设计的访谈。因为我与奇拉塔利萨有着很深的渊源，我自己也是地方记忆的组成部分的载体。我采用了外祖母及其邻居的会议记录作为本研究的资料来源，这些记忆在我童年时就已存在，我在处理这样的资料时也很小心。

二 理论框架

一场自然灾难使人们回忆起保证共同体生存的文化基本要素（Hoffman and Oliver-Smith，1999：11），这一点决定了本研究的理论框架。在动荡混乱、始料未及、没有方向、迫切需要重新组织生活的时期，人们依靠主要的共存机制、基本的行为规范、共同体的基本价值，当然还包括调节地方共同体生活的制度。自然灾难催生社会－文化变迁。探究回应、互动、策略、评价和记忆，使我们对地方共同体的文化模式及其应对灾难的方法有了新的理解。共同体的成员提出了解释的模式和策略，使其得以在变迁之后继续生活下去（Hoffman and Oliver-Smith，1999：2）。每个人从不同的文化和个体角度感知灾难，测度其风险，总结自然灾难究竟是什么（Hoffman and Oliver-Smith，1999：8）。与此同时，回答这个问题很重要：人的活动在多大程度上预示着自然力量的破坏性效果，群体会为其未来的行为做出什么样的结论？在对年代如此久远的事件做民族学的研究时，毫无疑问会涉及对共同体中传播的创伤记忆进行分析。没有在记忆中占据特殊位置的灾难造成的破坏场景和任何纪念碑的存在（Nora，1996），问题随之出现：在灾难造成的破坏早就被清除、灾难地点与事件的联系中断后，创伤性记忆是如何保持和表述的？作用物，即河流，在没有对共同体的生活节奏造成全面的创伤和破坏的情况下，能够成为永久的记忆场所和永久的警告吗？如果这个创伤性事件对地方共同体的未来具有潜在的重要意义，为什么在这么长的时间都没有建立一个纪念碑？

学术文献已经提出这一观点，即创伤的地点正是通过拒绝连续性的时间叙事而表述记忆的（Trigg，2009：87）。没有破坏的场景，过去的事件介于记忆和想象之间。记忆一方面通过叙述和书面的文本保存下来，另一方面通过记忆的技巧和实践保存下来（Van House，Churchill，2008：295）。这一观点决定了探索的方向。笔者使用了这一假设：地方的编年史，以及对 2009 年纪念活动叙事的表述，保证了记忆的保存和警示作用。

奇拉塔利萨村的河流，在过去的 10 年里因为森林的砍伐和炎夏的高温而枯竭，看起来浅浅的，很平静，与人们讲述的 1943 年发洪水时的河流更是有很大的差异。

三 简要的人口信息

老奇拉塔利萨村从 15 世纪（1479 年）起就有了税收记录，因此而知名。该村位于巴尔干坡地上地势较高的地方，距离河流相对较远。德万基人（因负有守卫山区通道的职责而拥有特殊身份的当地居民）不仅坐拥地利而且享受着税收优惠政策，在奥斯曼土耳其统治时期过着安定的生活。伴随着保加利亚土地的解放，现代社会的到来带来了新的挑战。在奇拉塔利萨，20 世纪初期现代保加利亚国家建立前后发生了人口革命。相对贫瘠的半山地土壤和有限的自然资源，对于迅速增长的人口来说不敷所需，且由于经济变革的新需求需要对制度化的教育加大投入。

许多在 19 世纪末 20 世纪初从事商品性园艺业的奇拉塔利萨人，成群结队地到国外（例如俄罗斯、匈牙利、斯洛伐克等国），或到保加利亚北部（瓦尔纳、普列文地区）。这些季节性的劳工移民保证了村子里人口的稳定，保证了农艺业家庭的生活水平，但也深刻地改变了当地的文化模式。[①]

① 本研究的一个主题就是在世纪之交社会角色重新分配的大变动，特别是不同领域的决策方面、社会方式的变动、从这一时期起奇拉塔利萨居民的陈规定见方面的变动及其对共同体生活的影响。

在20世纪初，奇拉塔利萨吸引了科泰尔高山聚居地（后来形成了山地集团）和瓦拉奇地区的吉普赛人到此安营扎寨。不断发展的村落“向下”延伸到距离河流更近的地方。

在社会主义现代化时期，20世纪二三十年代出生的人们在20世纪40年代末、50年代初迁移到大城市中。留下来的人经历了合作农场的土地合作（后来的农工复合体），此后年轻人被指导进入附近城镇的工厂，以便使其子女能够有更好的发展。在转型时期（1989年），20世纪四五十年代迁移的人中有不少人作为领养老金的退休人员回到了奇拉塔利萨，至少在这里度夏。渐渐地，40年代出生的更年轻的领养老金的退休者也接踵而至。退休的人们，虽然在经济上处于极弱势的地位，但却是当地历史记忆的权威，他们热爱故乡，希望能够在社会中占有一席之地，由于新的经济体制，他们已经被置于耻辱性的老迈穷苦的境地。《奇拉塔利萨：1943年6月19日的水灾》的作者就是这个集团中的一员，他在2010年5月9日“城镇日”这天因其对地方史的研究而被授予“奇拉塔利萨荣誉市民”的称号。返乡的退休人员珍视对过去的记忆，并试图将这些记忆传给后代们。对于一个小共同体来说，奇拉塔利萨的人口变动得很快，特别是在20世纪90年代后，保加利亚穆斯林、土耳其人和新的吉普赛人集团的迁入①，更加剧了这一进程，使得退休的老人们更急迫地想要传播该地的历史。现在，大多数年轻人和在社会上占据重要地位的人（占当地人口2/3），对该地的过去并不熟悉。与此同时，他们希望有机会融入、认同奇拉塔利萨及其千年之久的历史。我的考察得到了2007年的全镇园艺师汤节的支持。②

---

① 有关奇拉塔利萨人口变动的情况，参见卡拉米霍娃，2009。

② 这一节日与园艺师帮的过去以及发展园艺旅游业的策略有关，是笔者另一项研究的主题。非常有必要在这里提及，小镇所有的居民都参与这个节日，并将其作为自己的节日（他们的传统和历史）来庆祝，而不管其族属、宗教信仰或是在奇拉塔利萨居住的时间。甚至看起来最晚来到奇拉塔利萨的居民是最活跃的参与者，这也是可以理解的。

四 编年史

瓦希尔·乌祖诺夫的著作被用作二手的经验资料，但与此同时，笔者对其内容也进行了定性分析。考虑到归纳论证，这一方法用于非统计性的文本分析（Berg，1995）。定性内容的分析方法涉及该书出版的背景、它所针对的公众，以及通过它传达的政治和社会环境方面的信息（Macnamara，2003）。

作者瓦希尔·乌祖诺夫生于1931年，在保加利亚军队做过装甲兵，是一名高级军官。退休后，他重返故乡奇拉塔利萨。他对历史特别是对这片土地过去的兴趣，激励他收集传说和资料，并出版了小型地方史书。这保证了他作为奇拉塔利萨自治市地方史学家的地位。在写作本文时，我得到消息，瓦希尔叔叔（在79岁高龄时）到大特尔诺沃大学的古代历史和色雷斯学系就读。

《奇拉塔利萨：1943年6月19日的水灾》一书结构复杂。它包括以小故事为表现形式的作者的个人记忆，还包括对目击者的简短访谈、教堂葬礼登记资料的摘录、溺死者的照片、民谣和图片。从这个意义上说，该书可以被有保留地归类到地方史书籍之列。书中收集的资料在进行了确认之后，被用作相关的二手资料。各家庭对于遥远的过去发生的事件的记忆存在着出入。作者忠实地展示出小镇同胞不同的记忆。例如，他生活中最重要的经历——邻居们救援他的行动，试图把他和他母亲从其被淹没的屋顶拉出来，就存在着争议（Uzunov，2009：63）。乌祖诺夫附上了支持其记忆的几篇访谈，以及与之相反的观点。

该书的写作、出版和传播是象征性的重要行为，构成了描述过去的事件的一个特定版本。这一举动将对过去创伤事件的描述与特定的现在和未来连接起来，构成一个线性的时间进程（Middleton et al.，2001：126）。

乍一看来，编年史学者瓦希尔·乌祖诺夫建立了连接过去的自然灾难与现在的桥梁，保证了创伤经历在未来的共同体记忆中的位置。然而，他的动机要复杂得多。他不仅仅是以一个祖父的身份讲恐怖的故事给他的孩子听（在儿童中心），而且是在警示他们，让他们做好准备，为其提供对付未来的灾难的行为模式和范例。乌祖诺夫举了一个直观的例子，说明一个对共同体特别重要的事件是怎样被纳入循环往复的时间结构，成为其中组成部分的。作者不断强调奇拉塔利沙卡河的泛滥是周期性的。在我们 2010 年 8 月的访谈中，他一直在反复说大洪水每 70 年发生一次。他表示，通过自己的著作提醒地方当局保持河床空阔的重要性，注意两边河岸的新建建筑物；20 世纪 40 年代中期修建的防护性河堤已经被摧毁，应当考虑采取保护性的举措。奇拉塔利萨很多居民不了解当地的过去，不愿老居民重提过去的灾难和创伤，他们对此做出的冷漠甚至粗暴的回应，使得乌祖诺夫进一步确信他必须向年轻人发出警告，争取他们的合作。他就是通过写书来做到这一点的。

五　水灾

奇拉塔利萨镇位于巴齐萨（在保加利亚语中是迅捷、快速的意思）河的两岸。河流发源于巴尔干山脉埃林纳段的丘梅尔纳峰，在大埃林纳集水区聚集了河水，流经 55 公里后汇入杨特拉河。在奇拉塔利萨镇的河床垂直降落 1000 米以上。这决定了在春季冰雪融化和强降雨时，河流水位高，水流极为湍急强劲。

1943 年的春季降水特别多。在 6 月 17 和 18 日，报信人走街串巷地通知河边的住户，警告人们大水从埃林纳镇奔涌而来，应当迁移到村庄的高处。“迁移”意味着带着小牲畜和一些衣食，并牵走马匹。佐卡·帕姆克切娃回忆，在第三天，即 1943 年 6 月 19 日这一天，邮递员收到了埃林纳镇的消息，说水位急剧下降，他去通知市长米洛克·亚马克夫。在 17 和 18 日两次错误的警报后，市长认为在 19 日也没什么可担心的（Uzunov，2009：28–29）。

洪水在中午抵达。它沿路摧毁了桥梁、房屋，卷走了牛和小家畜。11 名奇拉塔利萨的居民被发现溺死水中：斯托杨·科纳克切夫神甫及其妻德沙卡·科纳克切娃、玛利亚·科纳克切娃、玛格丽塔·科纳克切娃（玛利亚的女儿）、鲁萨·科纳克切娃奶奶（玛利亚的婆婆）、玛利亚·伊万诺娃·查卡洛娃、伊万·伊万诺夫·查卡洛夫、乔丹卡·赫里斯托娃·查卡洛娃、威利乔克·特斯蒂亚科夫、斯特凡·蒂扬科夫·查卡洛夫、乔丹·斯托伊夫·科拉洛夫。

第二天，洪水在沿途造成严重破坏后退去。在巴萨诺夫地区有一个吉普赛人墓地。在土著的奇拉塔利萨居民的记忆中，吉普赛人是穆斯林，为他们的小男孩举行闹哄哄的割包皮典礼。① 基督教徒则在这个墓地埋葬“应受绞刑的人”（对所有自杀者的通称）。洪水摧毁了墓地，尸骨狼藉满地。从 1943 年起，所有的死者都被埋葬在这个老公墓中。

不久之后，在“丘尼且凯特”区的集市上，一位不知名的民歌手在手风琴的伴奏下开始演唱一首关于洪水的歌。人们听着，购买歌本，但非常默契地不去唱这首歌。下面是书里印的歌词 ②：

当它来到拉兹波波夫特斯时，
卷走一个人就像炮弹，
没有留下一丝痕迹。

① 在土生土长的老年奇拉塔利萨居民的记忆中，从科泰尔新迁来的吉普赛人信奉伊斯兰教的时期几乎被遗忘了。音乐家集团很早以前就被吸纳进了当地的东正教居民之中。利用音乐家的老吉普赛人的姓名系统，我们可以推断出在 20 世纪 30 年代他们是穆斯林。有关音乐家集团，参见卡拉米霍娃，2009。

② 文中所说的歌本遗失了，瓦希尔叔叔没能将其展示给我。

它淹死好心的老米拉尼特萨，
七座房屋半被摧毁，
全都成为没人住的危房。
它对莫德尼克做下了邪恶的事，
把墓地全部铲平，
穿过“波阿萨”然后奔涌向前，
将所有的东西连根撕裂。
它将惊恐万状的人们，
投入到残酷的激流中。
市长打来电话，
他说，你们应当知道洪水，
必须救救你们的奇拉塔利萨，
汹涌的洪水将成为它的坟墓。
但在他们看来他说的像个谜，
他们一件事也没有做。
洪水来到这里，
桥梁被夷为平地，堵塞了道路，
房屋被吹倒，
洪水在“拉卡塔”泛滥，
大批房屋被淹。
洪水到达之处的每一座桥梁，
眨眼间都被摧毁。
当洪水来到村庄，
它泛滥肆虐，
沿着街道狂野奔流，

汹涌的洪水巨浪，
淹没房屋。
人们惊慌失措，纷纷逃离，
惊恐万状地挣扎着穿过激流。
他们放下浴盆和水槽，
当作小船划过，
救起孩子宝贝、零零碎碎。
但狂怒的洪水不知疲倦，
房屋、店铺几乎全被冲毁，
上帝和沙皇都不害怕。
它卷走的财产和各种东西，
在风中七零八落、散落各地。
顺水飘走的物件无影无踪，
留下人们哭天抢地，
那么无望、那么绝望、那么沮丧。
纪念淹没水中的斯托杨·科纳克切夫神甫，
他的妻子德沙卡也没有幸存，
还有9人溺死：
22岁的乔丹卡·查卡洛娃，新娘子。
老鲁萨，还有玛利亚，她的儿媳。
小孙女玛格丽塔，只有四岁。
玛利亚·查卡洛娃，她不能逃，
同她的儿子伊万一道，伊万是个学生。
乔丹·科拉洛夫与威利乔克·特斯蒂亚科夫，
一道被夺去了生命。

这两人十分好奇，
怒涛怎样升起、膨胀，
然后波浪抓住他们，
从此无影无踪。
查卡洛夫，斯蒂芬·蒂杨科夫的伙伴，
在地下室抢救财物，
狂怒的水流在那里将他淹死。
还发生了很多可怕的事，
菲尔德谢·皮埃斯的房子，
萨克·内绍夫的房子，
大概 18 座房子被卷走。
另外有 100 多座房子被淹，
130 座房子被摧毁，
大约 70 头牛被淹死，
4 座桥被水冲垮，
家禽和蜜蜂死了许许多多。
但现在应当记住一件事，
面包师斯蒂芬·科拉洛夫，
和他的妻子其拉特卡·斯蒂芬诺娃，
还有邻居吉娜·东科娃，
怎样一起救助生命，
他们三人都被水卷走，
直到 6 公里以外。

（Uzunov，2009：78–81）

图 1 灾难受害者之一——村庄神甫的葬礼

图 2 灾难受害者之一——一位年轻人的葬礼

六 获救者

20 世纪 60 年代末，在春季假日期间，河水水位高得超乎寻常，几乎碰到了石桥。我记得人们走出家门看着。村里被边缘化的外来者阿利约莎塔沿河跑着，他头戴一顶旧军帽，手里拿着一面红旗子，喊道："大浪，大浪！"我直到今天还记得，是因为我的外祖母告诉过我 1943 年的洪水。之后，她又说了几次。我还算清楚地记得的几件事包括：1. 当洪水退去时，我的外曾祖父的家所在的地方仅余地面，唯一剩下的东西是外祖母的兄弟伊利亚的步枪，枪管竖立在原来房子所在的地面上。2. 一对老夫妻在树枝上栖身并获救。整个晚上他们都亲吻着对方的手告别并请求原谅："再见了，奶奶！""再见了，爷爷！"早上，他们获救，并在那以后活了很久。3. 关于一个老太太腰带里或是房子地下室里藏着的金币被别人拿去的故事有几个不同的版本。我不记得我的外祖母给我讲过淹死人的事情，但是斯托杨神甫是她的亲戚。我唯一从她那里听说的是洪水从我们的花园里"拿走"了十亩地，将其变成了新的河床。

当我开始为本研究搜集资料时，我的母亲（现在已经亡故）告诉我洪水发生时她和姐妹在埃林纳镇上的学校里。事后，我的外祖母告诉她，洪水发生时，外祖母被叫去把猪从圈里赶出来，猪圈当时已经被水淹了。我的外祖母因为害怕拒绝这么做，从而活下来了。猪都被水卷走了。

乌祖诺夫的书中展现了人们爬到高树上自救并帮助其他被水冲走的人的故事。这些名字很少被记得，我在回来的访谈中没有记录下施救者与获救者之间任何特殊的关系。

婴儿奇拉特卡（洪水泛滥时只有 64 天）的故事尤为感人。她年轻的母亲把她举过篱笆递给邻居，邻居把孩子递给其他人，奇拉特卡被转移到一个安全的地方。她母亲回身去拿襁褓衣服，结果被水卷走。

村里的神甫及其妻子遇难的事情是当时议论最多的。1923 年，他们的儿子斯特凡·波波夫领导一些共产党员参加了九月起义。起义被镇压后，镇里的传奇不复存在，斯特凡躲在父母的谷仓里。神甫对“沙皇秩序”的合法性坚信不疑，他找“杨切夫将军”为儿子求情。斯特凡·斯托杨诺夫被捕并在埃林纳的军营里被杀。十年后他的父母也遭灭顶之灾。在我的记忆里，或是在访谈时，都没有人将斯托扬神甫和妻子德沙卡的死与儿子的背叛联系起来。在两个不同的场合分别有两个不同的故事。未来的研究可以为家族史以及随后以斯特凡·波波夫名义所做的宣传（包括在人民法庭恐怖时期利用他的死）和传统上奇拉塔利萨的人们对神甫的复杂态度的两个不同导向做出解释。这不是本文所要讨论的内容。

讨论最多的，在一定程度上也是存在争议的，是对救援行为的记忆，救援起初是由村里的医生、两名教师和邻居组织的。这些人互相用绳子系住两个洗葡萄的盆，用面包铲当作桨去救援。《奇拉塔利萨：1943 年 6 月 19 日的水灾》一书的作者（当时 12 岁）和他的母亲，当时在房顶上躲避（Uzunov，2009：40–41）。根据目击者斯特凡·内谢科夫（1943 年时 11 岁）回忆，绳子是一名小贩扔过来的。对记忆中救援行为的评价是，街区里所有的人都感觉像一家人，全力以赴互相救助，甚至不惜以身涉险。

七 中央和地方当局、地方共同体

此后的第二、三天，人们所记得的都是寻找溺死者尸体的痛苦经历。死者被放在市政当局前面，覆盖着白单子。检视洪水造成的破坏、对被水带来的异乎寻常多的蛇的恐惧、对某些物品幸存的喜悦——这些都是目击者主要记得的。

……
最后水流干了，
人们从藏身处和缝隙里出来，
收拾留下的东西，
搜寻死者的遗体。
很多人都说，
最老的人自出生以来，
都没见过这样的洪水。
统治者知道了这次灾难，
拿起电话问事情如何，
部长们走访各处，
考虑该做什么，
来减少损失、安抚受灾的人们。

（Uzunov，2009：81–82）

在第三天，奇拉塔利萨的洪水被拍摄成国家新闻影片。据说灾难的某些情节，诸如溺死者的棺材和一些获救的人还曾出现在电影院的新闻影片上。我找不到一个看过该影片的奇拉塔利萨人。“我们那时没钱看电影”，他们这样答复。

根据乌祖诺夫的说法，在洪水后，一些奇拉塔利萨的政治犯立刻被赦免，他的父亲就在其中。赦免的理由是让他们有机会参加灾后重建和修建防护设施的改造工作。教育部长给救人者颁发了特别荣誉证书，以褒奖他们的“危险、勇敢、有组织的行为和公民的勇气”（Uzunov，2009：63）。

地方当局事后立刻制定了一个灾后重建的计划。首先是购买被淹死的牲畜，其次是购买推车和灾后重建必需的装备。小片的森林准许自由砍伐，以换取建筑所需的木材。当务之急是修建一座步行桥，以便小学生继续上课。修建货车通过的桥的工作开始动工，人们可以耕种自己的田地。对于那些不想在被毁坏房子原地重建的人们，拨给了他们村外围的公共土地（在拉卡塔区域的 18 座新房子）。修建新的防护墙的工作由人们自愿参与，一直持续到 1944 年 9 月 9 日。市长米洛克 · 亚马科夫（出生在邻村坦图里——今天的罗迪纳）在洪水后很快辞世。他的继任者潘乔 · 多克托洛夫和克鲁姆 · 杨切夫，保证了建筑材料的供应，并继续修筑防护墙的工作。

灾难动员了亲属和社区网络，作为主要的互助及阻止未来水灾的资源。亲属和邻居为那些无家可归或住宅已成危房的人们提供了容身之处和生活必需品，帮助他们筹备葬礼，分担他们失去亲人的痛苦。他们并肩修补被水淹过的房子，为受灾最重的人修建新房子。他们共同清理受灾的区域，修筑防护设施和堤坝。“所有的居民都义务参加。有推车的人负责搬运（石头），没有推车的人在河里用锤子砸石头，连这个都没有的人负责卸车”（对乌祖诺夫的访谈，2010 年 8 月 20 日）。

中央和地方当局为如何应对自然灾难带来的损害提供了好的范例，并都对受灾家庭的不幸表示了同情和关心。尽管在战争时期，中央和地方当局还是有足够的资源来承担如此大规模的行动以应对洪水造成的破坏。亲属和社区网络的有效运作，减少了精神和物质方面的损失。

八 解释

本研究对解释洪水为何会发生、为什么这么多人（考虑到地方共同体的大小）会被淹死给予特别关注。在两篇自传性故事中，瓦希尔·乌祖诺夫提到了命运和当地的守护圣徒。在第一个故事中，他讲到当他只有 10 岁时，一位预言者——一个瓦拉几女人，预言他在 12 岁的时候将被大水冲走，他将会像其他被卷走的人那样死去。然后那个女人告诉他，如果他侥幸活下来，将会在 30、40、50 岁的时候面临更大的危险（Uzunov，2009：14–15）。在洪水之后，一位老妇人——一个采草药的人，告诉他这是他的命运，他会被奇拉塔利萨的守护圣徒——奇迹创造者圣尼古拉斯所救（Uzunov，2009：70）。第二个故事，是地方史学家皮塔·瓦拉霍夫写下的，讲的是瓦希尔在 30 岁时奇迹般地从一次卡车肇事中死里逃生，这应验了预言者的预言。实际上，乌祖诺夫仅仅将自己的事故与命中注定的观念联系起来。书中以及接受采访者提出的解释，力图找到一个具体的原因和罪责：

1. 市长 6 月 19 日在俱乐部打牌，没有认真对待邮递员的警告。他甚至开玩笑说，如果真有洪水，他们将从索桥上用网捞人（Uzunov，2009：29）。

2. 就在洪水超过石桥前的短短一刻，伐木人恰巧砍倒树木，洪水夹带木头汹涌而下，堵在桥那里，从而引发了极具破坏性的大浪。

3. 关于个人命运：斯特凡·恰卡洛夫是俄国一个大的园丁团体的领导人。当他回来后，他将挣来的卢布藏在地下室里。1943 年 6 月 19 日，他到地下室拿钱而被淹死。在另外一个说法中，斯特凡有一位客人，他到地下室拿酒而招致灭顶之灾（Uzunov，2009：58）。

在书中或是其他的访谈中，我从未见过或听到造成这么多人被淹死的一个在我看来非常重要的原因——在靠近河水的危险的地方建立了新的街区。此外，划给不愿在被毁家园的原地盖房子的受灾者建房的市政土地依然是在河边，只不过是在村里较高的地方。我认为这说明一方面人们缺乏自然环境与潜在危险的知识，另一方面奇拉塔利萨的居民没有从洪水给他们上的生态课中学到什么。因此，人类活动——砍伐森林遗迹和错误的城镇规划，造成洪水泛滥灾难性后果的主要原因，没有在公共场合被明确指出。

检视我童年的记忆，我不记得我的外祖母向我讲述过任何有关灾难的系统知识。我童年对河流的知识是有时下雨会汇聚大量的水，并会引发洪水。与我谈话的异常理性的奇拉塔利萨居民，没有提到对灾难的任何超自然的解释，这促使我们思考另一个重要的问题——关于变迁与现代性的关系。或者是：现代是否在共同体的层面上带来了解释和应对自然灾难导致的急剧变迁的新方式?

我对奇拉塔利萨居民数年的观察发现，村子在 19 世纪末 20 世纪初踏上了快速现代化的道路。迅猛发展的教育体制，甚至在 19 世纪末就已将所有的孩子都囊括进来，他们至少要接受 8 年的教育；男人们出国挣钱；少女被送到镇里的人家做佣人以便学习一些现代的家务和礼仪；比邻一些重要城镇中心（埃林纳、维利克图恩诺夫、格纳奥利霍维萨）的地理位置决定了奇拉塔利萨的人们对新时代的变革持开放态度。受到建立保加利亚第三共和国激化的世俗化，在村子里通过公然的反教权主义显现出来（我成长时期听到过许多关于神甫的笑话，以至于直到今天我还有意识地控制我对教士的态度）。人口革命时期的孩子（在 20 世纪 20 年代出生）不仅能够完成中学教育，还有机会进入更高级别的学校学习。就他们而言，他们接受了那个时代的进步观念，现代观念在奇拉塔利萨的人们中找到了适宜的土壤。因此，他们对自然灾难有着完全理性的解释，而不是归因于天谴就不足为奇了。现代性的理想主义以及任何事都在人类掌握之中的信念，帮助共同体的人们以建设性的方式克服受害者和物质损失引发的创伤。

九　2009 年的纪念活动

我是在 2009 年 8 月访问地方博物馆时得知这次纪念活动的。在博物馆办公室的一张倚靠着墙的招贴板上贴着葬礼的黑白照片。馆长安吉丽娜·科纳克切娃告诉我纪念活动的事情。她制作的招贴板按照放置死者大幅照片的方式摆放在教堂里。参加纪念活动的人们在招贴板前点燃蜡烛，祝祷死者安息。几天后，我收到了乌祖诺夫的书。

据乌祖诺夫所言，纪念洪水中的溺死者的活动在 20 世纪 70 年代前每年都要举行一次。奇拉塔利萨的纪念活动遵循保加利亚的模式。纪念死者的活动在人死后的第 3 天、第 9 天、第 40 天、第 6 个月、第 1 年纪念日、第 3 年纪念日、第 6 年纪念日和第 9 年纪念日举行。此后，在亡灵星期六纪念死者。我找不到一个能够记得在这么长的时间里举办过的任何一次纪念活动的老年奇拉塔利萨居民，加之我数年来对纪念习俗的考察，使我十分怀疑在水灾发生第 9 年（即 1952 年）时，死者的家庭是否为他们的亲属举行过特别的纪念活动。我也清楚早期社会主义的无神论，不鼓励举行宗教仪式。据 20 世纪 50 年代初离开村子的乌祖诺夫所言，在 20 世纪 70 年代后就没有举行过纪念仪式。“人们四散各处，街区里没有什么人。”这句话有利于理解悲剧的记忆是如何运作的至关重要。受灾最重的家庭集中在一个街区。在整个村子挺过洪水的袭击并开始应对洪水造成的损失和破坏后，对死难者的悲痛保留在家庭和邻里的记忆中。瓦希尔叔叔不记得他的母亲为他们在洪水中死里逃生做过特殊的“库尔班”献祭。根据保加利亚人的模式，地方上的习俗是在一些灾难中幸免的人都要在其亲属和邻里的圈子里做一次“库尔班”献祭。这一习俗一直保留到今天，当时在 20 世纪 50 年代至 1989 年期间，神甫很少被邀请举行献祭，即便被邀请也是秘密的。[1] 几乎就在20世纪50年代初，“楚卡塔地区在四十烈士日”“达布拉瓦塔地区在圣灵降临节”组织过全村的“库尔班”。我们的先人参加了瓦拉达亚起义（1918年）和九月起义（1923年），这些起义所体现的强烈的共产主义信念，与我们父母早年所说的“神甫的伎俩”相矛盾。一个有待研究的现象是，曾建立无神论的共产主义的一代在退休后重新皈依宗教。直到21世纪，在伊万神甫的提议和返回奇拉塔利萨的退休人员的积极参与下，全村的“库尔班”献祭以及大规模的教堂宴会[2] 的传统再度复兴。

市政府积极参加筹备纪念的活动，在过去的几年里市政府非常积极地通过举行公众庆祝活动来整合奇拉塔利萨的市民。市政府提供了小麦、葡萄酒和面包。在儿童中心上课的教师组织孩子们出席活动。每个参加纪念活动的人都认为这是“一个非常好的创意”，活动举办得“极为完美”。在他们的讲述中，重点是瓦希尔·乌祖诺夫在展示他的著作时所做的演讲。他传达的信息是“我们将在周年纪念日举行纪念活动，人们可以来参加。这条河流非常危险”（对乌祖诺夫的访谈，2009）。在2010年洪水纪念日这天，当地的有线广播举办了特别节目，教堂也鸣钟警示。

接下来我们将探讨纪念活动后的主要社会力量：当地的编年史学家、地方当局、神甫、学校的儿童中心。他们小规模重现了构建一部民族历史的社会机制，关系到历史知识以及当局的支持，地方共同体将其历史上一个重要的日子纳入每年的日历周期，以便纪念，由此构建共同体认同的稳

---

① 我的外祖母直到将近70岁（20世纪70年代初）才在提奥托克安眠节举行了“库尔班”献祭。尽管他们为“库尔班”宰杀了一只小羊羔，但他们既没有邀请神甫和客人，也没有以任何方式表明家里举行了“库尔班”。我猜想外祖母秘密地分发了一些食物，因为她害怕由于遵守共产主义者摒弃的习惯而给孩子们带来伤害。

② 同一群退休人员重归正教，强烈反对将与圣尼古拉夏日节相联系的5月9日作为城镇日。他们知道当地教堂的守护圣徒是奇迹创造者圣尼古拉斯。与此同时，将庆祝“战胜希特勒和法西斯主义的胜利日”与“欧洲统一日”放在一起，调和了矛盾。每个人都按照自己的意愿庆祝节日，但是总而言之，人们最喜欢5月24日的集市。

定坚固的支撑点。这可能是时间上的巧合，但必须指出的是，巴齐萨河已被纳入“自然 2000”的国家规划里，矛盾之处在于河岸没有被划入生态保护区地图中。通过几个项目对河床进行了部分改动，当地居民怀着复杂的心情接受了现实，钓鱼者对摧毁鱼池的行为尤为不满，直到最近鱼池一直被柳树环绕着。当地世居的老居民对改动河床的规划提出了批评，因为他们记得河流的上游部分是危险的，但没有对那一区域采取重要的行动。不管是否故意，地方当局收到了地方共同体通过乌祖诺夫的著作对当局的举措做出的严肃的认可，由此做出的回应是为乌祖诺夫组织纪念活动的想法提供支持。神甫通过教会的精神认可为事件提供了合法性依据。学校保证了地方共同体的目标群体——孩子们的参加，大多数孩子都出身于相对近期才在奇拉塔利萨定居下来的家庭。

由此，地方记忆相对模糊黯淡的构架得以巩固和加强。通过利用保加利亚文化的传统建构，甚至通过打破局限性的仪式规则，纪念活动的发起者和《奇拉塔利萨：1943 年 6 月 19 日的水灾》一书的作者，在地方当局和神甫的支持下，确立了固定地记录惨痛经历和警示新的灾难潜在威胁的模式。

后　记

据乌祖诺夫所言，许多钓鱼者爬上高树从而在水灾中得以幸免。几年后，他们决定在安约维特地区建立一个饮水喷泉。饮水喷泉在 1946 年 8 月 25 日建成，被命名为“莫瑞纳”，其上有“钓鱼者协会‘莫瑞纳’奇拉塔利萨八村，1946 年 8 月 25 日”的铭刻。潘乔和马瑞·柯西洛维父子是建立喷泉的发起者。我找不到证据证明饮水喷泉是否真的是作为洪水的纪念物来设计的，获救的钓鱼者向喷泉供奉了“库尔班”献祭。接受采访者都不知道是否在那里进行过任何关于洪水暴发纪念日的活动。

参考文献

Karamihova 2009–Карамихова，М. Далеч от “Синора”. Диалози за човека и човешкото. Юбилеен сборник，посветен на 70–годишнината от рождението на проф. Тодор Ив. Живков. Издателство “Бряг”. 43–75.

Uzunov 2009–Узунов，В. Златарица. Водната стихия на 19 юни 1943 г. “Енерджи принт”，София.Berg 1995 Berg，B. L. *Qualitative Research Methods for the Social Sciences*. Boston：Allyn & Bacon.

Macnamara 2003 Macnamara，J. R. Media Content Analysis—Its Uses，Benefits and Best Practice Methodology. http：//www.carmaapac.com/downloads/Media%20Content%20 Analysis%20Research%20Paper.pdf（accessed 20.01.2009）.

Middleton，Brown，Lightfoot 2001 Middleton，D.，Brown，S. and Lightfoot，G. Performing the Past in Electronic Archives：Interdependencies in the Discursive and Non–Discursive Ordering of Institutional Rememberings，*Culture & Psychology*，7（2）：123–144.

Hoffman，Oliver–Smith 1999 Hoffman. S.，and Oliver–Smith，A. Anthropology and the Angry Earth：an Overview. In：Anthropology of Disasters. Routledge. 1–16.

Trigg 2009 Trigg，D. *The place of trauma*：*Memory*，*hauntings*，*and the temporality of ruins Memory Studies* 2009；2；87 DOI：10.1177/1750698008097397. p p. 87–101. The online version：http：//mss.sagepub.com/cgi/content/abstract/2/1/87（accessed 21.09.2010）.

Van House，Churchill 2008 Van House，N.，E. Churchill *Technologies of memory*：*Key issues and critical perspectives* Memory Studies © SAGE Publications，Los Angeles，London，New Delhi and Singapore www.sagepublications.com，Vol 1（3）：295–310.

雪灾与救助

——青海南部藏族牧区的案例分析

扎 洛

摘 要

在青海南部藏族牧区，雪灾常常破坏牧民的家庭经济，进而产生其他连带性危害。阻断雪灾与贫困之间的联系，是当地反贫困战略的重要内容。本文在多次田野调查的基础上，重点考察了牧民、政府两个主体在灾中救助和灾后救助两个阶段的具体行动，并对此进行了分析和评估。尽管当地的灾害救助机制不断得到发展，但仍存在缺陷。完善当前雪灾救助机制，必须区分牧业灾害与农业灾害在生产资料损失方面的差异性，以及灾民与长期贫困人口在人力资本方面的差异性。

迄今为止，对于生活在青藏高原上的藏族牧民来说，最为常见且严重的经济安全风险当属雪灾。雪季（多数地区秋末至初夏都属雪季）里，强降雪常常覆盖草场，致使牲畜无法觅食，随之而来的严寒则消耗着家畜的体能，大量牲畜因此饿死、冻死或病死，由此使牧民家庭蒙受经济损失。

可以说，有相当比例的牧区贫困人口是由雪灾造成的。因此，要减少当地贫困人口，就必须采取有效措施化解雪灾风险、降低雪灾造成的损失。

化解雪灾风险的措施至少包括两个方面。首先是防范雪灾的发生，即通过各种预防性的措施，如完善草场使用制度、建设防护设施、储备救灾物资等措施，为降雪后可能出现的牲畜食物匮乏、低温伤害畜体等问题做好预防。① 这样做，为的是使牧民家庭在强降雪来临时能够从容应对，避免经济损失或人员伤害。其次是灾害救助，即通过各种救助性措施减轻受灾强度，避免人员伤亡和重大财产损失，以及通过灾后的平复行动，扶持灾民恢复经济生产能力，使灾民不至于因雪灾而陷入长期贫困。

本文主要讨论灾害救助问题。文中的数据和案例均来自在青海省果洛、玉树、黄南三个藏族自治州的田野调研。② 在过去的20年间这里发生了多次严重雪灾，雪灾始终困扰着当地政府和百姓。根据气象学家的预测，受全球气候变化影响，该地区有降水增多、雪灾概率增加的趋势。因此，以上述地区为案例，研究灾害救助系统的运作方式，分析、评估现行的救灾机制及其效能，并基于改善灾害救助效能提出政策建议，具有代表性和现实意义。

通常情况下，灾害救助主体包括灾民、政府和社会力量。各救灾主体是否都能充分展示自己的力量，有赖于具体的社会条件，救助行为的效果取决于各救灾主体的反应力度及行动的合理性。只有对各救灾主体的行动及其效果进行系统考察，我们才有可能对当前的救助机制进行评估和分析，

---

① 有关雪灾预防的深入探讨，可参见扎洛《雪灾防范的制度与技术——青藏高原东部地区的人类学观察》，《民族研究》2008年第5期。

② 2007年夏笔者在果洛州玛沁县（东倾沟乡东柯河牧委会，以及从昌马河乡搬迁到大武镇的沁源新村）、达日县（满掌乡布东牧委会、木热牧委会和莫坝乡萨尔钦牧委会），玉树州玉树县（下拉秀乡杂多村、野吉尼玛村）、称多县（歇武镇牧业村3社、珍秦乡第2牧委会姿塘村）进行了调研。2008年1月笔者在黄南州河南县（优干宁镇德日隆牧委会）、泽库县（宁秀乡直格日村）进行了调研。2009年夏季笔者再次在果洛州玛沁县（大武镇、沁源新村、当洛乡贡隆牧委会4社）、达日县（吉迈镇秀塘滩移民村、窝赛乡扎却牧委会3社）以及黄南州河南县（优干宁镇荷日恒移民社区、德日隆移民社区）和泽库县（和日乡的和日村、叶贡村）进行了调研。

进而确定完善及改进的方向。根据田野观察，当前该地区的雪灾救助主要有两个主体。首先是牧民家庭。灾害会造成家庭经济的损失，并由此带来其他不良后果。为了避免这些危害的发生，牧民必然会采取自救措施。其次是政府。强降雪属于不可抗拒的自然现象（暂不讨论局部的人为气候干预行为），雪灾的发生及其程度具有不确定性，这就决定了政府很难通过市场方式（例如商业保险等）化解雪灾风险。因此，不得不通过提供“公共产品”的方式来解决雪灾的预防和救助，也就是说雪灾救助与其他自然灾害的救助一样被认为是政府的公共职责。尽管地方政府的救助行动受到资源动员能力，诸如财政状况、协调各部门的能力等多种因素的制约，但是，地方政府可以得到中央政府的支持，有可能超越灾区范围从非灾区调动资源。因此，政府的行动在整个救助活动中具有至关重要的地位。此外，在一个相对成熟的社会中，基于人道主义原则，一些民间组织、个人也会参与慈善性质的救助行动，弥补灾民和政府能力的不足。但是，受到媒体宣传能力不足等因素的限制，上述地区灾民得到来自外部的慈善性救助在数量上还比较微小，且具不确定性。虽然有个别藏传佛教寺院也会有赈灾济民之举，如向生活在周边地区的牧民散发生产生活用品，但总体而言，多数寺院经济拮据，尚难以成为稳定的救助力量。因此，本文讨论的重点是牧民家庭和政府的灾害救助行动。

一　雪灾救助的重要性

在缺乏良好保障环境的社会中，许多风险都可能导致贫困的发生。在青藏高原藏族牧区，雪灾一直是造成贫困的最主要因素。据相关统计，自1978年至2008年，青海省全省牧区因灾（主要是雪灾）死亡牲畜2496万头（只），其中，年死亡牲畜50万头（只）以上的有21个年份，死亡超过100万头（只）以上的有8个年份，死亡超过200万头（只）以上的有2个

图 1　8 月的青南高原，已经降下初雪（摄于 2011 年）

年份。[①] 我们考察的青海南部牧区在最近的 20 年（1991~2009 年）中，发生过数次特大雪灾，均造成重大财产损失。下面以其中的三次雪灾作为案例加以具体说明。

1993 年春果洛州玛沁县西部四乡发生雪灾，共死亡牲畜 94225 头（只），其中大畜 48012 头（只），占牲畜总量的 20%。当地 110 户牧民沦为无畜户，168 户沦为少畜户，219 户成为困难户。[②] 1995 年冬至 1996 年春，玉树州 6 县 43 个乡发生雪灾，共造成 129.24 万头（只）牲畜死亡，死亡率 33.82%，影响 119321 人口。灾后全州出现人均不足 1 头（只）牲畜的绝畜户 2199 户，8796 人；出现人均 1~5 头（只）牲畜的少畜户 7117 户，43348 人。因为牧民用储备口粮喂养牲畜，结果出现断粮户 5056 户。[③] 2008 年春果洛州达日县发生雪灾，共造成 93359 头（只）牲畜死亡，损亡率达 29.09%，

① 更阳主编《民政 30 年（1978 年—2008 年）· 青海卷》，中国社会出版社，2008，第 5 页。
② 《玛沁县志》编纂委员会编《玛沁县志》，青海人民出版社，2005，第 275 页。
③ 更阳主编《民政 30 年（1978 年—2008 年）· 青海卷》，中国社会出版社，2008，第 16 页。

其中成畜死亡 64092 头只，损亡率 19.97%。全县受灾户达到 5387 户 21704 人，占总户数的 98%。[①]

通过灾害损失统计，不难发现雪灾对当地社会、经济的破坏性影响。每一次雪灾冲击都造成一批牧民陷入贫困，其数量之大、程度之深是其他任何单一的破坏性因素所无可比拟的。[②] 雪灾危害绝不仅仅表现在经济方面，它还向其他更广泛的领域延伸。

第一，雪灾损失造成经济贫困，迫使牧民家庭削减开支、节衣缩食。家庭生活水平下降，造成家庭成员特别是妇女、儿童营养不良，身患疾病。受灾家庭常有各种疾病发生，但是经济贫困使他们没有能力就医治病。虽然近年来国家已开始在青海等西部省区实施新型农村合作医疗，根本上改变了农牧民有病不敢就医的现象。但是，在受灾的贫困牧民看来，需要他们自己承担的部分也超出了他们的承受能力。

第二，为摆脱雪灾造成的贫困，必须增加家庭收入，然而可供牧民家庭选择的出路有限。常见的方法是通过增加劳动力供给来获取收入，比如采挖虫草、出卖劳动力当牧工、打零工等，这有可能迫使牧民子女过早辍学，丧失掉积累人力资本的机会，由此牺牲经济和人力发展的长远前途。为获得短期实惠而付出高昂的长期代价，很容易造成贫困的代际传递。

第三，为摆脱雪灾造成的贫困，一般要减少家庭开支，为此牧民家庭常常将未成年的孩子送入寺院。这种举措在一定程度上保证了孩子的营养供给，同时获得了寺院教育的机会，是一种特殊的人力资本积累方式，但这种选择在很大程度上剥夺了孩子们在未来自主选择生活方式的权利和自由。受戒僧人中途放弃僧人身份属于违背戒律的行为，对其还俗后融入当

① 达日县民政局 2008 年 10 月 13 日《达日县民政局 2008 年工作总结》。

② 更阳主编《民政 30 年（1978 年—2008 年）· 青海卷》，中国社会出版社，2008，第 32 页。在全省的特困人群（184216 户 815339 人）中，因灾致贫 394039 人，占 48.3%，高于因残疾、缺乏劳动力致贫（16070 人）和因病致贫（211329 人）人口的总和。

地社会有负面影响。

总之，雪灾不仅造成牧民家庭的贫困，还对牧民家庭的未来发展造成多方面的负面影响。要缓解当地牧民的贫困问题，就必须强化、完善雪灾救助能力，阻断雪灾与贫困之间的联系。

二　田野观察：灾中救助

降雪是否导致灾害，是对防护网建设效果的检验。田野观察发现，目前以“四配套”（即为牧民建住房、为牲畜建保暖棚圈、畜圈内种草、草地实行围栏）建设为重点的灾害防护体系，对于抵御中等以下程度的降雪具有明显效果。但仍有两个问题须引起关注：一是不少地方并未严格落实“四配套”工作[①]；二是“四配套”工作对饲料储备量的要求不足以应对超强度降雪。也就是说，虽然当地政府在努力构筑防护体系，但仍有相当多的牧民家庭处于极其脆弱的状态。因此，要减轻雪灾危害，从某种意义上讲，需寄希望于灾害发生后的救助行动，这是弥补防护网缺漏的最后机会。这种机制本质上确具有侥幸性质，但是，如果救助得力，对于缓解灾害损失以及由此造成的贫困仍然具有显著作用。根据田野观察，灾中救助主要由牧民的自我救助和政府的公共救助构成。

（一）牧民家庭的自我救助

当防范雪灾发生的预防性措施不足以应付强降雪，或者说灾害损失开始出现时，牧民家庭被迫采取自我救助以减缓家庭损失。这些自救措施大体包括如下几类。

① 泽库县政府 2009 年 6 月 23 日《泽库县扶贫工作汇报材料》指出，该县 70% 的牧户未实现“四配套”。果洛州、玉树州未实现“四配套”的比例应该更高，因为当地寒冷的气候使许多地方根本不适合种植牧草。

图 2　笔者（左二）与玉树藏族牧民合影（2011 年 8 月）

第一，转移畜群。将畜群尽快转移到非受灾地区是减缓损失的有效方法，也是一种古老的传统方法。20 世纪 50 年代之前的部落制时代，当雪灾发生时，部落头人负责与非受灾部落的头人协商畜群转移事宜。作为一种常规的预防性措施，雪灾多发地区的人们有意识地与低海拔区的部落（村庄）保持着良好的交往关系，一旦发生雪灾便可以尽快转移到非受灾地区。事实上，这种转移有固定的线路。比如黄南州河南县德日隆村的牧民在发生雪灾时，便按照惯例向南部海拔较低的柯生乡地区转移。灾民转移到其他部落的草场上，就会涉及利（占）用他人草场资源的问题。一般来说需要交付一定的费用，比如一定量的牲畜或其他报酬，但有时也可免费使用。这取决于双方关系的性质与协商的结果。人民公社时期，政府具有强大的管理协调能力，号召“一方有难，八方支援”，因此也经常采用这种方法。20 世纪八九十年代草场实行承包制后，牧民家庭成为草场经营主体，此类协商便主要在牧民家户之间进行。组织化的（统一的）谈判越来越困难了。因为每个家庭的利益存在差异，人们接纳灾民的意愿与自家的牲畜数量、草场的富余程度等因素密切相关，租借草场的费用也因草场面积的大小、质量的好坏而有不同。总之，协商的交易成本大大增加。尽管如此，由于这一方法实用有效，仍受到政府部门的青睐。2005年底，玉树州称多县清水河乡遭遇特大雪灾，当地政府就积极地与周边地区政府联系，最终将1200多户7万多牲畜（约占受灾牲畜的31%）转移到果洛州玛多县、四川省石渠县以及玉树州内通天河畔的低海拔农业区。① 不过，当出现超大范围的雪灾时，转移畜群也变得困难重重，因为远距离转移途中即可能出现巨大的损耗。

第二，临时宰杀牲畜，降低存栏数。畜群未能转移，又预计灾情将继续恶化时，有的牧民会选择临时提高出栏率，即短期内大量宰杀牲畜，一方面肉、皮等产品可以出售，多少可以获得一些收益；另一方面可以减少饲料的消耗，将有限的饲料集中在喂养母畜等最重要的牲畜上。但是这一举措的效果常常远不如预期，因为当人们同时采取此类举措时，便会出现局部的供大于求现象，商家便会肆意杀价，使肉价暴跌。据达日县牧民反映，2008年雪灾中牛肉价曾跌至2元/斤（平常价格在15~18元/斤）。② 有时，大雪造成交通中断，外部的商贩很难进入灾区，牧民找不到买主。当然，并不是所有的牧民都有勇气大量宰杀牲畜。通常情况下，多数牧民怀有期盼天气尽快好转的侥幸心理，他们会选择尽量苦撑一些日子。由于储备的饲料、饲草不足，常常见到牧民给牲畜喂食青稞、糌粑等人的口粮，这也是雪灾中经常出现牧民断粮的原因。

第三，增加饲料储备。随着交通条件的改善，一些外地商家在获得雪

① 杨寿德、顾玲：《青海南部牧区雪灾灾情严重》，《中国气象报》2005年12月14日。

② 杨寿德、顾玲也曾描述过玉树州称多县牧民在雪灾后宰杀牦牛，在公路边降价兜售牛肉的情景，尽管肉价远低于平常（一等肉价格5.9元/斤，二等、三等价格更低），但是仍然无人问津。参见杨寿德、顾玲《雪灾后牧民的生存考验》，《中国牧业通讯》2006年第3期。

灾消息后会运输草料进入灾区出售。2008 年雪灾中，达日县窝赛乡富裕的牧民夏顿（女，74 岁）便从外地商家手中购得草料，缓解了饲草短缺的问题。在黄南州河南县这样离农业区相对较近的牧区，近年来饲草贸易逐渐增多，但像果洛州玛沁县西部地区、达日县这样远离农业区的地方，饲草交易仍受到高昂运费的制约。

（二）政府的公共救助

灾害救助是政府的重要职能之一。救灾是一个庞杂的系统工作，从各地制定的雪灾应急方案可以看到，有许多部门都会参与灾害救助工作。其中最重要的当属民政和畜（农）牧部门。根据职能划分，地方民政部门负责组织救灾工作，是灾情发生后总的组织协调机构。畜（农）牧部门负责畜牧业的防灾减灾工作。[①] 按照通俗的说法，其分工为民政部门主要管人，畜（农）牧部门负责牲畜。

世界银行《2000/2001 年世界发展报告》曾指出：发达国家越来越重视减少或化解灾害风险，注重预防。而发展中国家重视灾后反应，“准备和及时做出反应——保证应付危机情况的资源并随时听从调遣”[②]。这与我们的田野观察极为吻合。虽然灾害预防体系尚不完善，但是，一旦有灾害发生，各级政府极为重视，全力以赴，迅速动员各类资源投入救灾。[③]

---

① 达日县民政局《达日县雪灾救灾应急预案》指出：民政部门掌握和发布灾情、拨发救灾款物、组织接收和分配国内外救灾捐款等，并负责查实、汇总灾情。畜牧局负责制定减灾政策及方案并组织实施，牧业生物灾害的预测预报及防治，气象灾害的防御，饲草饲料的储备，草原防火及草原保护。

② 世界银行:《2000/2001 年世界发展报告：与贫困作斗争》，中国财政经济出版社，2001，第 172 页。

③ 2008 年达日县雪灾发生时，正值农历春节期间，县政府为了组织救灾，要求在外地过节的所有公职人员限期返回工作岗位，否则免职。接受笔者访谈的干部都认为这表现了政府对救灾工作的重视程度，指出如此严厉的政令宣示在当地是罕见的。

【案例 1】 玛沁县 2008 年救灾

2008 年初，果洛州遭遇大范围雪灾，玛沁县西部三乡灾情严重，积雪厚度在 50 毫米以上的天数达 40 多天，雪灾涉及全县 35 个牧委会，7379 户 26293 人,53 万头（只）牲畜。在接到灾害报告后，县里启动雪灾应急反应。在整个救灾过程中，民政局先后发放面粉、青稞、帐篷、被褥、棉衣、棉鞋、药品等，解决灾民的吃、住、医等问题，取得良好效果，未发生灾民死亡现象。县农牧局负责减灾工作，在前冬发放储备颗粒饲料 230 吨的基础上，又调拨 550 吨发放给灾民，共计 780 吨。按受灾牲畜总量粗略计算，畜均约 1.5 公斤，显然饲料总量严重不足，牲畜死亡率达 10%。①

【案例 2】 达日县 2008 年救灾

2008 年初达日县遭受特大雪灾，全县 5387 户 21704 人受灾，受灾牲畜总量 32 万多头（只）。灾害从 2 月 13 日开始，一直延续到 4 月 25 日，约 70 天。当年县民政局共落实发放救灾救济款 27.5 万元（按受灾总户、人口计算，户均 51 元，人均 12.67 元），救灾救济粮 21 万公斤（户均 39 公斤，人均 10 公斤），救灾帐篷 67 顶，棉衣裤 310 套，绒衣裤 100 套，棉大衣 100 件，棉被等 236 床另 83 袋（？），旧衣物 5200 余件，棉皮鞋 235 双，煤 4 吨和价值达 13549 元的其他救灾物资。共调用两批饲料，第一批颗粒饲料 605 吨，草颗粒饲料 90 吨，青干草 40 吨，玉米 45 吨，青稞 120 吨。第二批饲料 300 吨，共计 1200 吨（畜均 3.8 公斤）。最终因灾死亡牲畜 93359 头（只），损亡率达 29.09%，几乎占牲畜总数的 1/3。②

我们看到，雪灾发生后，政府部门通常反应迅速，动员各种力量实施

① 资料来源：玛沁县农牧局 2008 年 11 月 14 日《玛沁县农牧局关于上报 2008 年农牧业工作总结及 2009 年工作重点的报告》，以及 2009 年 8 月 21 日民政局访谈记录。

② 资料来源：《达日县民政局 2008 年工作总结》，以及 2009 年 8 月 24 日民政局访谈记录。

救助。早些年间还经常见到灾民伤亡的现象，比如1993年玛沁县雪灾就有人员死亡。但近年来，国家救灾方针强调“以人为本”，对人员伤亡提出了刚性要求，因此，基本都能保证人员安全。同时也可看到，救助遵循差别原则，优先向重灾户和弱势家庭倾斜，避免简单地平均分配。尽管地方政府倾尽全力，雪灾依然造成了大量牲畜死亡和严重经济损失。究其原因，有三个问题最为突出。

第一，救灾物资特别是饲料储备严重不足。事实证明，在政府监督下的牧民自我保险能力是有限的，当遭遇特大雪灾（降雪量大且积雪持续时间长）、灾害强度超过自我保险的承受范围时，牧民只能寄希望于政府的救助。然而，从上述案例可以看到，政府发放的饲草料与牧民的抗灾需求之间存在明显的落差。相关研究指出，积雪30毫米牦牛采食困难，积雪50毫米绵羊采食困难，积雪50毫米4~6天牲畜开始死亡。① 正常情况下，冬季牦牛日均需要牧草7~8公斤，绵羊日均需1~2公斤。② 根据上文的案例测算，在2008年春季雪灾期间，玛沁县西部四乡畜均获得草料共约1.5公斤，而积雪覆盖草场约40天；达日县畜均获得草料3.8公斤，而积雪覆盖草场约70天。可见政府发放的救灾饲料远不能满足牧民的抗灾需求。

---

① 《不利生产环境与自然灾害对青海草原畜牧业的影响及防御对策》，载青海三江源自然保护区生态保护和建设总体规划实施工作领导小组办公室编《青海三江源自然保护区生态保护和建设工程必读》，第114页。

② 由于测量地点和方法不同，测得牲畜的食量有一定差异。薛白等在祁连山北坡对不同年龄的牛羊在四季的食量进行了测量，结果显示成年牦牛（4~7岁）冬季食量为一天7.69~8.45公斤，绵羊（3~5岁）冬季食量为一天1.86~2.22公斤。参见薛白等《青藏高原天然草场放牧家畜的采食量动态研究》，《家畜研究》2004年第4期。刘书洁等在青海海北州多隆乡对2岁牦牛采食量的测量结果显示，牦牛在冬季（牧草枯黄期）的采食量是一天5.54公斤，参见刘书杰等《不同物候期放牧牦牛采食量的研究》，《青海畜牧兽医杂志》1997年第2期。刘奉贤在西藏当雄县、浪卡孜县对2~3岁绵羊的测量结果显示，藏系成年母羊日采食量为4.7公斤。参见刘奉贤《西藏绵羊日食量标准的探讨》，《中国草原》1979年第2期。该文还指出，青海铁卜加草原的测试表明，在冬季放牧条件下，当藏系绵羊的日采食量少于1.4公斤时，呈现饥饿现象，日采食量达1.5公斤以上时，绵羊能保持正常活动。

灾害防护能力欠缺以及灾后资源投放能力不足，反映了地方政府财政资源相对匮乏的现状。本该为了保证经济安全而必须投放的灾害防护网建设费用，因为财政支出能力有限而只好大幅度地压缩、节省，从而使牧民遭遇雪灾风险的敞口大开。同时，地方政府还存在认识上的偏差，即在灾害预知能力较弱（不能实现准确的中长期灾害性气象预报）的条件下，容易对牧业安全过冬产生侥幸心理，那些原本应该投入灾害防护网建设的资金被认为存在机会成本（将灾害防护网建设资金视为一种资源的闲置），故而优先投入其他领域。这并不是说存在资金挪用问题，主要是指财政支出结构不合理，表现出非牧业化倾向。尽管所有人对雪灾危害有着清醒的认识，但还是把减缓灾害损失的希望寄托在灾害出现后的救助行动上。然而，当灾情发生后，再申请经费、筹集资金，从外地调拨饲料，必然面临采购、运输等系列困难，难以实现救灾饲料发放的足量和快速。

第二，救灾物资储备点远离牧民生产生活区。常见的储备仓库主要集中在县城周围，偶尔有个别建在牧区，也是规模较小。雪灾发生时，积雪较厚，大雪封山，道路被埋，严重影响救灾物资的及时快速发放。地方政府也认识到，由于当地地广人稀，交通不便，“救灾物资不能第一时间运送到灾民手中，严重影响了救灾力度”①。

第三，对大灾之后的次生灾害应对不足。田野调研中多次听到牧民反映，雪灾之后容易发生流行性牲畜疫病，其危害不亚于雪灾。地方政府似乎缺乏成功的应对措施，比如较为充足的兽医、药品储备，救灾人员的及时培训等。

雪灾频发和牲畜的高死亡率证明，目前地方政府在灾害应对方式和力度方面存在明显的缺陷。由于地方政府可以得到中央政府的支持，能够超越灾区范围从非灾区调动资源，因此，政府的救助行为在整个救助活动中仍具有至关重要的地位。

① 达日县民政局 2008 年 10 月 13 日《达日县民政局 2008 年工作总结》。

三　田野观察：灾后救助

雪灾不仅使广大牧民家庭经济遭受损失，给家庭生活带来一系列负面影响，而且也对当地的宏观经济运行产生不利影响。因此，在灾后一个时期继续实施各种救助措施，使灾民尽快从灾害的突然打击中摆脱出来，恢复原先的至少是基本的生产生活自立能力，避免他们沦为贫困人口，既有利于牧民家庭，也有利于当地社会的经济运行。

（一）牧民的自我恢复努力

对于牧民来说，家畜既是生活资料更是生产资料，雪灾造成牧民家畜大量死亡，使牧民失去生活来源和生产资料。灾害频发显示出游牧业具有相当程度的脆弱性。但是，鉴于目前的社会条件和牧民的人力资本状况，牧民尚缺乏大规模发展其他替代产业的能力和条件。恢复生产能力的可行性选择仍是恢复家畜数量，重建畜群，继续依靠牧业维持生活。

1. 再投资重建畜群

灾后能否重建畜群、恢复生产能力的关键因素是再投资能力。田野观察显示，牧民的再投资行为主要通过三种渠道实现：动用自己的储蓄，比如变卖有价资产、提取银行存款等；利用社会关系网络（即社会资本）进行融资；向由政府扶持的银行、信用合作社申请贷款。换言之，牧民的再投资能力受到家庭储蓄、社会资本以及公共金融服务三方面的影响。

家庭储蓄包括货币存款和有价物品。牧民反映，原先的富裕户（牲畜大户及从事商业者）或者有存款可取，或者家里有珍贵的首饰可以变卖，可以用过去的收入积累来应对当前的风险。因此，他们总是最先从灾害打击中复苏。[①] 田野调研发现，有充足的储蓄用于购买牲畜的牧户仅是极少数，多数牧民的家庭资产积累水平低。根据相关统计，2008 年达日县 63% 的牧民处于贫困状态。[②] 玛沁县当洛乡属于雪灾易发地区，该乡在 2009 年时，人均收入不足 637 元的绝对贫困户占总人口的 40%。[③] 像称多县珍秦乡姿塘村这样有 120 多户的村庄，公认的灾后靠自己的力量恢复起来的只有“几户”，可见比例之低。

所谓社会资本，即指牧民在自己的社会关系网络中可以获得、动员所需资源的能力。[④] 多数牧民的社会关系网络局限于生活在同一社区或一定区域范围内的牧民，他们所拥有的家庭资本类型相同。也就是说，别人拥有的资本自己也有，别人缺乏的资本自己也缺。[⑤] 雪灾之后关系网络中的所有成员都面临同样的需求，即急需大量资金，这就使他们之间相互扶助的能力降低。而真正异质的、可以弥补他们自身资本不足的社会资本，比如在政府部门工作、在城里从事商贸活动的亲属和朋友的帮助极为稀少。田野观察也发现，当牧民的社会关系网络范围大于雪灾范围时，社会资本便有可能发挥其价值，比如可从灾区之外的亲戚朋友那里获得租借牲畜（俗语称“借鸡下蛋”）的机会。其通常的做法是向非受灾牧户租借牲畜，定期归还（多为 3~5 年）。报酬根据协商情况而有不同，一般的规矩是向畜主交纳一定的畜产品如奶制品等，而繁殖所得则留归自己。这种方式主要是亲戚、朋友之间带有帮扶性质的互助行为，效果较好。但是，如果所借牲畜得病死亡等，按惯例需要赔偿，因此，“借鸡下蛋”也存在一定的风险。

---

① 过去学术界将牧民购置贵重首饰解释为一种炫耀性消费。事实上，这种习俗也具有储蓄的功能，是在缺少公共金融服务的特定文化环境中形成的财富储蓄方式。

② 达日县政府 2008 年 5 月《达日县抗灾保畜工作汇报》。

③ 玛沁县当洛乡政府 2009 年 8 月《当洛乡 2009 年各项工作汇报》。

④ 〔美〕林南：《社会资本——关于社会结构与行动的理论》，张磊译，上海人民出版社，2005，第 28 页。

⑤ 赵延东：《社会资本与灾后恢复——一项自然灾害的社会学研究》，《社会学研究》2007 年第 5 期。

公共金融服务是指政府提供的专项贷款以及金融机构向灾民开放的其他金融服务。政府的专项贷款理论上可以弥补牧民社会资本同质性强的缺陷，但也存在不少问题。由于信息传递渠道不畅，有的牧民不了解相关的灾后扶助政策；由于贷款总额度不足，贷款发放不得不设置障碍、提高门槛。在许多牧民看来，要获得贷款就需要托关系、找门路，贷款有时演变成为一项复杂、隐秘而莫可明言的交易。当然，还有个别具有特殊文化观念的社区，在观念上排斥借贷购畜。比如在巴颜喀拉山深处的达日县莫坝乡色钦村，当地的传统观念认为借钱（包括贷款）买来的牲畜不易成活。因此，许多牧民表示是自己主动放弃了贷款机会。

2. 增加劳动力供给

缺乏再投资能力的牧民不可能快速重建畜群，但是，如果有充裕的劳动力，则可通过扩大劳动力投入获取报酬，逐步积累重建畜群所需要的资金。但是所需要的时间将相对漫长且存在不确定性，因为可供牧民选择的就业领域所能获得的回报较低。根据田野观察，牧民增加劳动力供给的方式多种多样，特别是许多牧民进入城市寻求就业机会，工作类别更显复杂。大体而言，增加劳动力供给的方式有如下几类。

（1）精细经营，提高畜群增长率。雪灾中真正成为绝畜户的毕竟还是少数，多数家庭沦为少畜户。在缺乏再投资能力的情况下，有的牧民采取精细经营的策略。比如，提高繁殖率和成活率，减少死亡率。在本地草场不好的情况下，坚持“走圈放牧”，到外地寻找草情较好的草场，避免冬春季节的牲畜死亡。有时还代放其他人家的牲畜，获得报酬。经过数年的努力，一些人家也能逐步恢复基本的生产条件。

（2）通过多种经营积累资金。最为常见的是从事虫草采集。许多适龄儿童辍学就是因为可以采集虫草，换取现金贴补家用。事实上，在一些地方采挖虫草已成为牧民最重要的现金收入来源，甚至出现家庭收入的“虫草依赖”。个别牧户已放弃畜牧经营，单纯依靠每年 1~2 个月的虫草采集收入，聊以度日。也有的牧民出卖劳动力给牲畜大户做牧工，获取报酬。此外，自从国家实施“西部大开发”战略以来，这些地区的基础设施建设工程逐渐增多，也为灾民获得劳务性收入提供了方便。但是，总体来说牧民不善此道，竞争力不强，工资水平较低。

此外，在实行草场家庭承包制、完成围栏隔离的地区，无畜户、少畜户通过草场租赁、流转也可获得相应的收入。然而，调研发现有一些地方由于种种原因并未完全落实草场承包制度，因此，灾民只能任凭他人分享自己的草场，或闲置草场，而不能获得收益。

（二）政府的灾民扶持政策

为那些遭受临时性收入损失或其他损失的人提供福利收益，被认为是政府的职责。在青海南部牧区，当地政府对灾民的救助和扶持首先是通过农村低保制度提供最低生活保障，然后力所能及地通过各种扶持项目恢复其生产能力。

1. 农村最低生活保障制度

目前当地农牧区“低保”户的选择采取个人申请和社区评推相结合的机制。其路径为：个人申请→牧委会评审→乡政府审核鉴定→乡长签字→上报县民政局。由于政府自身财力有限，财政收入主要依靠转移支付。因此，有的地方政府不仅做不到应保尽保，实际上定额还出现空编，即实际纳入保障范围的人数少于上级政府核定的名额。更为主要的是保障水平较低。2009 年在玛沁县西部三乡，只有人均年收入不足 960 元才能申请“低保”，而发放标准为 750 元/年。虽然政府要求对“低保”覆盖人群实行“动态管理”（即按照家户收入在标准线上下的波动而进行剔除或吸纳），但是，由于对牧民收入难以进行精确的统计，以及对“低保”人员评推过程缺乏有效监督等原因，实际操作中很容易出现偏差，村干部、乡干部的亲戚连年成为低保户的现象不乏其例，引发牧民的非议。总之，“低保”扶助目的在于保障最低生活水平，难以为恢复生产能力积蓄资金。

2. 扶贫项目

目前政府的扶贫项目主要是“整村推进”项目。“整村推进”项目因为强调牧民自主选择具体项目[①]，该项目效果较好，很受牧民欢迎。

政府灾后扶持案例：玛沁县昌玛河乡雪玛牧委会、查藏牧委会的“整村推进”项目。

玛沁县西部三乡草场退化严重，雪灾频繁发生，近年实施“三江源保护工程”，许多牧民搬迁进城，因此，当地就把“整村推进”式扶贫与生态移民工程相结合。以昌玛河乡雪玛牧委会、查藏牧委会为例，纳入“整村推进”项目共 134 户，每户享有 6500 元扶贫款的资助，具体项目采取自由选择、集体决定的方式。最后的项目方案包括：有 46 户要求购买拖拉机，期望能在城里搞运输、打零工；有 11 户要求开 5 个小商店，有些家庭合资共同经营商店；有 22 户要求盖房，以供出租；有 35 户要求购买牲畜，可购买 4~6 头牦牛。[②]

但是，“整村推进”项目是按照前期的全县规划实施的，它不是针对雪灾的扶助项目，且总量较少。从 2002 年到 2009 年，整个玛沁县计划覆盖 15 个村（牧委会），平均每年 2 个村，且兼顾各乡。雪灾往往造成较大范围内的牧民受损，对于那些未列入计划的受灾村庄（牧委会）来说，短期内很难获得较具规模的扶持，其生产能力的恢复更显艰难。

3. 发放母畜

目前，与恢复牧民生产能力最直接相关的扶助项目是农牧局实施的发放母畜项目，即县农牧局根据财政拨付的专项经费购置母畜（牛或羊），然

---

① 据当地官员介绍，实际上有相当部分的牧民仍愿意选择购买牲畜，但是在纳入“三江源生态保护工程”覆盖范围的地区，政府规定购买牲畜的资金不得高于扶贫总资金的 1/3，因此，只有少数的牧民被允许购买牲畜。而在称多县珍秦乡“整村推进”项目的做法是由乡里为每户牧民发放 5 头母牛。

② 资料来源：2009 年 8 月 21 日玛沁县民政局访谈记录。

后视受灾程度发放给受灾户。根据《达日县灾后恢复生产购畜方案》，2009年该县为此安排资金227万元。县畜牧局以1660元/头的平均价格在本县范围内购置1~2岁能繁殖生产的母牛1367头，分配给了10个乡。在我们调查的窝赛乡，共分得115头母牛。该乡雪灾中死亡牲畜近8000头（只），其比率为0.14%。该乡扎却牧委会170户人家，分得38头，户均0.22头。[①]可见，在地方政府财力有限的情况下，发放的母畜在牧民总体生产能力恢复中所起的作用仍然微小。

4. 移民搬迁成为救助新方式

近年来，国家在藏族牧区实施一系列惠民工程，比如“三江源生态保护工程”“小城镇建设项目”“牧民定居工程”等。基于对城市总体公共服务、公共福利水平优于牧区的判断，政府积极鼓励牧民在定居过程中有计划地搬迁到城市周边。牧民进城可以分享城市的公共服务设施，对子女入学、医疗保障、信息获得等方面均具有积极意义，也为灾民特别是那些无力重建畜群的无畜户、少畜户发展其他替代经济（比如进入低端就业市场）提供了便利。但是，短期看，进城牧民还面临一系列风险和困境。比如，因缺乏技能而就业困难，城市公职人员集团与牧民群体社会地位悬殊而造成社会整合困难等，部分移民特别是原先的村庄上层对于进城后社会地位降低反应激烈。牧民定居或进城涉及牧民生产生活方式的巨大变化，要完成这一进程需要较长的时间。

总之，为了恢复基本的生产生活能力，牧民家庭和政府都会采取多种形式的灾后救助努力。多数牧民家庭受到再投资能力、人力资本状况等条件的约束，难以顺利地实现自我恢复。而来自政府方面的金融支持、专项扶贫措施，也因为各种原因尚未对牧民恢复生产能力形成强有力的支撑。基于对未来前景和现实福利水平差异的衡量，政府鼓励牧民搬迁定居到城

① 参见达日县畜牧局2009年8月《达日县灾后恢复生产购畜方案》。

图 3　河南蒙古族自治县德龙移民新村（摄于 2009 年 9 月）

市周边，通过发展替代性产业（农业化畜牧产业在该地仍然少见）来重建灾民的生产能力。应该说，这一政策具有逻辑上的合理性，但是，将这种合理性转化成现实性，仍需要较长的过程。

四　讨论与政策建议

田野观察不难发现，在青海南部的藏族牧区，无论是化解雪灾风险的预防性措施，还是灾中、灾后救助体系，都不同程度地存在着不容忽视的缺陷。如何认识和评估其中存在的问题，如何有针对性地加以完善，涉及政府的治理理念，当地的自然、经济条件和社会文化环境等复杂因素。笔者无意对此进行全面讨论，只想指出如下问题，以引起相关部门的广泛关注。

第一，对牧区雪灾特殊性的认识。

雪灾救助应与其他农业灾害相区别。目前的雪灾救助方式和救灾物资储备主要受到农业灾害救助模式的影响。农业灾害比如洪水、泥石流、雹灾等，主要摧毁劳动产品，多数情况下，生产资料不会遭到破坏。因此，救助主要针对劳动产品缺失，比如发放口粮、衣物等，只要渡过一个生产周期，一般来说到下一个生产周期便可以重新开始。对于牧民来说，牲畜既是牧民的劳动成果、家庭财产，也是他们的生产资料。因此，不仅灾中救助要特别注意生产资料的保护，灾后救助也要以重建生产资料——畜群为主要目标。事实上，灾后政府发放贷款、牲畜就是向牧民提供生产资料，其性质与提供种子给受灾农民相类似。但从满足需求的成本看，牧区雪灾救助的花费更高。由于家畜的成长、成熟需要数年时间，因此牧业灾害的恢复周期也较农业灾害更长。

灾民救助应与扶贫相区别。灾民与一般的长期贫困人口在致贫原因上存在本质区别，即他们多数只是在灾害中丧失了某一方面的资源和能力，属于偶发的单一能力缺失，通常仍具备维持基本生产生活的能力（人力资本）。政府和社会的救助行动只要能够填补他们因灾害造成的缺损，他们就可以自行恢复生产能力。而常年贫困人口则缺乏多种资源和能力，特别是生产经营能力，即使提供了生产资料他们也很难自立。这就是灾害救助和扶贫活动的本质区别。牧民普遍反映，只要有牲畜他们就能维持生活，不需要国家的救济。而目前灾后救助的观念偏差在于，将灾民与贫困人口等量齐观。将灾民纳入救助水平较低的扶贫渠道，这就使灾民恢复基本生产能力的道路漫漫无期。从救助总支出额度计算，短期足量、大额资助相比于长期小额资助可能更为经济、合算，具有更好的社会效应。

第二，调整财政支出结构，大幅增加救灾物资储备。

调研中，无论是政府官员，还是普通牧民都指出，救灾能力的大小、效果的好坏，关键取决于是否有充足的饲料、饲草。上文已论及，雪灾发生后，尽管政府迅速发放救灾物资储备，并积极从外地调运饲料，但是，仍远不能满足救灾之需，因为政府的救灾物资储备总量不足。这反映出政府在财政支出结构中未能对灾害预防给予应有的重视。以 2008 年达日县雪灾为例，相关资料反映达日县因灾直接经济损失1.46亿元[①]（不包括因为雪灾危害而付出的其他社会代价），而灾后通过各种渠道额外增加的饲料支出仅201万元。[②] 无论从减少经济损失、抑制宏观经济动荡角度考虑，还是从减贫济困、改善民生角度考虑，急需对当地政府的财政支出结构进行调整，提高救灾预算，增加物资储备。

第三，拓宽救助渠道，激活社区自助机制。

毫无疑问，政府一直是灾害救助的主要力量。即便在前现代社会，无论是历代中央王朝还是西藏地方政府，都采取减税、免税、赈济粮食等措施对灾民进行抚慰。[③] 当前，政府的救灾措施更为细致全面，不仅努力避免人员伤害、减少经济损失，还通过多种扶持手段重建灾民生产生活能力，恢复正常社会秩序。必须指出的是，在青海南部的藏族牧区，主要依靠财政转移支付的地方政府尚无足够的力量应对特大雪灾。因此，作为过渡方式和补充方式，尽可能拓宽救助渠道不失为有效选择。这主要包括两个方面：充分调动和利用当地资源，发挥寺院等社会组织的救灾功能。

寺院救灾案例：

龙西寺是玉树州玉树县最大的格鲁派寺院，位于下拉秀乡，有400多名僧人。据该寺尼智活佛介绍，龙西寺不仅在“以寺养寺”、开展多种经营方面非常成功，在为周边牧民提供公共服务方面也口碑良好。他们举办学校、医院，参加灾害救助。他们的救灾行为包括：（1）没有灾害时，群众因为各种原因给寺院供奉的牲畜，寺院自己饲养一部分，

① 参见达日县民政局2008年10月13日《达日县民政局2008年工作总结》。

② 达日县农牧局2008年4月1日《达日县农牧局抗灾救灾保畜工作资金使用情况》。

③ 参见张涛等《中国传统救灾思想研究》，社会科学文献出版社，2009，第310~316页；张艳丽：《嘉道时期的灾荒与社会》，人民出版社，2008，第130页；陈桦、刘宗志：《救灾与济贫：中国封建时代的社会救助活动——1750~1911》，中国人民大学，2005，第43~84页。西藏自治区历史档案馆等编译《灾异志——雪灾篇》，西藏人民出版社，1985，第70、90页。

多数则寄养在百姓家里（有各种办法计酬：牛犊归牧户、交奶制品等，也有无偿寄养的），有雪灾时寺院将这些牲畜返还给百姓（其寄养的范围很大，甚至在100多公里外的治多县也有该寺的牲畜）。1995年雪灾时，寺院给周围的每个村子发放了救灾款1~2万元，共计30万元左右，上千头牲畜全部发放给牧户。（2）灾害发生后，各种商品缺乏，普通商家乘机抬高物价，而该寺则规定由其经营的多家商店所有商品不得涨价，甚至降价，按成本价，放开销售。陪同访问的乡干部称，在上、下拉秀地区，只要百姓张口向寺院提出要求，寺院肯定不会拒绝。据称多县民政局领导郭更介绍，2005年雪灾时，称多县籍的活佛格桑赤列嘉措（寺院在四川某县），为灾区捐赠100吨粮食、6207件衣服。当然，能够参与灾害救助的寺院仍是少数，正如当地俗语所言“民贫则寺穷”，依靠百姓供养的寺院，其财力状况取决于周围社会的经济发展水平。①

20世纪50年代前，青海南部的藏族牧区长期处于部落制社会，缺乏来自政府的公共救助，灾害救助主要依靠牧民自身和当地社会，因此当地文化、习俗中形成了许多帮困济贫的观念和传统，值得借鉴和推广。比如借用母畜的互助形式即是一种有效的救助方式。迄今当地牧区仍有此类做法。果洛州玛沁县昌玛河乡江前村牧民萨多（女，40岁）介绍，1987年当地遭遇特大雪灾，当时，该县拉加乡根据传统向该乡资助300只羊，乡里将这些羊分为五群借给灾民，每户两年。虽然那些羊不适应昌玛河的高海拔，但还是每年为她家增加了15只羊羔，这对恢复生产起了重要作用。在玉树县的哈秀乡也有类似传统，亲戚们向受灾户资助牲畜、租借母牛。这种方式的另一个优点是能够很好地化解当地牧民对“借钱买畜”不良后果的担忧。

① 资料来源：2007年7月12日，龙西寺访谈记录；7月17日称多县民政局访谈记录。

因此，政府通过调动、租借非灾区牧民的母畜也是一种可行的并容易被牧民接受的方式。

当出现大范围雪灾时，仅靠当地政府的力量尚显不足，必须寻求更广泛的支持才可能渡过难关。为此，必须加大宣传力度，借助媒体的力量，激发广泛的同情和援助。此外，还应该与气候、经济类型差异性较大的邻近地区建立灾害互助机制。

第四，试验建立雪灾救助基金。

从长远可持续的角度来看，发展农牧业保险或建立雪灾救助基金是有效途径。在没有灾害的情况下，牧民的经济收益相对较高，因此，可以建立类似救灾基金或公积金之类的合作保险制度，由牧民和政府共同投资，发生灾害时提取。否则，一旦发生特大雪灾，损失过大，仅靠政府的力量难以使所有的灾民恢复生产能力。

总之，我们通过对青海省果洛、玉树、黄南等藏族牧区的田野观察，可以看出，由于当地政府资金不足等原因，雪灾防护网建设和雪灾救助机制存在一定的缺陷，致使牧民遭遇雪灾的风险很高。在全球气候急剧变化、当地生态日益恶化的背景下，当地牧民赖以生存的传统游牧业更显脆弱。要减少雪灾造成的损失，不单要加大灾害救助力度，还需深化对雪灾及其救助行动的认识，更重要的是转变灾害应对的方式，即将工作重点从灾害救助转向灾害预防，当然，这一切要以经济发展至少是财政收入增长作为前提。

应对2011年保加利亚口蹄疫疫情

〔保〕艾丽娅·查内娃 著　刘　真 译

摘　要

本文调查了2010年末2011年初在保加利亚东南部突发的口蹄疫疫情，以及当地人口和官方应对疫情的不同方式。从2011年初至今，疫情报告在布尔加斯省小特尔诺沃市与土耳其接壤的边境地区得到确认。保加利亚当地政府，采纳中央政府的决定，实施2003年9月29日出台的2003/85欧盟委员会指令关于控制该疾病的社区措施。根据欧盟立法，疑似患有口蹄疫的动物以及任何与它们有过接触的物种必须予以捕杀和埋葬，即使在牧民看来它们中的大多数是完全健康的。自此，根据规定开展了屠宰家畜的行动，但这对于村民来说是痛苦的，并造成了长期的后果。在斯特兰加三个受害程度不同的村庄进行田野工作期间，笔者观察了村民对这些极端措施的反应。通过呈现和研究灾害在各个村庄的具体影响，本文揭示了日常生活如何与戏剧性的事件相互交织，集体利益如何导致深度的个人痛苦。

新千年伊始，口蹄疫便已席卷了非洲、亚洲、欧洲（东欧、中欧和西欧）、美洲诸多的国家和经济。它触及并引发了农业及生态领域的压力，这些领域不仅包括各类社会和经济结构，还包括农业生产形式（尤其是畜牧业）。欧洲在 2001 年经历了最严重的危机。[①] 在 2007 年加入欧盟之后，保加利亚跌跌撞撞的养牛业一直在缓慢、痛苦地适应着欧盟的各项规定，却在 2011 年初遭受极大的动摇。

2010 年底的最后两周及 2011 年初，保加利亚东南部平静的山区爆发了一场危险的疾病——高度传染性的偶足动物病毒性疾病：一头野猪越过保土边境（邻近斯特兰加山脉布尔加斯省的科斯蒂村），在距离土耳其 2 公里处被射杀。来自内陆的土耳其裔保加利亚猎手（他购买了该村的森林用于狩猎）和他的狩猎伙伴，在发现野猪蹄受损后便疑心有流行性疾病，而解剖结果更证实是口蹄疫。之后，科斯蒂村发现有 37 头动物感染病毒（共有 1600 头受检）。口蹄疫爆发之初，保加利亚中央政府包括农业部便采取了控制措施，即刻下令屠宰被感染的动物以及与它们有过接触的健康动物，并严禁该地区牲畜的活动和销售。布尔加斯省以及邻近的七省宣布对该地区实施隔离。口蹄疫在时隔 12 年之后再次爆发：1993 年（在保加利亚南部的西梅奥诺夫格拉德）和 1996 年各爆发过一次（在保加利亚东南部的小夏科沃），两地都邻近土耳其边境。

以下是疫情暴发后，保加利亚发生的一系列事件：2011 年 1 月 14 日，在毗邻科斯蒂村的雷佐沃，怀疑暴发新的疫情，而且怀疑疫情由土耳其牛群携带过来。1 月 17 日，疫情得到确认，保加利亚农业部和兽医机构下令屠宰雷佐沃被感染的动物，并保证两村居民将得到补偿。察雷沃市市

① 2001 年 2 月，英国的埃塞克斯确认爆发口蹄疫。疫情传播迅速，危机在英国持续了 10 个月。其间，英国共爆发 2304 次疫情，波及 10124 个牧场，导致近 400 万头动物被屠宰。此外，在活动受限之后牲畜被关在牧场，导致健康问题，超过 200 万头动物被屠宰。2001 年的危机还影响到法国（2 次疫情）、爱尔兰（1 次疫情）和荷兰（26 次疫情）（www.europarl.eu.int/meetdocs/committees/fiap）。

长提议在土耳其边境设立电围栏，阻止被感染动物进入保加利亚，农林部接受了该提议。当局下令对所有从土耳其过来的车辆进行消毒，因为在土耳其正爆发一场重大的疫情。1 月 31 日，在小特尔诺沃市的格拉马蒂科沃村（该村位于围绕疫情最初爆发的两个村庄建立的 10 公里的防护区内）发现了新的疫情，13 头受检动物感染口蹄疫。

当局下令捕杀村里所有可疑的牲畜，共计 149 头（只）——1 头牛、38 只绵羊和 110 只山羊。和前几次疫情一样，所有损失都能获得补偿。3 月 25 日，在格拉尼查和克洛沃村又发现 2 次疫情，当局下令捕杀 173 头被感染动物。4 月 7 日爆发了最后一次疫情，危机得到有效解决。整个东南部地区共爆发 11 次疫情，所有疫情都发生在保土边境的 10 公里范围内。

危机爆发之时，正是保加利亚获准加入欧盟之初，政府受到欧盟不同委员会的严密观察。同时，又恰逢 2011 年的严冬，人们体验到适应官僚机构和经济管理新规则的困难（McConnell and Stark，2002：664–681）。

保加利亚是传统的农业国，有着悠久、可持续的畜牧业，尤其是养牛业。因此，口蹄疫对于人们来说并非闻所未闻。过去，处理和解释疫情的方法主要通过神话和依据，更新的“现代”回应包括定期接种疫苗、隔离和严密观察牛群。要理解 2011 年保加利亚东南部疫情的显著差距，我们必须考虑到国家和地区管理水平上预期的政治和经济行为的后果。有些对策来自“边境问题”的作用，它总是令情况变得更为复杂（Crarke，2002：2–17）。本文首先探讨了官方的政治和经济“危机 – 反应”对人口的影响，然后考察了有助于理解官方反应的关键因素，以及人们对此的反应。因此，本文关注的是政府应对 2011 年保加利亚东南部口蹄疫疫情的伦理，这个问题一直是人类学学者在其他相似情况下感兴趣的课题（Mepham，2001：339–347）。

起初，由于刚刚加入欧盟，保加利亚政府对于欧盟的意见极为敏感。对于欧盟所有成员国，相似情况下采取的措施早已出台。这些规定是：如爆发口蹄疫，受影响成员国必须立即执行 2003 年 9 月 29 日出台的 2003/85

欧盟委员会指令中的措施，包括捕杀并消灭所有被感染区域内的可疑牲畜；追踪并销毁来自被感染区域的肉类和其他产品；制定限制人口、车辆或其他动物在被感染区域周围活动的严格措施；清洁和消毒被感染区域，以及任何进入该区域的车辆和装备。①

在执行这些规定之后，还要采取以下步骤：首先，实施区域内详细的流行病学调查；出台暂停狩猎和禁止食用野生动物的规定；可疑动物种类应置于官方监视之下；官方兽医需对所有被射杀或发现死亡的野生动物进行检查；在可疑动物种类隔离区域实施监视计划和预防措施，必要的话，将周边地区也纳入进来，包括在该区域内运送、转移可疑动物种类，或者将可疑动物种类送进或送出该区域。其次，建立围绕科斯蒂村半径 3 公里的保护区和 10 公里的监视区，对监视区内斯雷代茨、小特尔诺沃和察雷沃市的所有村庄、定居点进行血清流行病学监视计划。最后，危机一旦确认，立即采取积极行动，正视问题的严重性，以示“尽在我们控制之下”的心理。最初的危机反应侧重于即刻、毫不迟疑地屠宰被感染区域的牲畜以及与被感染牲畜有过接触的所有动物（Woods，2004：341–362）。根据欧盟的立法，疫情发生区域的可疑动物种类需捕杀和埋葬。在科斯蒂村，这个数字为约 250 只绵羊和山羊，200 头牛和 80 头猪。自 2011 年 1 月中旬直至 4 月初，斯特兰加山区的其他几个村庄出现牛群病变，经过对这些地区样品的实验室化验，确认是口蹄疫，这些动物因此被捕杀和埋葬。

对于这些偏僻地区的村庄来说，大部分人口仅拥有少量的家畜——主要是供自家使用的山羊和 1~2 头牛。即使动物没有显现任何口蹄疫症状，这个突然、不容置疑的屠宰令仍然是令人极为痛苦的。媒体报道了很多令人心碎的故事，中央和当地电台、电视台播放了斯特兰加山区的无数例子，还有相关的采访和报道，指出没有必要（在人们眼中）大规模屠宰健康的牲畜。

① http：//eu.vlex.com/vid/foot-mouth-disease-repealing-decisions-37788088.

在疫情暴发6个月后，我访问了受影响的村庄，当时情况开始好转，但人们仍然记忆犹新。显然，在官方的快速反应中，有些是不充分的，有些是管理不到位的。尽管村民从中央和地方政府那里得到了经济补偿，但是从总体上来说，欧盟人道主义灾害反应行动是犹豫不决的成功。在理论层面上，这种成功取决于灾害诊断的质量。在这里需要考虑的因素是："对灾害性质、特点的正确理解；在灾害发生之前流行体制的全面分析，包括生产过程（选时、需求、与其他行业的关系，等等）；灾害影响农村地区生活方式的深度评估，包括农业周期；受灾人口采用的适应性机制和生存策略的确认和评估。"①

我认为，对灾区不同损失程度的定居点进行比较分析，可以提供如何采取有效措施的有益思考。因此，运用人类学的"中心－边缘态度"理论，我选取了3个距离相近但灾害命运截然不同的村庄：科斯蒂村直接受到灾害的打击，承受了严重的损失；布罗迪洛沃村与科斯蒂村相邻，但只是部分受到影响；保加利村位置更远一些，根本没有受到口蹄疫的影响。但每个定居点对疫情的反应是不同的，这些反应揭示了人类适应危机的重要特点，以及克服危机、进一步生存的策略。对灾害前、灾害期间、灾害后这些村庄情况的分析，构成了以下文本的结构。

案例一：处于口蹄疫的中心

科斯蒂村位于察雷沃西南25公里处，离土耳其边境不远。它还靠近蜿蜒流淌的美丽的韦莱卡河。过去，它位于连接斯特兰加山脉和黑海的主干道上，经济和商业都相当繁荣发达。截至1914年，希腊人一直居住在这个村庄。一战后，随着《莫洛夫－卡凡达里斯条约》（*The Treaty of Mollov-*

---

① http：//www.urd.org/IMG.

Kafandaris）的签署[1]，希腊人才离开保加利亚的领土和他们的房屋。这些房屋有着几百年的历史，即使在今天，它们仍然是科斯蒂村的真实写照。与此相对应，保加利亚人则渐次从邻近的希腊跨过边境返回自己的祖国。村里大约有100户家庭，目前人口大约在550人（其中一半是家庭成员，即夏天来此短暂居留的访客）。村民以农业和养牛业为主，与第三个村庄保加利村的村民一样，他们保留着独特的“nestinari”或火舞传统。[2]

村里的生活是宁静而不起波澜的。常住人口包括250个老人，每人都饲养着1~2只山羊，有些还饲养1~2头牛，为来访的儿孙提供鲜奶和家常的奶酪。“在科斯蒂，我们有120~130位老奶奶，男人们都死了。夏天的时候，只有住在布尔加斯的几个家庭回来看望老人……因此，这些妇女丝毫没有反抗便将她们的山羊送去屠宰。是的，她们当然哭了，但并没有做任何反抗……问题是并不是所有的牲畜都被感染了，大部分还是相当健康的……”科斯蒂村一个60多岁的老人这样说道。他的个人态度是对这种极端措施的一种理解。尽管他损失了羊群和牛群，但他还是对保加利亚中央和地方政府以及欧盟及时支付所有补偿金表示赞许。但他仍然记得他祖先的经验：“1955年，我的祖父有2头小奶牛，我父亲负责饲养它们。一天，我父亲对他说，‘爸爸，奶牛的指甲掉了’。我们并没有采取任何措施，但我们知道可能就是这种病……然后我们用了疫苗。很快，奶牛的病就好了。”他还补充说，“这就是问题：并不是所有的牲畜都病了。我们在全部屠宰它们之前应先接种疫苗。来自黑海洛泽尼兹镇的一位女动物学家想要这样做，但却被兽医否了……”（AIEFEM，931-Ⅲ，16-17）

科斯蒂村的大牧场主呈现的是另一幅稍稍不同的画面。其中一人是副

① 《莫洛夫－卡凡达里斯条约》由时任希腊和保加利亚外长（以他们的名字命名）于1927年签署，并在1928年得到联合国的承认，考虑到清算希腊在保加利亚以及保加利亚在希腊资产的财政状况。其结果是，近40万保加利亚人从东色雷斯和希腊爱琴海回到保加利亚。

② 科斯蒂实际上是一个典型的火舞村，那里的许多家庭是代代相传的火舞者。在巴尔干战争之后，来自科斯蒂村的希腊人迁徙到希腊马其顿，他们还带去了火舞的传统。因此，斯特兰加地区的“nestinari”仪式也传播到了希腊北部。

村长，他和另一个村民共同饲养着100~120头上等奶牛，年轻一点的村民叫纳斯科。我抵达科斯蒂村的第一天便听说了纳斯科的故事：一个致力于家庭畜牧业的年轻人，自孩提时代起便已下定决心发展优良品种的奶牛。他有着成为优秀牧民的各种必要技能，也是村里第一个获得欧洲项目并因此得到资助的人。他购买了一头极为昂贵的上等公牛（约4000~5000列弗），并雇用了一个有经验的牧民。在疫情发生之前，这头红白相间的“美国”种牛已与100多头奶牛配种。副村长在20年前便已养牛，当时他购买了2~3头奶牛。他挑选的奶牛“专门用于培育食用牛；我为它们挑选了上等的公牛，它们中最优秀的我用来饲养”。有些牛是混合品种——介于“Heriford”、“Aberdeen”和“Cimenthal”之间，就是为了多产奶。如今他将此视为一项风险试验，不仅付出了巨大的牺牲，而且得不到任何人的帮助。牛肉只用于出口，并达到所有的标准。原因在于“生态的饲养方法：不用饲料，只用夏季草料以及冬季自己种植的草料，在牛生病的时候也不用抗生素”（AIEFEM，931-Ⅲ，38-39）。

据媒体连篇累牍的报道，动物被“人道地杀死”[①]。村民集合起来要求接种疫苗，但被告知欧盟法规禁止出口接种过疫苗的牛肉。人们对这个解释印象深刻，并经常在事后反复表示这样做很是残忍，同时，从经济上考虑也是错误的。作为屠宰政策的提议者，中央和当地政府坚持认为这种做法最为迅速、廉价、安全，既消灭了病毒，又达到了该区域无口蹄疫的效果，这是农业出口的必要前提条件。接种疫苗和隔离措施是不安全的，只能控制病毒但不能打击病毒。根据副村长自己的说法，这种反应是唯一可行的。因为在接种疫苗后，被感染的动物仍然是病毒的携带者，很容易传播给其他未被感染的动物。

还有一种怀疑也很盛行：土耳其生产的肉类将可能取代保加利亚生产

① http：//sofiaecho.com/2011/03/28/1066222.

的肉类。因此，有预谋地通过边境将病毒输入斯特兰加地区的说法开始不胫而走。

分析村民对所采取措施的反应，可以归纳为以下几点。

情感创伤是村民最初提及的印象。“2 月，极端悲剧在这里发生。”科斯蒂村的一位中年男子这样回答。年长的妇女更具描述性：“即使是新生的牲畜也被屠宰了。我们的孩子正等待小牲畜的诞生，想要照顾它们，亲近它们——我们在圣伊万节（St.Ivan）那天（1 月 7 日）有一只刚出生两天的小羊羔。孩子们之后照顾了它们，他们都哭了……”教堂里的一位妇女不愿意做出不受欢迎的结论，她总结说“这件事变得非常丑陋……；在此之前所有牲畜都在身边，村里有着生命，现在没有了”（AIEFEM，931-Ⅲ，22–23）。村民们并不谈论捕杀牛群的具体过程，即使谈论，也是非常不情愿的。他们只是称在军队（很可能是宪兵）的帮助下完成的，而且发生在村子外面，远离村民们的视线。整个村子的村民聚集在广场，每个人都带着他的牲畜。有流泪的，有哭喊的，有诅咒的，有悼念的——但都不是抗议，只是伤心而已。最令人感动的悲哀是纳斯科一直压抑着的痛苦。之后我见到了他的母亲，她告诉我他因类似心脏病发作而住了几天院，即使在事后 6 个月，他的情况也没有好转——“（屠宰他的牛）无异于带走他的身和心”，她这样说道。有些老人在这个时候晕倒了，很多人则是哭泣（AIEFEM，931-Ⅲ，26；33）。人们回忆的另一个画面是，大家全体跪在阿诺多夫市长面前，恳求不要杀牛（AIEFEM，931-Ⅲ，24–25）。年纪最大的牧民和养牛者边哭边回忆说：“我们从没见过类似这样的事情，我们的父母也没有告诉过我们这样可怕的屠宰”（AIEFEM，931-Ⅲ，25）。作为山民，他们很少公开表达愤怒和强烈的感情，但想起他们牲畜的灭绝——假定还是健康的，他们甚至会诅咒：“上帝啊，为此惩罚他们吧！”

情感创伤的另一个方面是在我采访副村长艾利亚的时候观察到的，他是两个大牧场主中的一个。他对此的观点更为理性：他确信科斯蒂村的所有牲畜都被感染了。据他所说，牛群已经显现口蹄疫的临床特征，不仅仅通过实验室化验。这就是为什么屠宰是解决问题的唯一办法。他对于被感染牲畜的同情令人惊讶——他把它们称为“沉默的受难者”（AIEFEM，931-Ⅲ，41）。他的情绪以另一种方式表达——因为科斯蒂村采取的措施阻止了口蹄疫的扩散，为此他感到骄傲。

第二点是经济损失的合理化。首先体现在被屠宰牲畜数量的精确统计——每个牧民知道他所失去的奶牛、绵羊、山羊、公牛和黄牛的确切数量，村民们认为他们没有得到充足的补偿。副村长表示政府对所屠宰的牛群数量予以了100%的补偿（欧盟仅提供60%），但村民们还将未来可能损失的鲜奶和肉类计算在内。之后，在分析补偿数额时，通常以这句话加以结尾：“是的，补偿金支付准时，但是……”一个在教堂做义工的村妇告诉我说，她当时正准备迎接2只小山羊和2只小绵羊的到来——这可以保证她和她的家庭一整年的鲜奶供应，而她只收到了80列弗的补偿，这个数额并不足以弥补她的损失。实际上，官方反应的迅捷令村民们产生了怀疑：他们注意到有些医生想要对牲畜做进一步的检查，同时也想将被感染的牲畜与健康的牲畜隔离开来，“但是，其他人却想快点拿到钱……他们只给了我们一小部分，他们拿了大头”（AIEFEM，931-Ⅲ，24）。

毫无疑问，受影响的人们想要做理性的思考，然而却出现了不确定性：“我们并不能确定所有牲畜都病了，这是我们所不了解的疾病。去年它们遭受了‘蓝舌’（blue tongue），那种病会破坏它们的脾脏，但这种病……我们就不那么了解了”（AIEFEM，353-Ⅲ，23）。同样，也没有针对这种疾病的疫苗。大部分的牧民基于他们以往的经验认为，牲畜没有被感染，“只是蹄子受到了损坏，以前发生过，是可以治愈的”（AIEFEM，931-Ⅲ，23）。显然，村民们在很大程度上依赖于他们以往的经验和记忆。副村长受到过良好的教育，也有更好的理解力，他反而以科学知识来谈论口蹄疫病毒的扩散方式和症状，因此赞同官方的反应。

当前政府声誉的下降也是我观察到的一个后果：所有关于此次疫情的故事都以怀念过去作为开头，当时“我们有将近 2000 人，一所幼儿园，一所包括 8 个年级的学校（因为教育一直是保加利亚繁荣的一个标志），一家诊所，一个塑料厂，一个柳条厂……但现在都没有了”。这些比较总是对当前的情况不利。尽管没有出现任何有组织的反对这次屠宰的活动，但提到了强制执行这个决定的几个例子：一个年轻人损失了羊和猪，他试图与政府谈判，但“之后便来了警察……”同样，一些受访者提到，纳斯科一直对这个决定持口头抗议。但根据另外一些受访者，他和其他一些牧民是自愿交出他的奶牛的（AEIFEM，353-Ⅲ，23）。村民对某些官员在他们面前表现的评价，使我们了解到该事件政治方面的一些画面。财政部长、保加利亚侨务部长、市里的兽医和他的同事、地区市长和副村长的名字经常出现在报告和田野材料中。他们的反应和态度受到密切的关注和分析，依据的是他们与普通老百姓的接触和对他们需求的了解。但在村民的心里，他们的不幸没有被界定为“集体性的”：大部分受访者对市长阿诺多夫持肯定态度，不仅仅因为他来自这个村。在危机期间他几乎每天都来村里，利用他的权力来帮助人们。“他无能为力”，令他得到了科斯蒂村村民的谅解。虽然副村长充分表达了他的同情和同胞之情，但是他依然无法向他的同胞解释这些严厉的措施。他们对其他代表的态度则显示出了不满，甚至是愤恨：“全村人都诅咒市里的兽医，当财政部长来这里见我们的时候，他去了我们的教堂，却没有画十字，没有点蜡烛，也没有捐一分钱——外国人都是这样做的，而他没有……但他带来了警察和宪兵反对我们，什么人啊！”（AIEFEM，931-Ⅲ，23）

鉴于保加利亚和土耳其情感交织的历史，这个问题演变为民族政治性问题是不可避免的。复杂的“边境问题”“永恒敌人”的负担或传统，也是造成这个问题的原因。即使没有被证实（在这里不是这种情况），在人们的心里，被感染的野猪就是来自土耳其，被土耳其裔猎人（保加利亚籍）射杀，有意伤害会被说成是保加利亚邻居的罪过。“我们是边境地区……这会一再地发生”——潜台词是，这是与土耳其接壤的边境，坏影响总是来自那边——“我们知道土耳其有口蹄疫，已经有许多年了，但他们不屠宰他们的牲畜”（AIEFEM，931-Ⅲ，26）。甚至连土耳其期望加入欧盟也考虑到了。副村长提到欧盟禁止出口接种过疫苗的肉类，告诫说土耳其经常使用疫苗（AIEFEM，931-Ⅲ，40）。他也是提出“挑衅可能性的人，但我没有证据”（AIEFEM，931-Ⅲ，40-41）。因此，不幸和经济损失，如往常一样，在涉及边境人口时，就会包含政治动机。

这些“边境问题”与预期的两国修复围墙一事密切相关。尤其在科斯蒂村，去年人们普遍认为政府不会修复围墙，尽管他们保证会这样做。

对未来的悲观。尽管收到经济补偿，村里没有人对养牛持乐观态度：“不，没有人会将这笔钱投到牛群，人们害怕了，他们老了……”这种情况是可以理解的。对于老奶奶们来说，她们对牛群有着强烈的感情，对她们来说，牛、羊是她们的朋友，是她们孤单生活中的陪伴，她们不敢再冒承受这种痛苦的风险。还有一种担心，认为这种灾难会不断出现，因为“我们是边境地区，围墙仍然没有修建起来”。村里只有很少一部分人愿意再养牛，包括副村长，他相信他会“重整旗鼓”（AIEFEM，931-Ⅲ，41）。

在寻找帮助和解决办法时，村民们通常会回归他们的宗教传统。根据一项久远的传统，他们在12月18日庆祝圣莫德斯特（St. Modest）日，据信他是牲畜的保护者（Grebenarova，1996：312-320）。

上次庆祝圣莫德斯特日，村民们称之为“Modesti”，还是在20世纪80年代。科斯蒂村的老人们记得，这个冬季节日会给牲畜带来健康。几乎每家每户都会烤制一种叫“arto”（由5个小圆面包组成）的仪式面包。妇女们将它带到教堂，在圣像前点燃蜡烛，将面包与煮过的小麦和酒放在一起。仪式过后，所有食物发放给村民，“牲畜便会健康”。现在，同样是这些妇女，她们认为村民并不是真正的信仰者，这便是疫情暴发的原因。她们声称“我们没有保住老教堂里的钟（已被偷），我们没有严格地遵从基督教教规……还有一些牧师很贪婪”（AIEFEM, 931- Ⅲ，23–24）。为找到解决办法，她们企图“拨乱反正”，包括“制作 kurban（一种仪式供品，通常是一种家畜）”。有些人记得在他们父母的时代，当流行性疾病出现时，村民们燃起“活火”（通过仪式、按照特殊的规定点燃的火）。他们认为，由于 2011 年冬天的这场灾难扩散得太快，因此他们没有时间来组织这样的一种保护性仪式。

图 1　科斯蒂村教堂里的圣像（查内娃 2011 年 7 月拍摄）

图 2　圣莫德斯特圣像（右下），据信他是牲畜的保护者（查内娃 2011 年 7 月拍摄）

案例二：邻近疫情暴发的中心

布罗迪洛沃村位于察雷沃以南 20 公里处，韦莱卡河左岸的一个浅滩，正如它的名字所显示的（“布罗迪”意为浅滩）。村里的大部分人口包括来自东色雷斯的保加利亚难民，他们在巴尔干战争和第一次世界大战后便定

图3　布罗迪洛沃村某居民家中的内饰，专为外国游客设计（查内娃 2011 年 7 月拍摄）

居在那里。1926 年的人口普查数据显示，在 1110 名布罗迪洛沃村村民中，720 人是移民。当前的人口刚刚超过 800 人。这是个布局紧凑的村庄。在村民共同的记忆中，过去是很值得肯定的。同样，当地学校的状况标志着变化："当我还是个小孩的时候，可以上学到 8 年级，我们有两班学生。1970 年左右，我们建了幼儿园，大约 20~30 人，还是分成两班。之后这些学校都被关闭了。甚至连小学都在 6 年前关闭了"（AIEFEM，931- Ⅲ，2）。

小型家庭畜牧业是该村的特点。30 年前，牛群数量曾达到 2 万头（AIEFEM，931- Ⅲ，3）。这里有一个古老的仪式，旨在保护畜群的卫士——狗——的安全和顺从。这种仪式正是该村新近成为"生态为本"媒体报道典型的原因。在"Kukerovden"日（哑剧日），村民们进行所谓的"仪式性绞狗"或"trichane"仪式，旨在驱除邪恶的力量。人们将成年狗（1 岁以上，"不再是小狗"）以比喻的方式用绳子"绞死"，然后绑住它的胸脯，拖到韦莱卡河，不断地拧动绳子，狗被旋转着放入河里，松开绳子，狗便落入水里。由于是旋转，狗常常会搞不清方向，但只是一小会儿。这个仪式是复活节前空腹期间系列传统仪式的一部分，同时也与“清洗”的字面和比喻意义相关。“仪式性绞杀”意味着清洗村里的邪恶精灵，许多新闻报道也认可了这一点①。但大部分媒体认为这个仪式“野蛮”，一致谴责这种残酷对待动物的行为。鉴于此，察雷沃市长阿诺多夫在2006年禁止了这个仪式。直到2011年春，这项命令还在执行中，因此再也没有任何仪式性“绞杀”行为发生。我们将看到在口蹄疫危机期间这种情况是如何变化的。

该村与我们讨论的重大情况有所不同：首先，该村没有发现任何被感染的动物，因此也就没有发生捕杀牲畜的一幕。其次，虽然6月之前不得开放牧场，但之后村民们也没有将他们的牲畜赶过韦莱卡河到科斯蒂村，正如他们以前做的那样（AIEFEM，931- Ⅲ，8）。这些不同之处是如何影响村民对此事件的反应的呢?

布罗迪洛沃村村民的情感创伤是很小的，尽管他们在听说疫情时很是吃惊。当疫情确认时，当局立即要求村长停止将牲畜赶到外面，而是将它们留在家中。村民们认为他们是幸运的，因为，作为科斯蒂村的邻居，他们的牲畜很可能会被病毒感染，正如科斯蒂村的另一个邻居格拉玛蒂科沃村那样。但他们的牲畜却因为留在棚内饲养，活动受到限制，一些奶牛和母羊出现了流产。当村民们与“白大褂”（来自机构定期检查牛群的人）会面时，他们的情绪极为激动:“这让每个人都起鸡皮疙瘩”（AIEFEM，931- Ⅲ，5）。

经济损失被合理化。布罗迪洛沃村村民得到了补偿，是因为“没有人做好棚内饲养牛群的准备”。“当少量的饲料在2至3周内消耗完的时候，主人不得不以高价购买新的饲料”（AIEFEM，931- Ⅲ，4–5）。该村的理性思考也与从当地牧民过去的经验和知识中寻找方法有关。“老人们知道这种疾病，但他们说是可以治愈的——首先，通过接种疫苗，其次，牲畜本身可

① http：//sofiaecho.com.

以克服这种疾病……”（AIEFEM，931- Ⅲ，5）。布罗迪洛沃村村民的反应很是平静，他们试图找到问题的根源：“疾病在野生动物中扩散，它是如何影响到我们的家畜呢？”有些人甚至分享了他们在1939年的个人记忆。“我爷爷的两头水牛得了这种脚上的疾病，其中一头死了，尽管被以‘蓝石’（blue stone）进行治疗，但另一头好了，后来被接种了疫苗……”另一种相似的疾病“也是来自土耳其”，被称为“蓝舌”。患病的羊被屠宰，其他则被接种疫苗，受到保护（AIEFEM，931- Ⅲ，12–13）。村里最有经验的牧民称，有了这种怀疑，被感染的牲畜应与其他牲畜隔离开来，并进行密切的观察。如果它活下来了，它就可以与其他牲畜放在一起（AIEFEM，931- Ⅲ，13）。

邻村的同情得到清楚的表达。“我们在那里（科斯蒂村）有亲戚——当他们的牲畜被屠宰的时候，我们也哭了”（AIEFEM，931- Ⅲ，7）。在我与布罗迪洛沃村的人交谈时，我注意到他们对科斯蒂村屠宰牲畜的事件知道得更为详细（或者说他们更愿意谈论细节）。他们听到据认为是“宪兵发射的”枪声，同时还提到怀孕的奶牛和母羊由于压力在屠宰之前早产，以及其他令人恐怖的细节，如“用起重机吊牲畜……”（AIEFEM，931- Ⅲ，7–8）。他们描述了与科斯蒂村牧民会面时的印象，这些牧民遭受了重大的损失。上面提到的纳斯科，曾经拥有100头上等奶牛的骄傲的牧场主，记得他是这样说的：“之后很长时间我让自己振作起来，我还在痛苦之中，不能恢复。”在布罗迪洛沃村，村民们对他的痛苦很是理解：“他的奶牛都很健康，他与一家外国公司有出口肉类的合同……”（AIEFEM，931- Ⅲ，13–14）。

记录资料显示当前政府的声誉正在下降。根据这个思路，观察的重点再次集中到村里的“trichane”仪式，它将再次在2011年举行。正如媒体所说，重新恢复仪式的可能原因就是年初的口蹄疫爆发，以及之后在邻村屠宰牲畜。“但最近以来，这个地区遭受着以口蹄疫爆发为形式的‘恶魔’的蹂躏，该疫情在12年后首次袭击这个地区。当局认为上周末重新举行仪式与新近爆发的口蹄疫有关。”有个村长（他2012年初并没有再次当选，有人认为是因为他的言论……）发表了明智的讲话："你不能用一个简单的命令阻止一项传统的习俗。"尽管他们以信任和同情来谈论这个村长，村民们仍然对其他官员表示怀疑。珀尔瓦诺夫总统在致全国的新年讲话中，提到"欧洲必须接受这样的我们……"显然，就"仪式性绞杀"传统而言，这个接受并没有实现。正如一个村民所言："现在（因为欧洲）我们必须放弃我们的传统……"（AIEFEM，931－Ⅲ，8）村民们还提到了鲍里索夫总理。"他来到这里，看着狗，他关心它们，而不是关心人。我们并没有遵守他的命令停止这个仪式"（AIEFEM，931－Ⅲ，12）。这显然是敌对的态度，既反感欧洲（欧盟），也反感保加利亚当局。在谈及官方媒体时，这种态度更为明显："我们自由地谈论任何事情，尽量去解释（这个仪式），但媒体只播放他们所喜欢的，符合他们目的的"（AIEFEM，931－Ⅲ，9）。在实际的层面，他们抱怨没有兽医服务，或缺少兽医，在过去村里都是有兽医的（AIEFEM，931－Ⅲ，12）。

布罗迪洛沃村村民反映的民族政治层面，仍然是指有关过去这类危机的记忆碎片：因为村里最年长的牧民记得"1939年这里出现过口蹄疫。当时，我们有大约200对牛用于犁地。兽医来到村里，给牲畜接种疫苗；没有屠宰牲畜的事发生，因为牛是家庭和孩子食物的主要来源，所以被阻止了。现在在科斯蒂村，没有人能够避免这种屠宰。当老奶奶们听到枪声，她们问道：'土耳其人又来了吗？'不，这次开枪者是我们保加利亚人……"（AIEFEM，931－Ⅲ，11）。在一些言论中，人们直接指责当局的错误行为："他们应宣布隔离措施，而不是射杀牲畜。但……这就是我们现在的政府"（AIEFEM，931－Ⅲ，10）。

还有一些间接指责也非常重要，涉及疾病的扩散、土保边境的开放（例如保加利亚加入欧盟，作为年轻成员国家应履行的规定和要求）。"（疾病的）原因在于边境的开放。我们是小鱼，他们（欧盟）是大鱼；大鱼总是吃小鱼。他们削减我们的市场，想要摧毁我们；这就是为什么他们杀死了我们的牲畜"（AIEFEM，931－Ⅲ，11）。有个男子在布罗迪洛沃前奶牛场工作了18年，他记得"那些美丽的奶牛，'Montafon'种，'Iskar'种，它们能产奶400吨；我每天带两大罐牛奶到村里的糕饼店。村里有四个养羊农场，我们从每个农场收集到20吨羊奶；我们有出口到意大利和苏联的羔羊、5000多头猪、小牛、断奶羔羊。现在我们什么都没有了，民主化来了，它摧毁了一切……”（AIEFEM，931－Ⅲ，11）

回到古老的仪式。布罗迪洛沃村“绞狗”仪式的复兴是对灾害的具体回应，体现了传统文化资源适应后现代危机需求的一种方式。继市长阿诺多夫之后，布罗迪洛沃村村长承认“今年很有可能将仪式与口蹄疫联系起来”（AIEFEM，931－Ⅲ，7）。所有受访的村民都记得他们孩提时代的仪式，就是为了健康、为了狗的健康而施行的，永远不要对狗造成伤害或带来麻烦。他们甚至给我看一条叫Kircho的狗，它已被“绞”过好多次，显然它感觉良好，是最好的猎犬（我看到了它的狩猎奖杯）。

在2011年再次施行仪式的理由很简单，源自逻辑性的伤感比较：“他们（欧洲、保加利亚官方和媒体）说我们旋转狗是野蛮的。但现在，他们用卡拉什尼科夫枪射杀牲畜，鲜血流得到处都是，连韦莱卡河都被染红了，谁是野蛮人呢……”（AIEFEM，931－Ⅲ，8）

在布罗迪洛沃村，他们认识到经济补偿是“好的”，相信科斯蒂村的人会购买“山羊”（AIEFEM，931－Ⅲ，12），但对于该地区畜牧业的未来并不乐观。

案例三：灾害的外围

研究的第三个村庄保加利村，距离中心城市察雷沃约20公里，现在有320名常住居民。[①] 该村的社会繁荣在村民心里又与当地学校联系起来：

① 该村以“传统文化保护区”而闻名——斯特兰加山区唯一的一个。该地位的授予与古老的nestinarstvo（火舞）传统有关，该传统从古代表演至今，通常在每年的5月21日，即康斯坦丁和埃莱娜两位圣人的日子。火舞者，即所谓的“nestinari”，陷入发呆的状态，在滚烫的余烬上跳舞，他们携带圣人的画像，伴随着风笛和鼓的声响。

图 4　保加利村（查内娃 2011 年 7 月拍摄）

这所学校在 1973 年关闭时，“村里的人口结构开始趋向老龄化，人口越来越少；当学校不复存在，所有的一切也在走下坡路”（AIEFEM，931- Ⅲ，49）。养牛业依然还很活跃：人们记得还有 5~6 个牧场，约 500 头家畜。保加利村，与科斯蒂村不同，并不以肉类为重，而是以牛奶、黄油、皮货和羊毛为主。2011 年冬天，疫情实际上只在少量的家畜身上发现，这便是该村得以幸免、处于悲剧外围的原因。不过，村民们遵守了规定，将他们的羊群留在家中 3 个月（AIEFEM，931- Ⅲ，50）。

情感创伤。同样在这个外围村落，疫情过后，人们“关注的是科斯蒂村发生的事情”（AIEFEM，931- Ⅲ，56）。该村副村长是在一个大背景下看待这个悲剧。他认为，应强制性地将患病的牲畜隔离开来并治愈它们。中央政府发布了错误的指令，而当地政府没有多加思考便付诸实施——“一切都与金钱相关”（AIEFEM，931- Ⅲ，53）。人们没有得到保护，这是国家的失败。

经济损失。根据副村长的说法，口蹄疫原本是可以避免的。在他看来，这也是该村和其他村里人们的共同想法，这都与政治有关。这些人看到了这种非必要性杀戮背后的复杂性，在于土耳其的形势，在于保加利亚政府“不负责任的政策”。其理由是，前政府，即所谓的“三方联盟”，将土地在富人中间分配，其中一部分人是土耳其裔保加利亚人。副村长确信（尽管他承认他不能证明这一点），患病的野猪是被他们在土耳其的狩猎活动中射杀的，靠近边境，带入保加利亚领土，因为在土耳其，这样的狩猎是被禁止的（AIEFEM，931- Ⅲ，51）。同样，“口蹄疫是特许经营者制造出来的”，其目的是清算斯特兰加的养牛业，而保留狩猎的游戏。这仅是保加利村副村长个人的观点，但类似的观点在该地区随处可以听见。

保加利村村民肯定，土耳其确实存在口蹄疫，但他们并不射杀牲畜。他们还表示在有生之年，他们自己的家畜是不会感染这种疾病的，不用采取射杀。但村民和政府官员都对边境地区没有及时修建围墙表示不满。有人担心围墙根本就不会建好（AIEFEM，931- Ⅲ，55）。这种想法对于政府的声誉造成损害。甚至在采访副村长时，仍能听到反对首相、农业部长、当地议会代表（都指名道姓）的言论。根据当地人的说法，解决办法在于“改革法律”。

与土耳其的关系。保加利村村民注意到，斯特兰加的土地正在被不断出售给土耳其人，“如果这是他们的土地，他们很快就会居住在这里”（AIEFEM，931- Ⅲ，53）。对此村民们持批评意见，强烈反对当今的保加利亚政客：“我看到的是有意识、有目的地清算当地的畜牧业，其目的是确保富人狩猎的可能性……”（AIEFEM，931- Ⅲ，53）

未来的计划。不仅在科斯蒂村，而且在整个地区，“没有人会再从事畜牧业”。因为家畜是当地传统生活方式的一部分，村民们仍然依赖它们，人们还会养鸡、养兔和“其他小动物”，但不会养牛。国家应对畜牧业的未来负有责任。当地政府刺激畜牧业的努力值得注意和肯定，粗心的中央政府应受到谴责。人们相信，很快土耳其将是该地区唯一的肉类出口国。甚至在

图5 保加利村的旧教堂，现在展示的是自成体系的民族志藏品（查内娃2011年7月拍摄）

这里，在这个远离危机的遥远村庄，诉诸传统和习俗被视为避免灾害的一种方式。根据保加利村一位前历史老师的话，今年“trichane”仪式首次在科斯蒂村表演，她将该仪式与疾病和大规模屠宰牛群联系在一起（AIEFEM，931-Ⅲ，44–45）。

被调查的三个村，显示了不同的实际情况，但人们对官方处理口蹄疫危机措施的反应却基本相似。事实上，基于这种反应，“中心－边缘态度”理论并不适用于此，鉴于对比鲜明的当地实情，可以大致形成一个统一的地区反应模式。在受访者中，两个对立的群体是可见的：提出屠宰政策的（中央政府官员），该政策的牺牲品（村民——家畜的拥有者）。当地官员在主观上是同情第二个群体的，尽管在理性上他们支持了第一个群体的决定。他们实际上扮演了“调解者的角色”，并导致事情的发生。

在这场危机中，屠宰提议者一直强调他们从该地区清除口蹄疫的能力，声称这是唯一达成这个目的的有效方法。在危机的任何一个阶段，他们都没有考虑隔离和接种疫苗的替代政策。对于之前2001年的疫情没有进行过任何有关的讨论，决定屠宰、隔离被感染动物，或者接种疫苗，哪个更为适用。

第一群体的立场具有政治目的。此案例中官方对疫情的反应，反映了保加利亚领导人的执政风格，尤其在他们与欧盟的关系上：迅速、断然地遵守它的指令和规定，而不考虑情况的特殊性会影响到传统的价值观。事实上，鉴于更广泛的社会、经济、政治、文化和地缘因素，应对措施需有所选择。如果在经济和科学层面，中央政府有强硬的理由实施“屠宰政策”，他们的选择还应考虑到受灾人口道德、文化、民族历史信念等因素。随着危机的加深，在灾区的每个村庄，人们努力祈祷回到早先的传统，这些传统与代代相传的记忆有关。这些传统包括隔离患病动物、观察它们，然后才决定它们的命运。这些呼吁和祈祷从未被考虑进去。

值得一提的是，人们实际上承认了口蹄疫是代价高昂、危险的瘟疫。他们并没有回避这个事件的严重性，并准备组织起来对付它。他们意识到口蹄疫会威胁到保加利亚在欧洲市场上的声誉，他们已经足够爱国，不想导致这个结果。他们并不赞同屠宰的理由，是因为他们确信，大部分的牲畜是健康的。因此，这场灾害的参与者分化为至少两个不同的利益群体，他们中许多人认为政府部门是敌人，而不是口蹄疫。官方对此应仔细地加以分析，他们还欠斯特兰加村民一个解释，为什么不倾向接种疫苗作为更文明的政策，既符合道德观念，又令全民受益？他们还要尝试理解受灾人口普遍的想法，即屠宰是落后、不道德的方法，屠宰得到了一小部分政府官员的支持，他们不顾村民和国家的代价而寻求自己的利益。

村民发出了一个强烈的积极信号，如果为了未来政府吸取道德和实际的教训，就应建造保土边境的围墙。但恰恰相反，2012年4月18日保加利亚政府发布的最新消息是：“在保土边境不会建造保护性的围墙：这是在今天的政府会议上做出的决定。实际上，这就等于取消了去年 4 月做出的决定，关于沿边境建造 181 公里长的保护性围墙，旨在阻止口蹄疫的扩散和其他传染性疾病。理由是经济上的……”①

参考书目

1. 档案资料

AIEFEM，931- Ⅲ - “Foot-and-Mouth-Disease in Southeastern Bulgaria”. Collected by E.Tzaneva in July 2011，p. 102.

2. 文献资料

Clarke，P. 2002：The Foot-And-Mouth Disease Crisis and the Irish Border-*Report for the Centre for Cross-Border Studies*，January. Armagh：CCBS.

Grebenarova S. 1996：Calendar Rites and Customs.-In：Strandja Material and Spiritual Culture. Academic Publ.House. 305-361.

McConnell A.，Stark A. 2002：Foot-and-Mouth 2001：The Politics of Crisis Management-*Parliamentary Affairs*，55/4，664-681.

Mepham B. 2001：Foot and Mouth Disease and British Agriculture：Ethics in a Crisis-*Journal of Agricultural and Environmental Ethics*，14，339-347.

Woods A. 2004：Why Slaughter? The Cultural Dimensions of Britain's Foot and Mouth Disease Control Policy，1892-2001-*Journal of Agricultural and Environmental Ethics*，17，341-362.

3. 官方文件

Council Directive 2003/85/EC of 29 September 2003 on Community measures for the control of foot-and-mouth disease repealing Directive 85/511/EEC and Decisions 89/531/EEC and 91/665/EEC and amending Directive 92/46/EEC（1）.

---

① http：//sofiaecho.com/2012/04/18/1809665.

European Parliament，Conclusions of the Rapporteur，Temporary Committee on Foot and Mouth Disease（2002）–available from：http：//www.europarl.eu.int/meetdocs/committees/fiap/20020930/475785en.pdf.

4. 互联网资料

www.europarl.eu.int/meetdocs/committees/fiap.

http：//eu.vlex.com/vid/foot–mouth–disease–repealing–decisions–37788088.

http：//sofiaecho.com/2012/04/18/1809665.

http：//sofiaecho.com/2011/03/28/1066222.

http：//www.urd.org/IMG.

自然灾害与危机应对

——基于中国少数民族地区的考察

方素梅

摘　要

近年来，中国不断遭受重大自然灾害的袭击，给经济社会发展和人民生活造成了极大的影响，特别是少数民族聚居的地区，受灾极为严重。例如2008年以来发生的雨雪冰冻灾害、汶川地震、新疆雪灾、西南大旱、玉树地震、南方洪涝灾害等，都主要发生在少数民族聚居的地区。2009年以来，我们先后赴贵州省和广西壮族自治区进行调研。本文主要以贵州黔东南苗族侗族自治州应对2008年雨雪冰冻灾情危机为例，对中国少数民族地区的应急管理体系建设进行了考察，总结出其应对机制的积极经验，分析其存在的问题。这些问题包括管理机构、指挥体系、预测预警预案、救援设备和队伍、物资储备、保险，等等。我们认为，这些问题在中国地方应急管理体系建设中具有一定的共性和普遍性，应当引起重视。实际上，中国民族地区现有的自然灾害管理能力和水平还远远不能适应当地自然灾害发展的实际，与发达国家的应急能力与水平还存在较大的差距。要加快和完善中国少数民族地区的应急管理体系建设，需要政府从政策、资金、人才、技术、设备、培训等诸多方面予以支持。

自然灾害是人类面临的最重大问题之一。中国是一个自然灾害频发的国家，目前每年因灾害造成的损失不断增加，给经济社会发展和人民生活造成了极大的影响，特别是少数民族聚居的地区，受灾极为严重。例如2008年以来发生的雨雪冰冻、汶川地震、新疆暴雪、西南大旱、玉树地震、南方洪涝等重大灾害，都主要发生在少数民族聚居的地区。笔者曾于2009年和2010年带领课题组到贵州省和广西壮族自治区进行调研。这些地区分别聚居着苗、侗、壮、瑶、毛南等少数民族。在2008年的雨雪冰冻、2009~2010年的大旱以及2010年的暴雨天气期间，上述地区遭受了几十年乃至百年不遇的特大自然灾害。在抗灾救灾过程中，各级地方政府应对自然灾害的能力得到了检验和考验。同时，也暴露出其灾情危机应对体系存在的诸多问题，这些问题在中国具有一定的共性和普遍性。本文力图在实地调研的基础上，对当前中国少数民族地区自然灾害应对机制及其存在的问题进行论述。

一　中国少数民族地区的自然灾害及其应对机制

中国是由56个民族组成的多民族国家，少数民族人口约占全国总人口的9%左右，其分布的地区占全国土地面积的60%以上，其中大部分聚居在西部地区。由于自然、历史、社会等诸多方面的因素，中国少数民族地区经济社会发展与东部地区特别是沿海发达地区相比存在较大差距。进入21世纪以来，中国政府大力实施西部大开发战略，西部地区的经济社会发展速度、规模效益都取得了高于全国平均水平的成就，但是自我发展能力依然很低。尤其是5个自治区和少数民族聚居程度较高的四川、云南、贵州、青海、甘肃等省，在经济竞争能力和可持续发展能力方面都处于全国平均水平之下，与东部发达地区的差距十分显著（郝时远，2011）。总体来看，这些少数民族地区普遍具有经济结构单一、经济总量较小、基础设施落后、交通条件困难、社会事业发展滞后、公共服务水平较低等特点，因此，它们抵抗灾害的能力较弱，由自然灾害引发的问题也尤为严重。除现代火山活动导致的灾害外，几乎所有自然灾害，如水灾、旱灾、地震、盐碱、风雹、雪灾、山体滑坡、泥石流、病虫害、森林火灾等在民族地区每年都会发生，并且难以防治，给地方经济和各族人民的生命财产造成了严重损失，在很大程度上制约了当地社会和经济的可持续发展。自然灾害已经成为中国少数民族地区未来发展所面临诸多问题中最具挑战性的问题之一。

以广西壮族自治区为例。2008 年 1~2 月，一场强度大、持续时间长的低温雨雪冰冻极端天气席卷南方大部分地区，其造成的经济损失之大、受灾人数之多都堪称中国数十年未遇的特大自然灾害。其中，广西同期经历了 1951 年以来持续时间最长、平均气温最低、灾害创气象记录之最的低温雨雪冰冻灾害天气过程。罕见的冰雪灾害致使广西 100 多个县市受灾，其中桂北地区有 28 个县市出现冰冻，16 个县市出现冻雨，是全区受灾严重地区。① 如截至 2008 年 2 月 1 日，桂北少数民族聚居的桂林市 12 县 5 城区（包括 1 个民族自治县、1 个享受民族自治县待遇县、11 个民族乡）受灾人口达 44.83 万人，占全市受灾人数的 74%，各类直接经济损失达 5.4 亿元人民币。② 雨雪冰冻灾害刚刚过去 3 个月，广西又在一个月的时间里遭受了连续 4 轮特大暴雨的袭击，造成严重洪涝灾害。截止到 2008

① 广西抗击冰冻灾害工作协调小组办公室编《广西抗击冰冻灾害应急指挥实战录》，内部印刷，2008，第 6、22 页。

② 桂林市民族事务委员会:《广西桂林市发生冰雪灾害民族地区受灾严重》，2008 年 2 月 2 日。

图1　课题组在广西桂林市兴安县考察雨雪冰冻灾害之后逐步恢复的竹林（2009年2月）

年6月16日，强降雨已使广西87个县680多万民众受灾，因灾死亡25人，各地紧急转移近84万人，直接经济损失超过37亿元，其中广西北部的桂林、柳州等地灾情严重（刘万强，2008）。时隔一年多，从2009年冬开始广西又逢特大旱灾，直至2010年4月底旱情才开始缓解。在这场严重的自然灾害中，广西河池市所辖11县市138个乡镇全部受灾，累计受灾人口达177.53万人，占全市总人口的43.4%；因灾发生饮水困难人口达88.26万人，大牲畜30.05万头，需送水人数最高时达23.24万人次。① 全市农业、林业、畜牧业和工业因灾造成的经济损失无法估量。据初步统计，截至2010年5月底，河池全市360万农民中有58.63万人缺乏口粮。②

① 上述关于河池全市旱情概况的数据由河池市抗旱救灾领导协调办公室于2010年6月2日提供。

② 2010年5月31日在凤山县政府座谈会上粮食部门人员的介绍。

面对自然灾害的袭击，以往中国政府主要由民政部门来管理救灾救济工作，在灾情危机应对方面奠定了一定的基础。但在大灾面前，这种应对机制存在较大的局限，特别是在灾情危机发生之际不能及时有效地进行化解和抗击。2003 年 SARS 爆发以后，中国政府高度重视起突发事件的应对和处理工作，现代应急管理体系建设开始在全国范围推行。2006 年，中国政府正式提出按照“建立健全分类管理、分级负责、条块结合、属地为主的应急管理体制”，“形成统一指挥、反应灵敏、协调有序、运转高效的应急管理机制”，“完善应急管理法律法规”这样一个总体要求推进应急管理体系建设。此后，中国的应急管理体系建设围绕“一案三制”（即应急预案和应急管理体制、运行机制、法制）这个核心框架，全面开展起来。2007 年 11 月 1 日，《中华人民共和国突发事件应对法》正式颁布，进一步加快了中国应急管理体系建设的步伐。在这个体系中，国务院是突发公共事件应急管理工作的最高行政领导机构；国务院有关部门依据有关法律、行政法规和各自职责，负责相关类别突发公共事件的应急管理工作；地方各级人民政府是本行政区域突发公共事件应急管理工作的行政领导机构，负责本行政区域各类突发公共事件的应对工作。

中国少数民族聚居地区的应急管理体系建设也相应开展起来。以贵州省黔东南苗族侗族自治州为例，2005 年起相继成立州县各级政府应急管理委员会，处理突发事件应急管理工作的综合性议事、协调机构，由各级政府主要领导担任应急管理委员会领导，日常工作由各级政府办公室负责；委员会成员包括各相关单位和部门，成员单位分别成立各专项应急指挥部。2007 年以后，州内各级政府相继成立了专门办事机构——应急管理办公室，承担值守应急、信息汇总、综合协调职能。政府部门及乡镇一级应急管理组织机构的建设也在逐步开展，部分政府部门及乡镇成立了应急管理工作组织机构。在预案体系建设方面，截至 2007 年底全州共编制完成各类应急预案 1847 个，其中总体应急预案 18 个，专项应急预案 342 个，州级应急预案 209 个，县级

图 2　笔者与黔东南州应急管理办公室领导（左）合影（2009 年 1 月）

应急预案 290 个，基层应急预案 977 个，企业应急预案 11 个（廖理，2008）。全州基本形成以黔东南州人民政府总体应急预案和各部门应急预案为主体，各市县政府总体应急预案和州县市区各部门、企事业单位专项应急预案为依托的应急预案体系。

应当指出，由于自然地理及经济社会发展水平等因素限制，中国少数民族地区应急管理体系建设的速度相对缓慢，有些地区在 2008 年以前还没有开展这项工作。2008 年南方雨雪冰冻灾害之后，5 月 12 日又发生了里氏 8.0 级的汶川大地震，其影响堪称中华人民共和国成立以来之最。面对这一系列重大自然灾害带来的灾难和影响，国家主席胡锦涛提出要进一步加强应急管理能力建设，大力提高处置突发公共事件的能力（胡锦涛，2008）。中国应急管理体系建设再一次站到了历史的新起点上。民族地区的应急管理体系建设也得到显著发展。仍以贵州黔东南苗族侗族自治州为例，该州主要从三个方面着手：一是根据国务院关于应急预案编制工作“横向到边，纵向到底”的要求，在全州各级各部门和企事业单位及社区、村寨展开新一轮的应急预案编制完善工作。截止到 2008 年 8 月，全州已经形成各类预案 5000 多个。[①] 二是加强应急平台数据库的建设。黔东南州于 2008 年 4 月顺利完成填报国务院应急平台数据库有关数据的各项工作。开展应急平台数据的统计、调查、分析，这在贵州还是第一次。其统计调查范围之广，

① 2009 年 1 月 7 日对黔东南州政府应急管理办公室领导的访谈。

信息量之大，也是全省、全州从未有过的。截至2008年9月，数据库的建设已初见成效，包括应急管理的资料、防护目标、经纬度、自然资源等有关数据已落实到村寨，以便危机时作为整合利用的参考。三是加强基层应急管理建设。如黄平县成立了乡镇应急领导小组，组织了各级应急分队并开展相关内容的演练，对挖掘机等设备、资源以及技术人员进行了登记，在县应急管理办公室的协调下完成了全县各类预案编制工作，包括全县各部门的预案、乡镇的预案、村寨的应急信息预案。①

中国是一个多民族国家，各民族在长期的历史发展过程中积累了相当丰富的应对突发事件的经验与方法。例如，在贵州、广西等省区，长期以来火灾是困扰当地苗、侗等少数民族群众的一大隐患。由于当地的房屋建筑多为木结构，而且聚族而居，形成集中式村落，少者几十户，大者几百户甚至上千户的村寨连成一片，房屋错落，鳞次栉比，一旦发生火灾，火势蔓延迅速，难以控制，常常是一户失火，全寨遭殃，损失极为惨重。因此，为了防范和应对火灾的发生，在长期的历史过程中形成了诸多与之相关的习惯和规范，苗族的“扫寨”就很有代表性。这是一种以村寨为单位集体进行的宗教活动，每隔两三年举行一次，目的是把“火秧”鬼赶出寨子，使村寨免遭火灾危害。人们认为，“火秧”是一种很可怕的厉鬼，专门纵火烧寨，寨子如果3年内不搞“退火秧”的话，就会大火为患，灾难临头。特别是一旦不幸发生失火事件，全寨就得马上进行扫寨活动。“扫寨”时，每家每户的火塘要全部用水熄灭，并在出入村寨的各个路口拉起草绳，系上草标，派专人把守，严禁外人进入，以免将鬼怪、野火带进寨子。“扫寨”仪式，从人与自然的关系角度而言，真实反映出人们面对火灾时的无能为力，以及对于火灾原因的困惑不解，以致最终流入宗教性的鬼神想象。当然这是人类屈服于外力自然的一面。不过从其社会功能而言，通过“扫

① 2009年1月13日对黄平县政府应急管理办公室领导的访谈。

寨”这种神圣化、仪式化的活动，有助于强化人们对于火灾危害性的群体共识，并将这种灾难记忆转化为一种警钟长鸣的危机意识，从而客观上起到了火灾警示、防火教育、消除火灾隐患的作用。正因如此，直到今天，不少苗族村寨仍在沿用这一古老的仪式，以便唤起村民的火灾防范意识，并与村规民约相结合，成为维护村寨秩序的一种不可或缺的手段。如黔东南的雷山县西江村规定：在本辖区内发生火灾，按“四个一百二”（即 120 斤米酒、120 斤糯米、120 斤猪肉、120 斤蔬菜）处罚，并罚鸣锣喊寨一年，所造成损失报上级部门处理（见图 3）。[①]

中国各民族群众在长期的生产生活实践中总结积累的关于灾害防范的知识体系，是中国丰富的文化多样性的宝贵资源之一，在保护生态环境、

图 3 西江苗寨防火的村规民约（方素梅摄）

① 2009 年 1 月 10 日在西江村调查所得。

合理利用自然资源、防范灾害发生等方面起着独特作用。但也必须看到，在诸如2008年雨雪冰冻和汶川地震这样的特大自然灾害面前，仅仅依靠地方性知识是不够的，只有建立和完善现代应急管理体系，才能更加有效地应对和化解突发事件造成的危机和灾难。

二 2008年雨雪冰冻灾害应对经验：以贵州黔东南为例

黔东南苗族侗族自治州位于贵州省东南部，全州总面积3.03万平方公里，总人口446.91万人（2008年），少数民族人口占总人口的82%。在2008年初发生的雨雪冰冻特大自然灾害中，黔东南成为受灾最为严重的地区之一。据该州气象部门监测，受强冷空气影响，2008年1月13日以来全州16个县市均出现了冻雨和低温雪凝天气，其持续时间之长、影响范围之广、凝冻程度之重为历史罕见。截止到1月26日，全州平均气温-1.6℃，成为该州有气象记录50多年来最冷时段。至2月2日，有14个县市凝冻天气持续达21~24天之久。全州16个县市均出现道路结冰和地面积雪，道路积冰厚度平均10毫米，最厚处在30毫米以上；地面积雪持续时间最长24天，积雪最深达11厘米。全州16个县市均出现电线积冰且时间在21天以上，最长达24天。电线积冰最大直径普遍在30毫米以上，最高达57毫米，许多地方电线积冰最大直径已突破历史极大值。州府凯里市区所有街巷道路景物在1月25日以后全部凝冻，整个城市成了一座“冰城”。山区村寨更是银装素裹，冰雪月余未化。在寒潮低温、冰雪、暴雪等多种气象灾害相互作用及相互影响下，形成50年乃至80年一遇的雨雪冰冻灾害天气。① 当地交通受阻，电力和通信中断，生产和经济活动遭受巨大损失，人民生活受到严重影响。

---

① 参见黔东南州气象局《低温雨雪冰冻灾害应急处置评估报告》（2008年2月14日）及新华网（www.gz.xinhuanet.com）、黔东南信息港（www.qdn.cn）等相关报道。

2008 年初中国南方发生的雨雪冰冻灾害，是中华人民共和国成立之后最为严重的一场突发事件，对刚刚起步的现代应急管理体系形成严峻考验。在各级政府的领导下，在全国人民的支持下，灾区人民团结一致抗灾救灾，尽力降低和减轻灾害带来的损失和影响。总结起来，黔东南应对 2008 年雨雪冰冻灾害的积极经验包括以下几个方面。

首先，中国共产党组织和人民政府主导的应急指挥体系，是应对重大灾情危机的强力保证。随着应急管理体系建设的开展，黔东南各级领导班子应对意识得到加强。灾害发生后，各级政府和相关部门及时向公众发布预警，启动各类相关应急预案，成立相应指挥机构，分管领导赶赴灾区现场。应急领导小组或指挥机构设置也比较健全合理，有利于统一指挥和各方协调合作。从市到县区到各部门，各领导小组之下都设置了数个小组，应对灾害危机的方方面面，责任具体化，各司其职，提高效率。在灾情进一步升级时，州市、县、乡镇（街道）、村（社区）的领导和干部都奔赴灾区，落实责任，层层分包，具体到每个自然屯都保证有人负责，灾区组织领导和协调能力提升到了一个从未有过的新的层面，这对稳定人心、鼓舞斗志起到了极为重要的作用，充分体现出当地党委和政府的救灾和管治能力。

其次，部门协调配合的应急处置机制，大大提高了灾情危机应对的成效。在雨雪冰冻大灾面前，黔东南各县市之间、部门之间、地区之间、军地之间、军民之间协调配合的应急处置机制，在抢险救灾、资源调配等方面表现出了相应的效力。（1）各级政府和相关部门都较为及时地启动了应急预案，特别是与灾情特点关系密切的气象、交通、公安、交警、公路等各部门专项预案的及时启动，对救灾工作非常重要。由于这次雨雪冰冻灾害具有极大的突发性质，各部门原有的应急预案难免缺失，因此许多部门都及时制定了具体、有针对性的专项应急预案。例如，黔东南州气象局紧急制定《低温雨雪冰冻灾害气象应急预案》并根据灾情的发展及时启动该预案，全州气象部门进入冰雪灾害一级响应机制；中国移动通信公司黔东南分公司制定了《黔东南移动抗击冰凝保核心机房应急预案》，以应对特大雪凝灾害，保障移动网络的完全运行。（2）灾害信息的报告、分析汇总和发布比过去快速、透明，反应更为灵活。在整个抗灾救灾期间，党政机关、企事业单位及人民团体等，都积极主动根据应急指挥中心的要求报告和发布相关信息，并积极参与和配合做好各项抗灾救灾工作。各级应急指挥协调机构认真履行职能，不分昼夜工作，积极当好参谋助手，接报、综合分析处理的信息量之大也是从未有过的。媒体积极进行连续报道，在政府与公众之间架起了顺畅沟通的桥梁，满足公众的知情权，在抗大灾中发挥了独特的作用。特别是气象、交通、公安、物资等一些关键部门，大大强化了情报信息的分析研判工作，对抗灾救灾的顺利进行和维持社会稳定起到了主要的作用。（3）顾全大局，相互支持，相互支援，使抗灾救灾工作取得了更好的成效。丹寨县是黔东南受灾严重的地区之一，全县交通、通信和物资供应都受到了很大的破坏，然而当得知州府凯里市的蔬菜供应出现困难时，丹寨县政府组织干部群众在冰天雪地中挖取了70吨白萝卜无偿运往凯里，及时缓解了凯里市蔬菜供应的紧张局面。① 受灾期间，各地之间的物资调配、技术支援等事例，多不胜数，充分反映了灾区政府和人民在灾难面前顾全大局的胸怀。（4）军地协调，共渡难关。由于受灾群众大部分居住在山区，不少地方交通通信中断，救灾任务十分艰巨。在抗灾救灾过程中，人民解放军、武警、公安部队和预备役民兵发挥了重要作用，成为处置重大突发事件的突击和骨干力量。

再次，社会共同参与的群策群力抗灾模式，体现了社会主义制度的优越性和中国救灾工作的优良传统。在应对雨雪冰冻灾情危机的战斗中，灾区人民在全国的支持下，万众一心、众志成城，团结互助、和衷共济，共同应对这场重大自然灾害。各部门应急服务工作人员临危受命，奋力争先，甘于奉

① 中共丹寨县委、丹寨县人民政府：《丹寨县2008年应对雪凝灾害工作情况汇报》，2009年1月11日。

献；广大电力、交通、公安、通信、卫生医疗、人民解放军、武警消防、民兵预备役人员表现出了连续作战、不怕牺牲的可贵精神；众多滞留人员的理解、服从、配合和参与令人感动。同样，发生在乡村基层的千千万万个普通百姓的自救与互助的事件也值得敬佩和赞扬。黔东南的一位苗族群众说：

> 灾害发生后，因为没有电，心里很着急。乡干部宣传说停电是因为高压线倒伏，并安慰说开春后就恢复供电。2008年腊月二十五，为了抢修线路，村里每家都出劳力挖电杆洞，大家的积极性很高，一天从早上9点一直干到晚上9点，而且从村里出发到工地，要走50多分钟，饭都是带到山坡上吃。我不是党员，但是积极分子，连续参加了3天，每天都在抬电杆、拉电线、挖杆洞。当时有的人家杀年猪请去帮忙我都没去，我说等电灯亮了再杀也不迟。①

复次，突出重点保民生，保障了人民群众的生命财产安全，维护了灾区社会稳定。做好救助救济工作，是保民生的首要措施，也是中国救灾工作的主要形式和内容。特别是五保户、老幼病残孕等特殊人群，抵抗灾害的能力很弱，容易在灾害中受难。因此，在抗击雨雪冰冻灾害战斗中，从中央到地方都提出了保民生的要求，并及时下拨各类救助救济资金和物资，其数目数量在近几十年来救助救济工作中罕见。保民生的另一个关键问题就是保障物资供应和物价稳定。黔东南各级政府对稳定物价做了大量工作，及时调拨物资，要求必须将物价控制在灾前水平；对五保户、孤寡老人、下岗职工等弱势群体，平价供应肉、蔬菜等生活品。灾害前期黔东南曾经发生物资紧缺和物价上涨的情况，黔东南各级政府积极采取应对措施，以保证大米、猪肉、食用油、蔬菜等生活必需品正常供应。凯里市专门组织

① 2009年1月12日对丹寨县南皋乡石桥村簸箕寨村民王XX的入户访谈。

机动运输车 17 辆随时调运蔬菜、猪肉等物资，以保证供应。有些商人高价售卖蜡烛、木炭，想趁机大捞一把，但很快就被平抑。①

最后，积极采取灵活有效的应对方式和措施，科技减灾的重要性得以体现。例如，气象部门通过网络、新闻媒体、手机短信、电子显示屏等途径发布气象信息，提醒社会公众做好抗灾准备。黔东南州气象局除了每日两次定时通过专题材料、电视、互联网、手机短信、电子显示屏等发布气象信息外，还与广告媒体合作，在凯里市商业中心、州政府大楼、车站等广告显示屏上不定时发布重要冰冻灾害信息，每三小时滚动发布一次全州天气实况。并与通信营运商协调，通过通信营运商短信平台无偿为全州所有移动、联通及电信（小灵通）用户提供气象信息，引起各级部门和广大市民的高度关注。② 各级政府及有关部门在通信、信息和宣传方面，充分运用了科技减灾手段，特别是手机短信的方式与全社会互动。在灾情严重的丹寨县，从 1 月 18 日到 31 日党报党刊被阻断、闭路电视断播、电信中断，丹寨县移动通信公司配合县委宣传部将县委、县政府的抗灾工作举措、天气预报信息和党中央、国务院、各级党委政府的温暖以短信的方式发送给群众，冰冻灾害期间免费为县委、县政府和供电等有关部门发送短信 20 多万条。③ 在乡镇村寨，由于交通阻隔，电力、通信中断，广大干部群众充分发挥民间智慧，不怕苦不怕累，利用传统方式进行信息排查、报送和抢险救援工作。例如，雷山县西江镇在灾害期间曾停电 14 天，交通也中断，信息的传达主要靠步行，镇里到县城报送灾情要步行一整天，受灾严重的村寨都是村支书、村主任亲自到镇上反映情况；镇里全体干部也要步行到各个村寨看望慰问群众，了解灾情，组织救灾工作。④ 丹寨县雅灰乡地处

① 2009 年 1 月 7 日上午对黔东南州人民政府应急管理办公室干部的访谈。

② 黔东南州气象局：《低温雨雪冰冻灾害应急处置评估报告》，2008 年 2 月 14 日。

③ 黔东南移动分公司编《2008 风雪中的铁塔》，内部印刷，2008，第 47 页。

④ 2009 年 1 月 10 日对雷山县西江镇领导班子的访谈。

偏僻，雨雪冰冻灾害期间无法与外界联系，于是乡村干部组织队伍，采取徒步接力方式，坚持每日将灾情报送到县里。①

总之，在各级党政机关的领导和全国的支持下，经过各级部门的协调配合和广大干部群众的努力奋战，灾区人民终于渡过难关。在大灾面前，黔东南各族人民彰显了和衷共济、众志成城、团结互助、迎难而上、敢于胜利的精神风貌。灾区社会稳定，社会公众面对大灾没有恐慌、抑郁，更没有因此而发生重大的次生、衍生突发事件。黄平县重安镇黄猴村党支部书记、69 岁的革家人杨 XX 告诉我们，灾害发生时没水没电，电视、电灯、电话、手机都没法用，但是当时并不担心，相信政府会帮助解决这些暂时的困难。当然，由于去年的大灾，今年村里家家都做好了准备，自家大米就准备了 200 多斤。②

丹寨县南皋乡石桥村簸箕寨苗族村民王 XX 也说：

> 灾害期间，主要还是靠政府的救助，因为大家都困难，很难帮得了别人，再就是靠自救。尽管当时对灾情何时结束感到着急，但并没有恐慌情绪。因为本村是刚通电不久，所以对停电有一定的适应能力和应对办法。当时最大的问题还是生活上的不便，因为马上就要过春节了。灾后大家吸取教训，提高了应急意识，天天关注新闻报道和天气预报。自家入冬后提前打了 300 斤谷子，还计划再打 100 斤，准备好了取暖柴火，蜡烛买了一把 10 根，煤油 1 斤。同时，也希望村里今年做些准备，宣传动员群众提前准备好必要的物资，提醒大家都注意。③

2008 年之后，贵州黔东南地区又数次发生雨雪冰冻天气，特别是 2012

① 2009 年 1 月 11 日对丹寨县政府应急管理办公室人员的访谈。

② 2009 年 1 月 14 日对重安镇黄猴村杨 XX 的入户访谈。

③ 2009 年 1 月 12 日对丹寨县南皋乡石桥村簸箕寨村民王 XX 的入户访谈。

年1月的冰冻天气不亚于2008年那次，然而根据新闻媒体的报道，这些极端天气并没有造成较为严重的灾害，这与黔东南各级政府和有关部门的积极采取防护与应对措施有极大的关系，既反映了“2008年经验”的作用和影响，也是当地应急管理体系进一步得到建立和完善的体现。

三　中国少数民族地区应急管理体系建设的主要问题

自2003年SARS爆发之后，中国用了近10年的时间围绕“一案三制”这个核心框架，初步建立了具有中国特色的应急管理体系，在应对各类突发事件中发挥了作用。然而，通过对2008年应对雨雪冰冻灾害的应急机制及其应急处置状况进行考察，也暴露出许多问题。事实上，中国现有的自然灾害管理能力和水平还远远不能适应中国自然灾害发展的实际，与发达国家的应急能力与水平还存在较大的差距。虽然自然灾害管理只是应急管理的一个内容，但是通过这场自然灾害，可以从一个方面反映出中国民族地区乃至全国应急管理及危机应对存在的问题。

1. 应急管理机构的问题

根据我们的调查，作为应急指挥体系的专门办事机构，中国少数民族地区各级应急管理办公室无论是从人员、资金、办公条件，还是从职能权限来看，目前都还存在较多的问题，这些问题反映出一定的普遍性。（1）各级应急管理办公室普遍缺乏人员编制，乡镇一级还没有专门的应急管理办公机构。（2）各级应急管理办公室普遍经费不足、办公条件简陋。黔东南州政府应急管理办公室刚成立时只有一台电脑和一台打印机，雨雪冰冻灾害之后有所改善，配备了6部电话和6台电脑，但是没有专车，也没有专门的办公经费。（3）应急管理办公室职权有限，这是影响应急管理机构日常运转和发挥效能最为关键的问题。各个地方成立应急管理办公室时，大多是把以前的值班室改成了应急办，事实上他们还是在做以往值班室做的事情，主要做的事是所谓的信息的上传下达，无论在职能上还是权限上都不能适应今后履行工作需要的客观要求。（4）专业人才严重匮乏。各级应急管理办公室现有人员在从事该工作之前，均没有接受过应急管理专业教育。

由于缺乏相应的职能、权限和能力，加上人员编制不足，地方应急办在充分发挥应急处置的综合协调功能等方面实际上处于一个比较尴尬的境地。例如，2008 年雨雪冰冻灾害期间，为了使全县的应急处置工作顺利开展，黔东南州黄平县县委书记在讲话中明确指出，应急办发出的指令代表县委县政府，相关部门必须照办执行，否则追究其责任。①

2. 预测预警和预案问题

预测预报及监测预警能力不足，是中国应对自然灾害面临的一个大问题。具体到贵州黔东南情况，同样面临许多技术、水平以及机制等方面的问题。以气象部门为例，2008 年黔东南州气象部门对雨雪冰冻天气过程开始时间的预测是十分准确的，但依据目前的技术水平，仅仅能够进行 3~5 天的滚动预测，对雨雪具体落区、降雨雪的时段及大小的预报，还存在较大误差，预报精细化方面还需要进一步提高，长时效预测中对灾害天气的持续性和强度估计不足。同时，该州综合观测系统层次单一，在大面积停电导致区域自动站全部瘫痪的情况下，仅依靠 16 个七要素自动站开展灾害天气的预测工作，无法对雨雪冰冻灾害进行高密度、多层次的立体监测，电线结冰的观测明显滞后于电力、通信的发展需要，影响交通运行的道路结冰观测尚未开展。此外，虽然近年来黔东南州的气象信息出口有了很大拓展，气象信息覆盖了全州各县市乡镇以上城镇，但对绝大部分边远农村，由于电视、通信等覆盖面不足，不能及时获取气象信息，尤其是灾害预警信息。目前，黔东南州对农村的信息服务主要依靠电视和手机短信，预警信号的出口还较为单一，覆盖面还不够广。这些都满足不了防灾减灾的实际需要。②

① 2009 年 1 月 14 日对黄平县政府应急管理办公室领导的访谈。

② 黔东南州气象局:《低温雨雪冰冻灾害应急处置评估报告》，2008 年 2 月 14 日。

在2008年雨雪冰冻灾情危机应对中，黔东南州政府突发公共事件总体应急预案、自然灾害救助预案及各部门专项应急预案的启动，使当地的灾害救助工作逐步走向制度化、程序化、规范化，有力地保障了抗灾救灾工作正常有序的开展，取得了较好的成果。然而，在实践过程中也暴露出两地应急预案的制定、启动等还存在较大的问题，亟待完善和加强。主要表现在几方面:（1）应急预案不够细致和完善，如对应急救援行动的开展、应急资源调配、应急队伍管理、信息报送等缺乏细致考虑，对工作内容没有做到逐级细化，导致预案的运行机制不够高效;（2）各类预案普遍存在针对性不强、具体性不强、可操作性不强等一些问题，尤其是基层应急预案往往照搬上级预案，内容相仿，措施雷同，没有按照本地、本部门实际制定，导致无法操作或效果不佳;（3）原有预案在自然灾害应对方面都以抗洪抗旱及防火防雷等为主，未将雪灾等少见的灾害品种列入应急范畴，有相当一部分预案是在紧急情况下制定的，难免考虑和计划不周;（4）预案演练普遍不足；等等。

3. 应急物资储备问题

2008年雨雪冰冻灾害范围广、持续时间长、损失严重为历年罕见，抗灾救灾物资的需求非常紧急和迫切，灾区物资储备不足的状况也就格外突出，特别是一些专门应对突发罕见灾害危机的应急物资，包括应急救援队伍的应急物资，如柴油发电机、铲雪车、防滑链、移动电源及防寒、防冻物资等，基本没有储备，使得临时征集十分困难。由于物资储备不足，大量的应急物资只能通过调拨、购买、捐助等方式获取，延缓了救助时间，在一定程度上使抗灾救灾工作处于被动。同时，由于对应急物资的需求量大、时间紧，许多应急物资是从生产线上下来后立即送往抢险现场，往往因保养期不足或赶制等原因导致质量不满足要求。另外，物资储备布点的规模、位置等还未能做到科学管理。例如，黔东南州丹寨县常态下每年有400吨粮食和500件棉被储备，但分布点均在高山地区，因为当地少数民族建筑多为木结构，冬季取暖用火塘烧柴草，容易发生火灾，所以必须要储备棉衣棉被等用品。① 当其他地区发生突发事件需要这类应急物资时，在物流和时效等方面就会发生问题。

4. 资金、设备和应急救援队伍问题

资金设备缺乏是中国民族地区应急管理和危机应对面临的又一重大问题。目前中国应急财政资金的来源主要包括财政拨款、社会捐助和保险，其中政府的财政拨款是应急财政保障的基础，特别是在民族地区，由于社会捐助较少，各类保险基本没有涉及这一领域，因此在应急方面就更加依赖财政拨款了。然而，民族地区财政普遍困难，在应急资金的财政拨款方面捉襟见肘，财政支撑保障能力明显不足。如黔东南州近年来在应急能力的建设上花了很大力气，建设了气象灾害应急服务平台，应急气象服务取得了很好的服务效果，但在2008年雨雪冰冻灾害面前，明显暴露出应急技术装备较差的短板问题，尤其是应急移动监测、灾害监视与侦察、应急通信与信息传输、应急移动指挥调度等气象应急移动（车载）服务传统及技术装备几乎空白，无法开展现场应急气象服务。②

应急工作人员偏少、应急救援队伍力量薄弱也是民族地区应对突发事件的一大难题。当抗击雨雪冰冻灾害工作进入紧急状态之时，各地能迅速进入救灾专业工作状态的人员不多，可抽调的人手不多，使救灾工作始终处于任务重、人手少、效果差的不利局面。各级党政机关和有关部门的干部职工因此一个多月连续作战，每天工作十数小时；在交通、电力、通信等抢险任务艰巨的部门，许多基层单位人员的家属也都集体上阵参战。灾后，应急救援队伍问题已经引起两地政府的重视，相继组建了一些专业应急救援队伍和民兵应急分队。然而，应急救援队伍建设涉及各个专业领域知识、资源整合和救援人员的保险、技术力量、训练，以及财政拨款等各

① 2009年1月12日对丹寨县政府应急管理办公室领导的访谈。

② 黔东南州气象局：《低温雨雪冰冻灾害应急处置评估报告》，2008年2月14日。

种问题，目前还很难达到要求。加上农民外出打工问题，乡镇一级的民兵应急分队大多处于一种不稳定状态，培训、演练工作开展得很少，一旦发生突发事件，还是很难迅速组织起来。

5. 农业保险和巨灾保险问题

保险是应急财政资金的来源之一，可以在应对突发事件中发挥重要作用。不过，目前中国社会公众的保险意识还比较薄弱，保险企业开发出来的灾害保险品种不多，还没有专门针对地震、洪水等巨灾的保险法。民族地区的保险业则更为落后，农业保险几乎处于空白。贵州黔东南经济结构均以农业为主，抵抗重大自然灾害的能力很弱，农林牧副渔在雨雪冰冻灾害中遭受严重损失。特别是林业，几乎没有任何避免或减轻损失的措施，只能将重点放在灾后重建和恢复生产以及防范林业次生灾害方面，当地林业损失高达60%，恢复需要20年乃至更长的时间（杜永胜、敖孔华、尹春生，2008）。在恢复重建过程中，这些受灾的农户只能依靠有限的政府补偿进行生产自救。

结　语

中国少数民族地区应急管理体系建设具有起步晚、起点低等特点，特别是由于地方财政困难、基础设施落后、专门人才缺乏，应急管理体系建设遇到了不同于其他发达地区的困难和障碍。应急管理体系的建立和建设是一个系统工程，包括应急管理机构、应急指挥机构、预防与预警体系、应急信息系统平台、应急响应预案体系、应急物流体系、通信与信息保障体系等诸多要素。笔者认为，应当根据民族地区的实际情况和特点，在政策、资金、人才、技术、设备、培训等诸多方面予以支持，这样才能缩短民族地区与发达地区的差距，使这些地方的应急管理体系建设得到加快和完善，以适应当地经济社会发展及保护人民生活的需要。

参考文献

郝时远:《民族自治地方经济社会发展任重道远》(上),《中国民族报》2011 年 4 月 1 日。

刘万强:《广西暴雨致 680 万人受灾 25 人死亡》，中新社南宁六月十六日电，中国新闻网（http：//www.chinanews.com），2008 年 6 月 16 日。

廖理:《强化应急管理，构建平安和谐黔东南》,《黔东南社会科学》2008 年第 2 期。

胡锦涛:《在全国抗震救灾总结表彰大会上的讲话》,《人民日报》2008 年 10 月 9 日。

杜永胜、敖孔华、尹春生:《雨雪冰冻灾害贵州林业受灾情况调研报告》，国家林业局政府网（http：//www.forestry.gov.cn），2008 年 2 月 19 日。

第三编　社会危机-文化管理

Part Ⅲ　Social Crises - Cultural Management

中国怒江河谷大坝导致的迁移：村民的视角及其脆弱性*

〔美〕埃德温·施密特　〔美〕布莱恩·提尔特 著　于　红 译

摘　要

中国政府当前推动云南西部怒江河谷的水电发展，再一次引起了媒体的关注。本研究是在2009年夏天进行的，目的在于考察该地区建设水坝存在哪些脆弱性。本文详细考察了当地人对于水坝建设将会产生何种影响的看法，以及村民们准备如何应对村庄可能被淹没的问题。我们发现村民们能够认识到建设水坝对其生活直接产生的积极和消极影响。当地居民常常是围绕经济发展和获得基础设施服务来认识建设水坝带来的收益的。当地居民普遍认为自然资源的恶化、失去文化地域和土地是为大坝建设付出的代价。比及收益，居民们一般更清楚地表明他们要付出的代价。

* 美国国家科学基金会的人文和社会动力研究计划（第0826752号）为本项研究提供了资助。我们感谢所有对研究计划做出贡献的人们，其中包括德希雷·图洛思、阿隆·沃尔夫、菲利普·H. 布朗、戴琳·马吉。我们也要感谢其他的合作者在资料收集和分析工作上做出的不倦的努力：沈素萍、杨东辉、王华、马可·卡拉克、弗朗西斯·加塞特、许倩文。我们要特别感谢艾瑞克·福斯特－摩尔为我们绘制地图，并在研究过程中提供的知识反馈。

当问及居民们能够如何应对水坝建设问题时，许多人的答复表现出冷漠和淡然，常常希望政府在建设过程中提供支持和干预，以保护村子的利益。本文表明了村民们是如何看待水坝对其生活的影响的。这对提供当事人的声音很重要，因为这些声音常常被忽略或被混合在其他的发展话语之中。

导　言

世界水坝委员会，世界银行和世界自然保护联盟下属的一个组织，在2000年出版了一部里程碑性的研究成果，指出尽管水坝在数年时间里极大地促进了人类发展，但它们对社会和环境系统造成的有害影响长期以来却没有得到仔细的考察（世界大坝委员会，2000）。据世界水坝协会的报告估计，大约有5万座大型水坝分布在世界各地，国际大坝协会将高度超过15米或蓄水能力超过300万立方米的水坝定义为大型水坝（斯库德，2005：2–3）。水坝能够发电、提供灌溉的水源、提高适航能力、防范洪水。水坝的倡导者也指出，在未来变幻无常的气候系统中，水坝提供了在雨雪量发生变动的情况下储存水的良机（图里斯等，2009）。然而，这些收益必须与水坝带来的诸多潜在的负面影响相权衡，其中包括对河岸生态系统的破坏、对脆弱物种的威胁，以及人类共同体的迁移等。在社会冲击的背景下，这样的共同体容易遭受水电建设和强迫移民的影响。

中国在水坝建设的规模和步调方面在世界上首屈一指。近期的估计表明，在世界上近5万座大型水坝中，一半位于中国。这些大坝起到防洪、蓄水灌溉的作用，并为一个看起来对能源有着永不餍足的需求的国家提供电力。位于青藏高原边缘的中国西南部地区，蕴藏着丰富的水电资源。现在，该地区的怒江河谷正在实施一个由13座水坝组成的水电发展工程。怒江河谷位于云南省西北角，以其文化和生态的多样性而闻名。水坝工程总发电能力为 21000 兆瓦，略高于巨大的三峡大坝。如果修建梯级区域的 13 座水坝，最确切的估计是将迁移 5 万多名居民。

表 1 列出了怒江规划中的 13 座大坝的信息，从位于西藏自治区北部的松塔水坝，到南部的光坡水坝。每一座水坝的设计和运营情况都存在悬殊的差异。一些水坝，例如松塔和马吉水坝，非常巨大（高度超过 300 米），拥有庞大的蓄水能力，需迁移数千名居民；其他水坝，例如丙中洛和六库水坝，将是自流式水坝，蓄水能力很小，需迁移的居民要少得多。

表 1　怒江工程中 13 座水坝的设计和运营情况

水坝名称	高度（米）	建成发电能力（兆瓦）	水库蓄水能力（百万立方米）	估计迁移人数（人）
松塔	307	4200	6312	3633
丙中洛	55	1600	13.7	0
马吉	300	4200	4696	19830
鹿马登	165	2000	663.6	6092
福贡	60	400	18.4	682
碧江	118	1500	280	5186
亚碧罗	133	1800	344	3982
泸水	175	2400	1288	6190
六库	35.5	180	8.1	411
石头寨	59	440	700	687
赛格	79	1000	270	1882
岩桑树	84	1000	391	2470
光坡	58	600	124	34
总计 13 座水坝	—	21320	15108.8	51079

资料来源：马吉和麦克唐纳德，2009；何，2007：147–148。

怒江发源于海拔 5000 多米的青藏高原，在流经云南省及其下游的缅甸之前，构成了泰国和缅甸之间的界河，被称为萨尔温江（见图 1）。怒江总长为 2018 公里，蜿蜒穿过高黎贡山脉，在大约 5000 万年前，印度洋板块与欧亚大陆板块的碰撞产生了一系列幽深的峡谷和冰峰。该地区包含了从北到南多种多样的生态系统类型，其中包括冰川碎石、高山草甸、高山针叶树、落叶林、松林、混合森林、热带草原和河滨栖息地（许、威尔克斯，2004）。

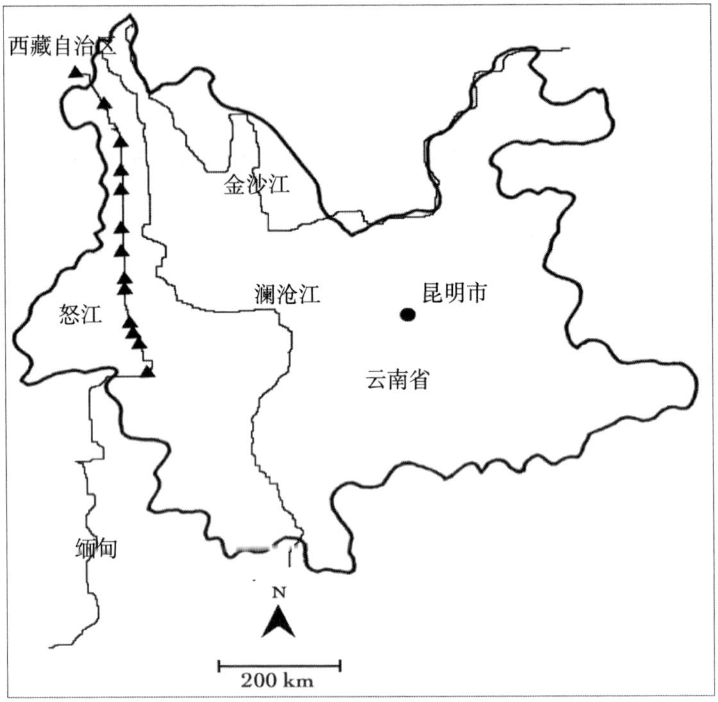

图 1　标示规划中的怒江水坝所在地的云南省地图

当地村民在历史上的大部分时间里都处于与外界隔绝的状态，过着自给自足的生活，这些已经高度融入了当地的生态观念和地域观念中。该地区近期的发展规划有可能会对当地的社会 - 生态系统造成巨大的冲击。现在的文献主要集中探讨对这样一个系统的冲击所造成的自然和社会灾难；修建水电大坝常常需要被迫移民，这同样也是一种冲击。本文的目的在于考察当地居民是如何理解建设怒江水坝工程潜在的影响的。当地人的观点是分析共同体在社会经济领域的脆弱性的关键所在，因为当地居民首当其冲地受到被迫移民的冲击。本文将利用在2009年对400多个怒江盆地的家庭进行调查和访谈搜集到的资料。在最后的分析中，我们指出：在中国水坝建设话语的大背景下，理解当地村民的看法和观点，对于保证怒江盆地的均衡发展起到至关重要的作用。

一 脆弱性和水坝的社会影响

国际发展领域的学者们认识到，在一个跨学科的框架下，理解一项发展规划带来的影响具有重要的意义。在这一框架下，脆弱性是一个有用的分析概念（阿德格，2006；伊津、鲁尔斯，2006）。威斯纳等人将社会经济的脆弱性定义为“个人或集团的特性，影响到他们预见、应对、抵抗危险并从其影响中恢复的能力”（2004：11）。在建设怒江水坝的背景下，脆弱性可以被视为社会－生态系统的一个特性，影响到其应对水坝造成的影响的能力（图洛思等，2012；另见伊津，2005；阿德格，2006）。

为了对脆弱性进行更准确的评估，理解当地居民的利益和看法是关键所在（奥利弗－史密斯，1996）。从发展带来的社会影响的角度看，脆弱性有助于我们识别一项既定的规划在其实施的诸阶段可能造成的影响。社会评估已经成为世界范围内任何重要的发展规划的一项关键的组成部分（范克雷，2003）。分水岭计划和水电水坝建设也需要一个综合的社会评估过程（瓦格纳，2005；艾格尔、塞内卡，2003），但为了使决策过程真正透明化，需要输入各级当事者的利益和观点（提尔特等，2009；伊津、鲁尔斯，2006）。在本章，我们将考察关于脆弱性的观点，以及地方面临的风险，以凸显发展规划在哪些方面会对一个脆弱的居民群体产生最大的影响。

虽然本文强调了灾难的社会影响，但近年来许多研究已经证明灾难与发展之间存在着联系（奥利弗－史密斯,1992；麦克唐纳德－威尔森、韦伯，

2010）。二者之间的联系常常是动态的，许多人指出，发展能够扩大或减小灾难的影响（奥利弗－史密斯，1996），而灾难也能够阻碍发展进程（斯蒂芬森、杜弗雷，2002）。实际上，我们证实，当问及怒江盆地发展的社会影响时，在当地村民的看法中普遍表现出脆弱性，而脆弱性是在论及灾难的文献中常见的主题。生产方式的改变（韦伯、麦克唐纳德，2004；艾格尔、塞内卡，2003；豪尔，1983；伊津，2005），获取自然资源途径的改变（特拉克，2011；加迪斯等，2007），获得公共服务情况的改变（陈，2008；提尔特等，2009；德·拉图尔等，2011），以及与社会－文化援助集团的联系的改变（许，2005；凯迪亚，2009），所有这些都表现出脆弱性，这些脆弱性被视为发展计划和灾难的结果。近期关于三峡工程的纵向研究表明了脆弱性与重新安置后的结果之间存在着联系（黄，2007、2011；席，2007）。理想的做法是，在重新安置前，公众对这些脆弱性的看法应当被纳入决策过程。这些信息可以与其他当事者的需求相权衡，以便更平等地实施诸如修建水坝此类的发展计划。

二　怒江河谷的族体和文化

中国自认为是一个“统一的多民族国家”。除了约占全国人口 92% 的主体民族汉族外，中国还有 55 个少数民族，这些少数民族是中央政府在 1950~1956 年期间进行的一次民族识别计划后正式确认的。民族识别计划的总体目的是根据马克思关于原始社会、奴隶社会、封建社会、资本主义社会、社会主义社会和共产主义社会的发展观点将每个少数民族进行分类（哈雷尔，1995）。在 2000 年人口普查中人数为 1.05 亿的少数民族，给政府官员提出了一项特殊的发展问题。一方面，他们公认的“落后性”为有针对的发展、经济援助、教育补助和国家福利政策提供了正当的理由。另一方面，许多人认为少数民族高度聚居是实现与全国平均水平相一致的发展的障碍。

在中国，这种对少数民族的看法是普遍存在的，它极大地妨碍了在中央政府经济发展话语内少数民族要求自我管理和参与的合理性。少数民族地区常常被描绘成中国文化发展的落后地区。此外，这些地区的居民常常被认为缺乏“文化素质”（一种受教育的、有文化的特质），因此，在与纡尊降贵地想要为中国偏远的农村地区带去发展和文化的主流城市知识分子话语的交锋中，少数民族居民的观点常常被边缘化了（弗劳尔，2002）。怒江盆地在历史上一直处于隔绝状态，地处中国最偏远的地区，这种刻板印象导致了一种先入为主的结论：无论如何都应当发展先行。这些文化刻板印象常常在当地认同内不断地复制和强化，在关于建设水坝的问题上，你可以听到当地人说：“村民们很难应付，我们只是农民，没有多少是我们能做的。应当依靠政府来做事情。”从计划过程一开始，这种心态就使共同体处于一种脆弱的境地。

计划建设的 13 座水坝中的 8 座位于云南西北部的怒江自治州，怒江自治州是 1954 年为傈僳族建立的自治州。傈僳语属藏－缅语族，在中国西南部大约有 60 万人使用，在缅甸和泰国还有数千人讲傈僳语（人种学：2009）。然而，族性在怒江河谷常常不是泾渭分明的。藏族、怒族、傈僳族以及其他族裔长期以来相互通婚，在田野调查时，当问及一个人的族裔身份时，人们常常会停顿很长一段时间，然后叙述一段复杂的宗谱：“我父亲是傈僳族，但我母亲是藏族，我的家族中许多人是怒族。”各族体之间长期以来联系密切，其结果就是当地居民普遍熟悉两三种语言。

长期以来，该地区的居民本来一直信奉西藏喇嘛佛教和万物有灵论，大约一个世纪前，在一群勤奋的瑞士传教士的努力下，罗马天主教后来居上，成为这里的主要宗教，这使得族体认同情况更加复杂化。在怒江河谷点缀着数十座乡村教堂。至少每个月举行一次弥撒，诸如婚礼和葬礼等主要的仪式大多遵循天主教模式（克拉克，2009）。在 2008 年夏季，我们访谈了一对居住在福贡县怒江右岸、有 5 个孩子的傈僳族夫妻。计划生育政策规定县里的居民最多可以要2~3个孩子[①]，这对夫妻为每一个超生的孩子缴纳了1450元的罚款，钱是向大家庭借的。他们有两间屋：厨房地面是土质的，有一个烧木头做饭的炉灶，较大的卧室是水泥地面，有几张挂着蚊帐的木头床。

怒江盆地的村民长期以来在经济和文化方面都处于边缘化的境地。正如中国西南的许多高原民族，傈僳族和怒族在历史上一直从事刀耕火种的农业生产。过去几百年间人口的增长，加之近几十年市场导向的农业改革的影响，促使他们从事定居农业。他们种植包括水稻、玉米、大麦和荞麦在内的多种作物以及大量的蔬菜。农田是在难以想象的陡峭山坡上开垦出来的，或是位于冲积扇地域，怒江的支流为这里带来了丰富、肥沃的沉积物。维持这一耕作模式需要付出大量的劳动，人类学者马可·卡拉克称其为“地心引力与人类决心之间微妙的平衡”（卡拉克，2009：23）。

传统上，砍伐木材和采收蘑菇、草药是农业生产的补充。近年来，随着该地区被纳入市场经济，村民们努力获取现金收入以便支付孩子教育费用，并获得以前由政府提供的其他社会服务。为此，种植商品作物的农田增加，森林土地减少（许、威尔克斯，2004）。许多家庭现在离开了农村的家外出打工，这种现象不断增加，在某些情况下，村里的领导甚至鼓励村民这么做（哈伍德，2009）。

三　当地人对发展的观点

为了了解当地的共同体成员对于怒江盆地发展水力和环境保护的观点，一组中国和美国研究者在2009年对怒江傈僳族自治州进行了家庭调查。调查在两个县（福贡县和泸水县）进行，涵盖了13个镇和20个村庄。

① 一些家庭被允许生3个孩子。这一政策根据当地对农业生产的依赖程度常常是灵活掌握的。对农业生产依赖越大，就越需要更多的家庭成员来从事田间劳作。

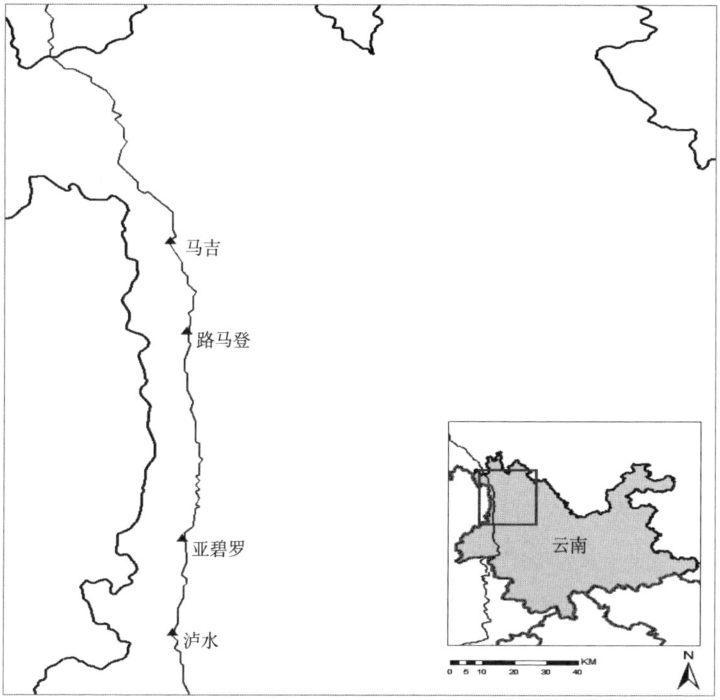

图 2　标示出水坝建造地点的怒江盆地地图

我们设计的采样结构包括上游和下游的社区，其地点都位于设计中的 4 个水坝（马吉、路马登、亚碧罗和泸水）的相关地区。样本总数为 405 个家庭。调查者请求这些家庭提供有关收入、生计活动、族体和文化认同、社区参与情况、教育等方面的信息。此外，调查组对参与调查的家庭进行了随机的二次抽样，选取了 48 个家庭进行了定性访谈，询问他们对建设水坝的收益及代价的看法，以及村民们可以采用哪些途径应对他们的生活和生活方式可能发生的变动。

怒江自治州是中国最贫困的地区之一。调查样本内的人年均收入约 785 元人民币（118 美元），70% 的家庭称接受中央政府的扶贫补助。最主要的经济活动是自给自足的农业，辅以林产品的采集，这一活动已经在自然保护区内受到了限制。在河谷上方高地上进行的刀耕火种的农业生产已经被政府关于开辟森林土地的严格政策定为非法行为。此外，政府给各家发放补助，让他们将高地上的农田撂荒，以此作为国家“退耕还林”规划的一部分，每年的补助金额约567元人民币。尽管这一政策使得每户的可耕地减少了30%，但考虑到每个家庭的平均收入水平，补助仍是一大笔收入。收入数额和种类被详细记录下来，作为衡量面对各种压力的脆弱性的关键指标（例如穆斯塔法等，2011）。建设水坝将淹没许多家庭的耕地，使其丧失主要的大宗收入来源。有具体例证表明，在中国占用农田导致了社会经济方面的不平等现象（丁，2007；卡迪耶，2001；李，2003）。农业和经济发展政策将会给当地生产方式带来巨大的压力，更不必提及各家各户为其家庭生产聊以糊口的食物的能力了。

在财富方面，中国农村居民最值钱的东西就是他们的家。在调查样本中，中等的房屋价值为30921元人民币（4650美元）。在中国现行的再安置居民赔偿政策的背景下，这是十分重要的。2006年9月1日，中国最高行政机构国务院颁发了《大中型水利水电工程建设征地补偿和移民安置条例》。条例是中国从历史上不充分的补偿机制向前跨出的巨大进步。例如，条例规定再安置居民将得到相当于其年均收入16倍的补偿，此外，对损失的房屋将按照“同等规模、同等标准、同等功能”的水准进行补偿（布朗、许，2009）。对于当地村民来说，怒江水坝计划在社会经济方面的成功很可能取决于新的补偿政策是如何贯彻实施的。

许多村民认为，损失房产是发展规划带来的主要损害。一些家庭刚刚建成新房，还有一些房子是近几年才落成的。修建这样的房屋通常需要向朋友和亲戚借钱。自然，将他们从自己辛辛苦苦建成的房子里迁走安置到别的地方，对于这些村民来说是一件沮丧的事情。如果在一揽子补偿时缺乏透明和公正，将会加剧这些负面的情感。

在村民如何看待、理解在怒江盆地兴修大坝方面，结果不一。调查资料中最显著的发现就是大多数村民缺乏关于水电发展特定规划方面的系统信息。许多村民不知道将会影响到他们的规划建设的水坝的规模，也不知道这样的建设工程将会持续多长时间。尽管中国环境影响评估法要求举行公众听证会，但大多数村民都没有参加过这样的听证会，其结果是，大多数人都是从其他村民的口中才得知这一工程的。意味深长的是，预知参与调查者是否听说过水坝工程的最佳指标是他 / 她是否精通汉语。使用汉语较少的少数民族家庭很可能没有听说过大坝工程。大约 20% 参与调查的人称官方测量过他们的土地，以决定适当的补偿水准，其中大多数人的家都位于分水岭南部大坝工程进展最快的地方。在这些政府测量过其土地的家庭中，大约一半人称是一家水电公司的官员进行的测量工作，其他大多数人则称是政府官员进行的测量。超过 60% 土地被测量过的调查参与者称他们感觉测量工作是公正进行的。

表 2　调查的四个修建大坝地区社会经济脆弱性指标

水坝地点	少数民族比例（%）	户主识字比例（%）	中等人年均收入（元）	房子价值（元）
马吉	100	51	637.6	19306
路马登	83.7	59	519	22760
亚碧罗	96	58	1324.80	39469
泸水	94.5	64	943.5	41058
调查样本平均	94	58	784.3	30921

大多数的调查参与者都宣称他们支持中国修建水坝，特别是支持怒江水坝工程。大多数参与者认为发电和经济发展是建设大坝带来的最主要的收益。在村民们期待的为数寥寥的几件具体事情中，他们认为大坝建成将能够提供更便宜的电力，即使是该地区最偏远的地方也能受惠。由于规划中的电力通过高压电线传输（马吉，2006），不太可能影响到河谷的能源市场。

调查参与者期望看到国家和地方层次的收益。人们认为水电能够提供供消费的能源和经济发展机遇，在地方上尤为如此。许多村民期望建设过程中被雇佣工作，将其视为能够不出社区找工作就能打工挣钱的途径。超过 75% 的村领导宣称建设大坝将为社区提供工作机会，一位领导称 45% 的家庭在他的领导下都已经受雇从事大坝建设工作了。有 14 户家庭告诉我们他们从事与水电相关的工作，尽管他们的工资比整个样本中打工的平均收入少不少。此外，以前的研究表明，水坝建设可以提供做临时工的机会，但大多数工作在水坝建成后也不会结束（塞尼亚，2000）。

一些家庭对建设水坝的收益反应相当冷淡。在人们当中存在着对经济激励方面的期望，诸如为缓和再安置的影响而提供补助等。但有人感觉这些激励措施不足以弥补他们遭受的损失。总体而言，大多数对可能获得的收益报不确定态度的村民会这样看。与之对照的是，也有人相信他们能够依靠政府补助过活，不用再工作了。这种误解凸显了在发展计划的背景下严重的社会脆弱性。

总体而言，大多数村民认识到，获取任何可能的收益都要付出巨大的代价。当问及水电工程潜在的负面影响时，说得最多的就是“淹没土地”，其中包括农田和牧场，以及“丧失家园”。许多村民认识到对他们及其家庭的潜在的影响可能会波及几代人，特别是牺牲了土地——在中国农村长久以来被认为是最重要的社会安全保障。对于当地的居民来说，迁移是怒江案例中最显见的脆弱性。大多数村民承认，甚至同意，国家和省级政府关于发展水电以服务于经济的必要性的观点。但是，水电发展的收益——增加带来供应，将会由相对富庶的东部城市来获得，而发展的代价——迁移、失去土地、补偿政策贯彻不力，将会由极端脆弱的农村社区来承担，这一事实是极难解决的问题。

此外，村民们认识到迁移还会带来其他两点影响，即生态的破坏和宗教社会文化习俗的进一步衰落，它们将导致社区严重的社会文化脆弱性。近 50% 的受访家庭认为自然资源和环境的恶化是建设大坝的负面影响。土地也被认为是该地区的资源，在谈到大坝的破坏性影响时，人们只是更多地谈到了土地的丧失。这表明怒江盆地的居民们了解他们社区当前的环境问题，而且知道环境问题会因为建设大坝而恶化。怒江谷地的居民有一个共同的理念，即个人与自然进程是紧密相连的。许多受访者告诉我们，农民不可能将自己与自然环境分隔开来，因为他们依赖自然来维持生计。

此外，许多人认为，环境的恶化是当地的稳定和生产的阻碍。这样的考虑直接与当地人对其社区的适应性的看法相关，而这种弹性和适应性是以传统生活方式为核心的。再安置和环境破坏引发的失落感和混乱感，在丧失土地的问题上反映出来，正如上文所述，许多村民都认为土地是一种自然资源。这些看法显示出怒江河谷社会经济结构上的脆弱性，村民的生活反映出强烈的地域感，他们以农业为生的生计方式与当地的生态系统紧密地联系在一起。一旦这样的一个社区被连根拔起，它就需要长时间来适应新环境，适应新的生活方式。水电设计者面临的一个问题就是补偿策略能否将迁移带来的延长的、纵向的影响纳入考虑，并如何操作。

然而，地域感并不仅仅与自然环境有联系。特别是当人们越往河流上游走时，就会发现信奉宗教的家庭比例越是明显增加。前文已经述及，罗马天主教在这一地区相当盛行，村民们高度认同于当地的教会。许多受访者谈到，如果建设水坝，教堂也将会不可避免地被淹没。居民们觉得没有一个地方去礼拜，将会导致宗教习惯的衰微。此外，如果信仰开始遭到破坏，社会和谐也会受到影响。不应当将一种宗教信仰的衰微仅仅看作是失去了一种传统，能够通过某些形式的补偿或是重建一座教堂就可以很容易地掩盖起来。正如自然环境的恶化一样，也会存在教堂相关的社会 - 文化问题，如果不将这些问题纳入迁移设计过程中的话，它们也将需要很长一段时间来适应新建的安置地环境。

一般来说，教会对社区成员的认同和行为有着强大的影响力。例如，近 99% 的基督教徒强调他们过着一种健康的生活，因此不去吸烟或喝酒，而在不信仰宗教的家庭中，60% 以上的家长烟酒都沾。因此，教堂的损毁可能带来公共健康方面的影响。正如凯迪亚（2009）指出的，重新安置后的社区常常会发生酗酒和吸毒增加的现象。只有将教会的参与纳入再安置计划中，水坝的建设者才能确保教会对社区继续发挥积极的影响。实际上，居民们的确将社会凝聚力的崩溃视为一项严重的脆弱性。图洛思等（2012）人已经证明了社会凝聚力方面的脆弱性，河流上游流域地区更为突出。然而有些村民认为教会作为一个实体在重新安置后会幸存下去，并将继续作为一种积极的力量在社区里发挥作用。因此，在村民们面对重新安置处于社会弱势地位时，给予教会适当的支持，教会就能够抵御建设水坝带来的负面社会影响。

四　参与和适应

一般来说，社会集团能够适应危机（例如摩尔，1991）。然而，人们依据在社会中的地位，在不同程度上遭受危机的后果（奥利弗 - 史密斯，1996；艾瑞克森，1999；范布伦，2001），从发展计划中获得的收益和付出的代价也是如此（塞雷纳，2009）。社会和文化的应对举措对于重新安置进程的平稳转型是至关重要的，发展的设计者可以利用有效的策略来支持这样的应对举措。一个途径是在计划进程的早期，让当地人参与进来，并将当事人的利益纳入其中。然而正如莫斯（2005）和其他人指出的，参与本身也可能是一个欺骗性的阻碍，因为民主原则和个人权利在文化上并不是普世性的。在中国，民主决策在过去很少实施（费，1948）。保证公众参与需要多种灵活的参与方式，而不是统而划一的政策，因为每个村庄的社会背景都存在很大差异。

作为半结构访谈的一部分，研究参与者被问及他们是如何应对大坝工程对其生计产生的影响时，许多村民的回答反映出一种普遍的“听天由命，没有办法”的情绪。尽管这一地区的村民不一定会做出反对发展的举动来，但这种冷漠对于再安置进程并不是好兆头。黄姓学者等人（2007）在研究三峡工程的影响时，也注意到相似的冷漠态度，以及在某些情况下再安置者中的沮丧情绪。如果农民知道援助服务或举报热线——就如李姓学者提到过的（2003），他们在应对再安置进程时也许会感到更加自信。

村民们的反应也表现出他们相信政府官员和决策者会公正地补偿他们损失的土地和家园。这一发现符合现代的政治学研究，表明中国农村居民对中央政府当局的信任程度远远超过对地方政府干部的信任（李，2004）。此外，当地人在涉及有可能向村里提供的援助问题时，表现得并不是特别自私。当问及他们是否会支持一项为整个村子造福，但可能对他们个人的家庭影响甚微的政府计划时，超过63%的人表示支持。① 居民们认识到所有的家庭都是相互联系的，一项直接使邻近家庭受益的计划也可能会间接地对自己的家庭有好处。

如前所述，怒江地区居民们当前面临的一个问题是关于发展和迁移的严肃对话还有待开始。当问及村民们如何应对水坝的建设问题时，许多参与研究者都表现出不确定的态度，并宣称他们没有和其他村民谈论过这一工程。此外，看来还没有达成关于如何应对再安置问题的共识。在水坝建设工程相对而言预计会尽早开工的村子，许多居民准备独自搬迁而不是组织起来一起行动。大量研究表明，搬迁后村庄社会网络的解体将会对共同体适应新环境产生长期的负面影响（陈，2008；黄，2007）。在三峡的搬迁过程中，社会支持对于减轻要搬迁的居民的压力起到重要作用。因此，政府机构在处理这些社区的问题、帮助他们应对再安置进程方面是大有可为的。

然而，问题是如何使社区的成员对自己的应对能力更有信心。一个可能的选择是发挥地方宗教团体的作用。在几乎普遍信仰宗教的村子里，居民们相当坦然地谈论社会冲突的解决之道（例如，戒酒和吸烟问题），如果

① 实际上只有2%的人不支持，34%的人没有表态。

这些能够得到教会的支持，甚或是在教会的领导下进行的。教会已经在社区里发挥了社会支持的作用。因此，在迁移计划中考虑到教会的需求是至关重要的，不仅仅是出于保护地方宗教的考量，而且也是因为教会能够在规划阶段扮演村民与决策者之间的协调者的角色，并能在搬迁过程中起到团结和组织的作用，在搬迁后提供社会和心理支持（恩索尔，2003；家福瑞－阿斯提亚尼，2009）。

然而，教会不能在整个河谷地区发挥协调作用。在靠近怒江河谷下游的地段，大多数社区参加教会的人数比例在50%以下。在没有教会这样现成的协调者的情况下，要靠地方政府来创造决策过程中的参与空间。如前所述，村民们普遍相信政府能够为他们解决问题。绝大部分的村民支持建设水坝，尽管泸水的居民很有可能持反对态度。这可能是因为泸水水坝已经开始动工，搬迁过程已经开始进行。然而正如我们已经指出的，没有一个受到水坝影响的居民能够对工程或搬迁进程产生多大影响。接受再安置的居民在很大程度上是靠他们自己来应对的，其结果是每户家庭都尽自己最大努力来应付这一切。

结 论

本文概述了怒江的水电发展计划，并探讨了可能受到水坝建设波及的村民是如何看待水坝对他们的生活和生计产生的影响的。我们的一个目的是更全面地理解怒江河谷的社会文化背景，考察社会和生态在发展中的脆弱性，并分析村民们在决策过程中可能采取的应对策略。

地方政府基本上还能够得到当地居民的支持，它们可以与村民们交流，发现居民们对迁移问题有什么样的具体期望和要求。忽略这些将会危及共同体的社会、文化和心理健康（席，2001）。需要通过对话，来解决村民们对于大坝给河谷地区带来的收益的看法——例如更廉价方便地获得电力、促进长期就业，缩小计划与现实之间的差距。了解村民们如何看待为建设大坝付出的代价也是至关重要的，因为村民们关注的问题表明了存在哪些社会、经济和生态方面的脆弱性，而这些都是需要加以解决的。最后，村民们也有能力将自己的应对机制纳入再安置进程中，但需要更可靠的途径将这些选择告知决策者。

一个重要的步骤是走出中国政府对少数民族普遍持有的文化上的刻板印象。例如认为少数民族是“落后的”或是“未开化的”族群，这些观点阻碍了决策者全面了解当地共同体感受到的影响。当然，这些影响并不存在于政治真空之中。应当仔细地将当地人关注的问题与其他的挑战相权衡，诸如一个发展中国家面对日益增长的能源需求，努力发掘替代矿石燃料的出路。

参考文献

Adger，W. N. 2006. Vulnerability. In *Global Environmental Change*，16（3），268–281.

Brown，P.H. and Y. Xu. 2009. Hydropower Development and Resettlement Policy on China's Nu River. In *Journal of Contemporary China*，66（19）：777–779.

Cartier，C. 2001. 'Zone fever'，the Arable Land Debate，and Real Estate Speculation：China's Evolving Land Use Regime and its Geographical Contradictions. In *Journal of Contemporary China*，28（10），445–469.

Cernea，M. M. 2000. Risks，Safeguards and Reconstruction：A Model for Population Displacement and Resettlement. In *Economic and Political Weekly*，35（41），3659–3678. 2009：Introduction：Resettlement An Enduring Issue in Development. *Asia Pacific Journal of Anthropology*，10（4），263–265.

Chen，L. 2008. Contradictions in Dam Building in Yunnan，China. In *China Report*，44（2），97–110.

Clark，M. 2009. *Climbing the Mountain Within：Understanding Development Impacts and Overcoming Change in Southwest China.* M.A. thesis. Oregon State University，Corvallis，Oregon，USA.

Cutter，S. 1996. Vulnerability to Environmental Hazards. In *Progress in Human Geography*，20（4），529-539.

de la Torre，LE et al. 2011. Disaster Relief Routing：Integrating Research and Practice. In *Socio-Economic Planning Sciences*，46（1），88–97，doi：10.1016/j.seps.2011.06.001

Ding，C. 2007. Policy and Praxis of Land Acquisition in China. In *Land Use Policy*，24（1）：1–13.

Eakin，H. 2005. Institutional Change，Climate Risk，and Rural Vulnerability：Cases from Central Mexico. In *World Development*，33（11），1923–1938.

Eakin，H.，& Luers，A. L. 2006. Assessing the Vulnerability of Social-Environmental Systems. In *Annual Review of Environment and Resources*，31（1），365–394.

Égré，D. & Senéca，1 P. 2003. Social Impact Assessments of Large Dams throughout the World：Lessons Learned over Two Decades. In *Impact Assessment and Project Appraisal*，21（3），215–224.

Ensor，M. O. 2003. Disaster Evangelism：Religion as a Catalyst for Change in post-Mitch Honduras. In *International Journal of Mass Emergencies and Disasters* 21（2），31–49.

Erickson，C. 1999. Neo-environmental Determinism and Agrarian 'Collapse' in Andean Prehistory. In *Antiquity* 73，634–642.

Ethologue，2009. Lisu：A language of China. http：//www.ethnologue.com. Accessed on July 1，2009.

Fei，X. 1948. *Xiang Tu Zhongguo*. Shanghai：Guan cha she.

Flower，J. 2002. Peasant Consciousness. In *Post-socialist Peasant?：Rural and Urban Constructions of Identity in Eastern Europe，East Asia and the Former Soviet Union*，ed. by Leonard，P.，& Kaneff，D. P. 44–72.

Houndmills，Basingstoke，Hampshire：Palgrave. Gaddis，E. B.；Miles，B.；Morse，S. & Lewis，D. 2007. Full-cost Accounting of Coastal Disasters in the United States：Implications for Planning and Preparedness. In *Ecological Economics：the Journal ofthe International Society for Ecological Economics*，63（2），307–318.

Ghafory-Ashtiany，M. 2009. View of Islam on Earthquakes，Human Vitality and Disaster. In *Disaster Prevention and Management*，18（3），218–232.

Hall，J. 1983. The Place of Climatic Hazards in Food Scarcity：A Case Study of Belize，in ed. Hewitt，K. In *Interpretations of Calamity from the Viewpoint of Human Ecology*，P. 140–161. London：Allen &Unwin.

Harrell，S. 1995. Introduction：Civilizing Projects and the Reaction to Them. In *Cultural Encounters on China's Ethnic Frontiers*，ed. by Harrell，S. P. 3–36. Seattle：University of Washington Press.

Harwood，R. 2009. Negotiating Modernity at China's Periphery：Development and Policy Interventions in Nujiang Prefecture. In *China's Governmentalities：Governing Change，Changing Government*，ed. by Jeffreys，E. P. 63–87. London：Routledge.

Hewit，t K. 1983. *Interpretations of Calamity from the Viewpoint of Human Ecology*，Allen &Unwin，London.

Hwang，S.-S.；Xi，J.；Cao，Y.；Feng，X. & Qiao，X. 2007. Anticipation of migration and psychological stress and the Three Gorges Dam project，China. In *Social Science & Medicine*，65（5），1012–1024.

Hwang，S.-S.；Cao，Y.；& Xi，J. 2011. The Short-Term Impact of Involuntary Migration in China's Three Gorges：A Prospective Study. In *Social Indicators Research*，101（1），73–92.

Kedia，Satish 2009. Health Consequences of Dam Construction and Involuntary Resettlement. In *Development & Dispossession：The Crisis of Forced Displacement and Resettlement*，ed. by Oliver-Smith，A. P. 97–118 Santa Fe：School for Advanced Research

Press.

Li，Lianjiang 2004. Political Trust in Rural China. In Modern China，30（2），228–258.

Li，J.D. Ping 2003. Rural Land Tenure Reforms in China：Issues，Regulations and Prospects for Additional Reform. In *Land Reform, Land Settlement and Cooperatives*. 3，59–72.

Magee，D. 2006. Powershed Politics：Yunnan Hydropower under Great Western Development. In *China Quarterly*. 185，23–41.

McDonald–Wilmsen，B. & Webber，M. 2010. Dams and Displacement：Raising the Standards and Broadening the Research Agenda. In *Water Alternatives*，3（2），142–161.

Moore，J. 1991. Cultural Responses to Environmental Catastrophes：Post–El Niño Subsistence on the Prehistoric North Coast of Peru. In *Latin American Antiquity*，2（1），27–47.

Moseley，M. 1983. The Good Old Days *Were* Better：Agrarian Collapse and Tectonics. In *American Anthropologist* 85：773–799.

Mosse，D. 2005. Cultivating Development：An Ethnography of Aid Policy and Practice. In *Anthropology*，*Culture*，*and Society*. London：Pluto Press

Mustafa，D.；Ahmed，S.；Saroch，E. & Bel，1 H. 2011. Pinning Down Vulnerability：From Narratives to Numbers. In *Disasters*，35（1），62–86.

Oliver–Smith，A. 1992：Disasters and Development. In *Environ. Urban Issues* 20，1–3.—. 1996. Anthropological Research on Hazards and Disasters. In *Annual Review of Anthropology*，25，303–328.

Scudder，T. 2005. *The Future of Large Dams*：*Dealing with Social*，*Environmental*，*Institutional and Political Costs*. Earthscan：London.

Sen，A. 1981. *Poverty and Famines*：*An Essay on Entitlement and Deprivation*. Oxford：Clarendon Press.

Stephenson，R. S. & DuFrane，C. 2002. Disasters and Development：Part I.

Relationships between Disasters and Development. In *Prehospital and Disaster Medicine*, 17 (2), 110–115.

Tilt, B.; Braun, Y.A. and He, D.M. 2009. Social Impact Assessment of Large Dams: A Comparison of International Case Studies and Implications for Best Practice. In *Journal of Environmental Management*, 90 (Supplement 3), 249–257.

Trac, C. 2011. *Rural Energy Development as a Means for Forest Conservation: Modernizing the Chinese Peasant Household.* Yale, Thesis

Tullos, D.; Tilt, B.and Reidy–Lierman, K. 2009. Introduction to the Special Issue: Understanding and Linking the Biophysical, Socioeconomic and Geopolitical Effects of Dams. In *Journal of Environmental Management*, 90 (Supplement 3), 203–207.

Tullos, D. et al. 2012. Biophysical, Socioeconomic and Geopolitical Vulnerabilities Associated with Hydropower Development on China's Nu River. In *Ecology and Society*. Under Review.

Van, B. M. 2001. The Archaeology of El Nino Events and Other 'Natural' Disasters. In *Journal of Archaeological Method and Theory*, 8, 129–150.

Vanclay, F. 2003. International Principles For Social Impact Assessment. In *Impact Assessment and Project Appraisal*, 21 (1), 5–12.

Varis, Olli; Matti, Kummu and Aura, Salmivaara. 2011. Ten Major Rivers in Monsoon Asia–Pacific: An Assessment of Vulnerability. In *Applied Geography*. 32 (2), 441–454.

Wagner, M. M. 2005. Watershed–Scale Social Assessment. *Journal of Soil and Water Conservation*, 60 (4), 177–186.

Webber, M.; McDonald, B. 2004. Involuntary Resettlement, Production, and Income: Evidence from Xiaolangdi, PRC. In *World Development* 32 (4), 673–690.

Wisner, B.; Blaikie, P. M.; Cannon. T. & Davis, I. 2004. *At Risk: Natural Hazards, People's Vulnerability and Disasters*. London: Routledge.

World Commission on Dams (WCD) 2000: *Dams and Development: A New*

Framework for Decision-making. London：Earthscan.

Xi，J.；Hwang，S.-S.；Feng，X.；Qiao，X. & Cao，Y. 2007. Perceived Risks and Benefits of the Three Gorges Project. In *Sociological Perspectives*，50（2），323-337.

Xi，J. & Hwang，S. S. 2011. Unmet Expectations and Symptoms of Depression among the Three Gorges Project Resettlers. In *Social Science Research*，40（1），245-256.

Xu，J.C. and Wilkes，A. 2004. Biodiversity Impact Analysis in Northwest Yunnan，Southwest China. In *Biodiversity and Conservation* 13（5）：959-983.

Xu，J.；M，a E. T.；Tash，D；Fu，Y.；Lu，Z. and Melick，D. 2005. Integrating Sacred Knowledge for Conservation：Cultures and Landscapes in Southwest China. In *Ecology and Society*，10（2），7.

Internet sources [online] URL：http：//www.ecologyandsociety.org/vol10/iss2/art7/.

非犹太人仪式上的犹太宗教器物

——基于 2005~2010 年在乌克兰和摩尔多瓦的田野调查

〔俄〕奥尔加·贝洛娃 著　刘　真 译

摘　要

本文呈现 2005~2010 年期间在乌克兰（布克维纳和加利西亚）和摩尔多瓦（比萨拉比亚）田野调查时收集的资料。上述地区犹太人与他们的邻居（斯拉夫人、摩尔多瓦人、罗马尼亚人）之间的互动历史已有几个世纪之久。尽管如今这些地区已成为单一民族地区（乌克兰人、摩尔多瓦人），但犹太传统观念仍然活在当地老人的记忆中。众所周知，在这个犹太教－基督教混合的民族文化地区，“他者”的宗教器物成为民间医术和魔法的流行工具。在宗教仪式上使用的神圣文本（书写或印刷的）、图像、标志和器物，以及部分宗教服饰，在特殊情况下起着护身和保护的作用，用以克服不利的发展因素。根据危机情况下的民间信仰，尤其是“他者”的宗教器物和祈祷比“自身”的更有帮助。本文呈现了乌克兰和摩尔多瓦的非犹太人使用犹太宗教器物来克服私人生活中的危机（“mezuza”，即放置在门柱上的盛放神圣文本的盒子或犹太祈祷书页，用来治疗发烧、癫痫、心理疾病和邪眼的避邪物；部分仪式服饰如圆顶小帽“yarmulke”、披肩“tales”，用来治疗癫痫、人畜流行性疾病；犹太墓碑，用来抗旱）。这些器物必须从犹太人那里偷来，或在其他情况下由他们的犹太邻居或拉比赠予。犹太宗教器物在非犹太人仪式上的使用，主要是去犹太教堂（邪眼、婚礼问题、生意失败等场合）。田野调查资料显示，非犹太人对于犹太宗教器物的神奇力量具有稳定的信仰，尽管互动传统本身已成为过去。

俄罗斯的犹太人与他们的乌克兰和摩尔多瓦邻居（斯拉夫人、摩尔多瓦人、罗马尼亚人）有着几个世纪的交往历史。尽管如今这些地区已成为单一民族地区（乌克兰人、摩尔多瓦人），但犹太传统观念仍然活在当地老人的记忆中。

相邻文化在日常生活各个领域的密切互动是这个多民族地区民间传统的一大特点。众所周知，在这个犹太教–基督教混合的民族文化地区，“他者”的宗教器物已成为民间医术和魔法的流行工具（J.St. Bystron，1935；L. Stomma，1986；Z. Benedyktowicz，2000；A. Cała，1992；O. Belova，2005）。

我们早已讨论过东欧斯拉夫人使用“他者的器物”（宗教器物、服饰和书籍）的问题（Belova，2005：128–130，135–141，240–255）。在本文中，我们将提供近年来在乌克兰和摩尔多瓦进行田野调查期间收集到的新资料，这些资料反映了当下民间对“他者”及他者物品的态度。

在宗教仪式上使用的神圣文本（书写或印刷的）、图像、标志和器物，以及部分宗教服饰，在特殊情况下起着护身和保护的作用，以此来克服不利的发展因素。根据危机情况下的民间信仰，尤其是“他者”的宗教器物和祈祷比“自身”的更有帮助。

根据19世纪的民族志资料，犹太宗教器物被广泛用于斯拉夫人的民间医术，而且还是具有魔力的护身符。因此，白俄罗斯人相信如果要医治感冒，人们必须用牛油蜡烛涂抹他们的鼻子，就像犹太人在安息日（na shabash）所做的那样。如果要去除身上的疮疤，斯勒茨克（位于白俄罗斯西部）的人们将“tales”（即 talit，一种犹太披肩，用于宗教仪式）悬挂在木槽上，用水浇三次（水必须来自三处不同的泉水），然后用这些水清洁自身（Serzhputovskiy，1930：194）。在癫痫病的治疗中也用到犹太披肩——它被披在病人身上（详见俄罗斯科学院斯拉夫研究所波莱西档案，M.G. Borovskaia，1985 年记录于乌克兰切尔诺贝利的科帕奇村）。显然，波莱西的居民从犹太人那里借用了这种做法——例如，在沃伦地区，犹太人将披肩盖在癫痫病人身上，或者在癫痫发作时为病人盖上结婚用的窗帘（Lilientalowa，1905：172）。在维捷布斯克（白俄罗斯境内），人们相信如果渔民用犹太披肩上的线（zhidouskaie bogomolenne）编织渔网，那么他就会捕捞成功。如果编织渔网的线来自被偷的犹太披肩，那么它产生的神奇作用会更强烈（Nikiforovskij，1897：198）。

犹太宗教器物在危机情况下有着特殊的意义，例如重大灾难、流行性疾病、突发性疾病、“邪眼”、意外，等等。

2009 年在喀尔巴阡山周围地区（乌克兰境内），我们发现，古老的犹太墓碑（matseva）可以用来抵御干旱——它应该来自犹太人墓地，然后被投入河中。而在巴尔干地区，也有一种类似的破坏无名墓的做法。在塞尔维亚东部（Bolevats），人们在干旱季节从无名墓上取走十字架，将它投入河流或者小溪，口中念念有词：“水里的十字架，地里的雨水！来自无名墓的十字架，来自无名山的雨水！”在保加利亚北部和西部，遇到干旱季节，取自无名墓的木头墓碑或泥土被投入水中（SD 2：109）。用“犹太人”的物品祈雨还有一个例子：在干旱季节，波莱西的居民将从犹太邻居那里偷来的锅扔入井里，或者用水浇犹太人（Belova，2005：252）。

几年前，在利沃夫的一个村庄（位于乌克兰西部），调查组成员看到一块犹太人的墓碑用作猪圈的门槛。女主人解释说，这块墓碑是故意放在

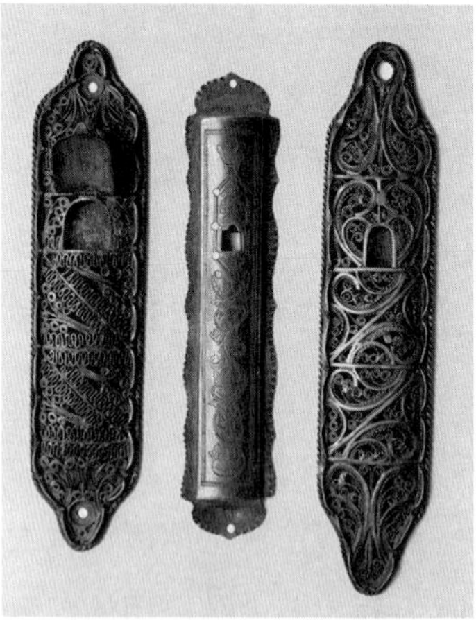

图 1

那里的。当猪跨过它时，它们就会变得多产（I. Koval’–Fuchilo 提供该信息）。这个证据与 19 世纪民族志资料中提及的做法相类似：为了猪的健康，人们必须去偷犹太人的圆顶小帽（yarmulke），煮了它，然后让病猪喝了这水（白俄罗斯莫吉廖夫地区；Shein，1902：289–290）。

最抢手也是一直紧俏的犹太器物是 mezuzah（复数是 mezuzoth，是一个盛放神圣文本的小盒子，被钉在门柱上）。Mezuzah 在犹太教习俗中是极为重要的物品：具有避邪的功效，用以驱除居所或宗教建筑内的邪气（见图 1）。

该物品［乌克兰人称它为 molytva（祈祷）或 prykazanne（戒律）］在前犹太人定居点（mestechko，小型定居点，犹太人称它为 shtetl）的居民中广为人知。我们还可以在一些老旧的犹太住房（现在由乌克兰人居住）或半废弃的犹太建筑的门柱上看到 mezuzah。而且，它并不全为了装饰：mezuzah 与斯拉夫人的魔法工具——避邪物与护身符——完全一致。

在田野调查期间我们记录下了很多故事，讲述者的“民族志观察”（例如：进入犹太教堂时，犹太人亲吻 mezuzah）与基督徒对这种传统的评论结合在一起。我们发现，mezuzah 是一种宗教物品，是“十诫”，是“神圣的象征”，与“三位一体日”牧师在基督徒房门上画的标志，或基督教的主要神圣标志——十字架［“Tse ikh khrest”——“那是他们的（犹太人）”的十字架］可以进行比较（Belova，2005：137–140）。

在前犹太人定居点的斯拉夫居民看来，mezuzah 具有无所不包的避邪功效：可以确保旅途顺利（犹太妇女每次出行前将 mezuzah 交给她的乌克兰邻居——M. Gershkovich and M. Treskunov 2004 年记录于文尼察地区的切尔诺夫）；可以确保蒸蒸日上（将住房交给乌克兰妇女，犹太妇女是不能将 mezuzah 取下来或交给他人的——O. Belova，T. Velichko 2004 年记录于文尼察地区的切尔诺夫）。

与此同时，mezuzah（除了它的神圣地位）还是一种危险物品，正如其他的非正统宗教器物。根据 19 世纪的资料，西部的白俄罗斯人（格罗德诺地区）尽量不去触摸“犹太人的十诫”——否则手掌上的皮肤就会皴裂（Federowski，1897：292）。在现代的田野调查资料中，没有类似这样的说法。20 世纪和 21 世纪的信息提供者并不认为 mezuzah 是危险物品，唯一与之类似的情况是，禁止出于担心无意中亵渎“他者”神圣标志而去触摸它。

> 他们将 prykazann’a 放在门柱上，这是一个小盒子，prykazann’e 就放在里面（讲述者指的是 mezuzah）。（Prykazann’e 指的是什么？）如果我们可以这样说的话，它就是他们的诫律。（在 Prykazann’e 上写有东西吗？）是的，但我看不到，因为他们将它藏起来……它很小。（是方形的吗？）是长方形的。我看到过。陌生人不能触摸它，没人想要去触摸它，这是亵渎的行为，你弄脏了他们的圣物。你受过洗礼，他们没有，他们有自己的信仰，我们不能去触摸他们的圣物。当陌生人触摸他们的 prykazann’e，他们会感觉受到挑衅，变得极为愤怒。这是不允许的！
>
> （Evgenia Svidruk，1925 年生于乌克兰伊万诺 – 弗兰科夫地区的纳德沃尔纳，O. Belova，T. Velichko 记录于 2009 年）

从 19 世纪的民族志资料中我们看到，mezuzah 一直是宗教上的避邪工具。斯摩棱斯克的农民用水冲“门柱上的犹太宗教匾额（evreiskoie bogomol’e）”，三天后让发烧的病人喝（Dobrovolskyi，1914：30）。在波兰东南部，发烧的病人会偷偷地去犹太人家里，“撕掉门柱上写有犹太祈祷的纸张（żydowskie przykazanie），将碎片与伏特加酒混在一起喝”

（Siarkowski，1879：48）。在波库提（波兰、乌克兰边境），发烧的病人焚烧犹太祈祷的纸张进行烟熏治疗（Kolberg，DW 31：171）。

在今天的波库提，我们意外地找到了“犹太诫律”的线索。在伊万诺－弗兰科夫地区（乌克兰西南部）进行田野调查期间，我们不止一次听说诫律的故事。看来，诫律是一种文本，用犹太文写在小牛皮上；过去在每个犹太人家里是一种常见物品，放置于门柱上（参见 Galkina，2010）。

> 他们将诫律放置在门柱上。据说上帝将这些诫律交给摩西……不杀生，不指责，不淫欲，不偷盗，不夺邻人之妻……
>
> （Evgenia Svidruk，1925 年生于乌克兰伊万诺－弗兰科夫地区的纳德沃尔纳，O. Belova，T. Velichko 记录于 2009 年）

2009 年夏，斯洛特凡村的 Evgenia Godovanets（生于 1928 年）向调查组成员展示了一个卷轴（长 50 厘米），根据她的意见，这便是诫律。这个卷轴在她家里收藏了多年，她确定它能带来运气，保护居所。这是现代学者第一次亲眼看见被称作“诫律”的物品。不过，在我们看来，这并不是 mezuzah，而是放置于经匣内（犹太人祈祷时放在额头上的小盒子）的神圣文本的一部分（《旧约》的四个节选部分：出埃及记 13：1–10，出埃及记 13：11–16，申命记 6：4–9 以及申命记 11：13–21，见图 2）。

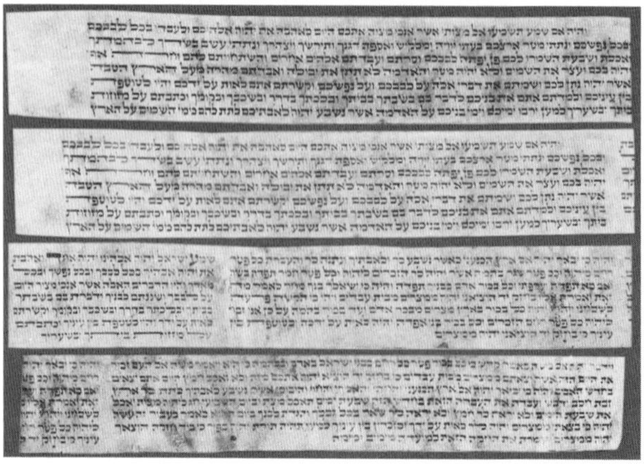

图 2

总结从斯洛特凡村其他居民那里收集

图 3

的证据，我们得出一个结论：prykazann'e 用于治疗发烧、神经和精神疾病。病人焚烧文本纸张进行烟熏治疗。一些信息提供者强调，这种借助于 prykazann'e 的治疗方法代代相传，是一种家族秘方。在其他情况下，prykazann'e 被置于居所的地基中——保护房屋和居住者免受恶魔的影响（详见 Galkina，2010）。

马尼亚娃村（伊万诺 – 弗兰科夫地区）的居民 Anna Krykun（生于 1927 年）讲述了一个偷 prykazann'e 的生动故事，目的是为了给孩子治病（见图 3）。

> 他（讲述者的邻居）的儿子患有心理疾病。所有人都告诉他去找犹太人。犹太人家里的门柱上都有 prykazann'e，这是一张浸过油的小牛皮，上面写有祈祷。祈祷被放在一个小金属盒中，然后钉在门柱上（说明它是以倾斜的方式钉上去的）。每个犹太人都有这样的东西。有个妇女告诉他："你知道，皮特，没有什么可以帮你儿子，除了这样东西。""你家里附近有犹太人吗？""有。""那么就去找 prykazann'e，但不能让任何人看到！要去偷！烧了它来熏孩子。它会帮你的。""他去哪里了？""他去 Ioilikha 家了（一个犹太邻居）。""是他自己告诉我的！"一大早。当她进到别的房间，他冲到门柱边，将盒子从门柱上取下来，然后就跑！ Ioilikha 一直追到他家里。但他说："你可以杀了我，但我不会把它（即 prykazann'e）还给你的！"
>
> （O. Belova，T. Velichko，N. Galkina 记录于 2009 年）

这个故事包含了一个重要的动机：prykazann'e 具有魔力，只要

prykazann'e 是偷来的（参照上面的这个偷盗故事）。

在 2010 年的田野调查期间，我们注意到一个更为有趣的事实。55 岁的柳德米拉·施拉帕克（Goldshmidt）是前犹太人定居点洛齐亚托夫（乌克兰西部伊万诺－弗兰科夫地区）唯一一个犹太人，她为她的乌克兰邻居从以色列带回 mezuzoth 纪念品，因为是他们请求她这样做的。事实是这样的，在伊万诺－弗兰科夫地区，每个人都知道"犹太诫律"是成功的保证，而且在今天仍然深信不疑。正如柳德米拉所说：

> 乌克兰人想要拥有 prikazann'a，因为它们有助于治疗疾病，乌克兰人还相信 prikazann'a 可以预知某人的财运。同村的一个妇女请求柳德米拉给她一件 prikazann'e，用于治疗患癫痫症的女儿。乌克兰人通过焚烧 prikazann'e 治疗恐惧和疾病。柳德米拉的丈夫（乌克兰人）将 prikazann'e 与他的驾照放在一起；她的女儿将 prikazann'e 作为护身符挂在胸前。柳德米拉称乌克兰人经常从犹太人的房子里偷取 prikazann' a："从门上取下它——它会带来运气""战后 mezuzoth 被人从无人居住的犹太房子里拿走。"
>
> （O. Gusheva，E. Lazareva 记录）

从邻居那里得到神奇的"犹太器物"并不是唯一途径。切尔诺夫（位于乌克兰西部的布科维纳）的居民告诉说，非犹太人通常从当地的拉比那里得到这些东西——他们坚信拉比的治愈能力和预言能力。据说，尤其是拉比赠予的旧祈祷书页作为护身符，具有实现愿望的功效。

> 如今他们来到犹太教堂：如果他们（非犹太人）对某事感到失望或遇到问题，而与神父的谈话没有任何效果，他们会去犹太教堂找拉比。拉比给他们建议，送给他们犹太祈祷书页来加强他的话语。他将

书页从旧祈祷书里撕下来，他有很多这样的书——许多迁到以色列的人将他们的书留给拉比。他将书页作为护身符，折成四叠送给他们："这是送给你的神圣字符"，并告诉他们将书页放在枕头下面。这样的话一切都会顺利的：身体得到改善，女儿成功出嫁，债务得以免除。农民也找拉比，他从书上撕下其中任何一页，无论有没有文字，这些没有受过教育的人都会拿走书页，将钱放在教堂的盒子里。盒子上有两把锁：一把钥匙在拉比那里，另一把在其他人那里，因此拉比不能单独打开盒子，这些钱是捐给教堂的。但他们也有人会直接把钱交给拉比。

（Lazar' Gurfinkel，1924~2011，O. Belova，A. Moroz 记录于乌克兰切尔诺夫）

将捐给犹太教堂的钱直接交给拉比，对于商贩而言，也是成功的保证，他们经常需要通关进行跨境贸易。

他（指拉比）在这里收到很多的钱！你看，他从早上便坐在那里，将钱装入"囊"中：5 块、10 块、20 块、30 块，有些人甚至付给他 100 块卢比。因为人们带着货物从境外过来，他们想要顺畅地通过边境，他们相信拉比的帮助！他一次、两次成功地过境："我付给拉比 5 块卢比，也好过被海关抓住！"因此人们这样相信，也是这样过来的。

（鲍里斯·布莱曼 1934 年生于摩尔多瓦的科帕奇村；O. Belova，S.Barysheva2009 年记录于切尔诺夫）

在基希纳乌（摩尔多瓦首都），情况也是类似的。当地的非犹太居民将他们的问题交给拉比处理。

（当我们遇到问题时）我们一般就去教堂。但我决定到这里（犹太教堂），因为在我看来上帝是帮助所有人的。我的朋友被偷了一大笔钱，她来到犹太教堂，拉比送给她祝福，然后钱就找到了！而仅需支付 70 列伊，找回的是几千列伊。

（D. Terletskaya 记录于 2010 年，
采访的是基希纳乌犹太教堂里的一位非犹太妇女）

曾经在犹太教堂寻求过帮助和建议的访问者，还将基希纳乌的拉比与切尔诺夫的拉比进行了一番比较：

上次我被偷后，我找到切尔诺夫的拉比，他认真地听我说，然后告诉我在周围走三天，因为强盗会把被偷的物品带回到附近。然后果真他们带回来了，因此我找到了我丢失的物品！（现在又遇到了问题。）我写信给切尔诺夫的亲戚，让他们去犹太教堂，但他们回答说，在基希纳乌也有拉比。我们找了他三天。没人能告诉我们他的确切地址！现在在基希纳乌的犹太人很少，因此很难将他们从其他人那里分辨出来。我最后终于找到了他。但他与切尔诺夫的拉比做得完全两样：他只是听你说，然后告诉说犹太人会在教堂里为你祈祷。而切尔诺夫的拉比会告诉你：你是想要找回你的物品还是想要小偷受到处决，或者你想要小偷被送入监狱？

（D. Terletskaya 记录于 2010 年，
采访的是基希纳乌犹太教堂里的一位非犹太妇女）

如今这个时代有利于犹太器物神奇作用的发展。近年来，切尔诺夫出土过不止一件神奇的器物。事情是这样的，当地的历史博物馆里有一个盛放犹太宗教器物的展示柜，它吸引了前所未有的关注目光。据说，如果要驱除疾病，人们只需将疼痛部位（面积越大越好）触碰展示柜，然后在下

图 4

面匍匐。这不禁令人想起基督教民间传统中的在圣像或圣坛下面匍匐的仪式。这些器物尤其在孕妇中极为流行，她们将鼓起的腹部放在展示柜上，这样就能保证成功妊娠和顺利生产。需要指出的是，展示柜中的物品是单纯和简单的，并没有神奇的作用（仪式用的服饰、披肩和圆顶小帽、祈祷书，见图 4）。但集合在一起，这些收藏品在参观者眼中便获得了神奇的地位。这正是因为相信犹太器物神奇作用的信仰得到保留，即使当地犹太人与非犹太人的互动关系早已成为过去。

参考文献

Belova 2005–Belova O. Etnokulturnyie stereotypy v slavianskoi narodnoi traditsii. Moscow，2005.

Benedyktowicz 2000–*Benedyktowicz Z.* Portrety“obcego”. Kraków，2000.

Bystron 1935–*Bystron J.St.* Megalomania narodowa. Warszawa，1935.

Cala 1992–*Cala A.* Wizerunek Zyda w polskiej kulturze ludowej. Warszawa，1992.

Dobrovolskyi 1914–Dobrovolskyi V.N. Smolenskii oblastnoi slovar’. Smolensk，1914.

Federowski 1897–*Federowski M.* Lud Białoruski na Rusi Litewskiej. Kraków，1897. T. 1.

Galkina 2010–*Galkina N.* “Prykazanie”：primer zaimstvovania oberega v situacii etnokonfessionalnogo sosedstva//Dialog pokolenii s slavianskoi i evreiskoi kulturnoi tradicii/

O.V. Belova（ed.）. Moscow，2010. S. 322–336.

Kolberg DW 31–*Kolberg O.* Dzieła wszystkie. T. 31：Pokucie. Cz. 3. Wrocław; Pozna ń，1963.

Lilientalowa 1905–*Lilientalowa R.* Wierzenia，przesądy i praktyki ludu żydowskiego// Wisła. 1905. T. 19. S. 148–176.

Nikiforovskiy 1897–Prostonarodnye primety i poveria，suevernye obriady i obychai，legendarnye skazania o litsakh i mestakh/Sobral v Vitebskoi Byelorissii N.Ja. Nikiforovskiy. Vitebsk，1897.

SD 2–Slavianskie drevnosti. Etnolingvisticheskii slovar' /N.I. Tolstoi（ed.）. T. 2（D–K）. Moscow，1999.

Serzhputovskiy 1930–*Serzhputovskiy A.* Prymkhi i zababony belarusau–paliashukou. Minsk，1930.

Shein 1902–*Shein P.V.* Materialy dlia izucheniia byta i iazyka russkogo naseleniia Severo–Zapadnogo kraia. Sankt–Peterburg，1902. T. 3.

Siarkowski 1879–*Siarkowski W.* Materyały do etnografii ludu polskiego z okolic Kielc// Zbiór wiadomości do antropologii krajowej. Kraków，1879. T. 3. S. 3–61.

Stomma 1986–*Stomma L.* Antropologia kulturzy wsi polskiej XIX w. Warszawa，1986.

图片说明

1. 20 世纪初东欧的 Mezuzoth 盒子形状，俄罗斯犹太历史博物馆（莫斯科）。
2. 斯洛特凡村（乌克兰伊万诺 – 弗兰科夫地区）的 Prikazann'e，2009。"加利西亚和布科维纳的犹太历史"项目档案。
3. 马尼亚娃村（乌克兰伊万诺 – 弗兰科夫地区）的 Anna Krykun（生于 1927 年）讲述犹太人的 prikazann'e，2009 年，T. Velichko 拍摄。
4. 切尔诺夫历史博物馆中盛放犹太宗教器物的展示柜（2008 年）。俄罗斯国立人文大学（莫斯科）民间艺术 – 民族志调查档案。

危机和迁移：来自马其顿的阿尔巴尼亚流动劳工的日常生活特征

〔保〕伊维洛·马科夫 著 于 红 译

摘 要

在巴尔干，个人和群体性的劳工迁移已经存在了数个世纪之久。人们为了谋生发财，和亲属朋友一道在或长或短的时间里离开故土。本文从社会－文化的视角考察了在从一个地方迁移到另外一个地方的过程中个人和群体所经历的某些危机时刻。

分别、远行、苦工和孤独，对家人和亲属的朝思暮想，是移民日常社会中非常痛苦的时刻。在长时间居留异乡后，重返家园的意义非常重要、不容忽视。对于移民的父母、妻子和孩子们来说，亲人外出打工也使他们备受情感煎熬。然而在这里，笔者不仅仅从心理方面进行考察，这一问题还存在着社会－文化维度。我从个人和群体所具有并发展的文化模式的动力系统的维度考察了劳工的迁移和流动，他们对故土社会的影响，以及在国外暂时或长期居留的离散的人们的情况。此外，这种类型的迁移改变了家庭里的仪式和庆典的日程安排、社会角色和人际关系。

本文建立在过去3年在来自马其顿共和国的阿尔巴尼亚流动劳工中所做的民族学田野考察的基础之上。我的考察工作包括了对移民故乡居住的前移民和现在的移民的访谈，对没有迁移的移民的朋友和亲属的访谈，以及对在斯洛文尼亚工作的马其顿阿尔巴尼亚移民的访谈。

导　言

个人和群体的迁移是人们共同体的天性，在整个人类存在历史长河的不同阶段都可见到。我对被称为“劳工移民”的移民过程感兴趣。[①] 巴尔干人提供了不同地区、不同时段季节性临时劳工迁移的多种文化范例。他们都有着共同的类型学特征，由此研究者得以探讨“巴尔干文化迁移”问题（Христов，2010：11）。

第二个需要引入的关键概念是“危机”。在本文中，危机在语义上并不一定具有贬义的涵义，而且它也不是必需的、强制性的，仅仅导向衰退和毁灭。在这里，危机将被视为在一个既定的进程中一种（社会）制度或组织环境的变换，参与其中的行为者创制出相应的行为机制和处理准则，以应对与这一变化伴随而来的风险。下文将把劳工的迁移作为这种具有特定的社会－文化涵义的转换进程加以阐明。

本文的首要目标是研究个人和群体在劳工迁移的情况下所面临的社会和文化方面的挑战，及其日常的行为实践和应对机制。本文首先考察人们自己对一个不断变动的环境中的局限性和机遇的见解与看法，这些

① 在巴尔干，这一现象被称为“gurbet”或“pechalbarstwo”（Христов，2004：48）。这是一种以男性为主导的行为，带有季节性的特点——劳工们春季时离家外出谋生，秋季返回家园。他们的家庭成员则留在故地。今天，这种以男性为主体的传统季节性劳工流动的方式与另外一种模式并存，即劳工携其家庭移居，在新的居住地安家落户。从社会意义和文化意义上说，两种模式同时存在，相互融合，产生了有趣的变化，形成了流动劳工现象的新特点。

决定了他们应对不同的挑战、风险和不确定性所采取的策略，以及相关的价值选择。

研究理论框架中一个重要的工具是社会网络的理论，这一理论清楚地说明已经离开的迁移者、返回的迁移者和未迁移者是怎样通过亲属关系、朋友关系和对共同的出生地的义务及承诺被编织进一个复杂的社会和人际关系体系之中的（Massey et. al., 1993：448；Boyd，1989）。社会网络是社会资本的源泉，帮助迁移者和未迁移者减少紧张和风险，渡过因迁移而产生的危机。

本文的分析建立在笔者写作题为《来自马其顿的阿尔巴尼亚当代流动劳工》的学位论文时收集的民族志资料的基础之上。在 2008~2010 年间，笔者对马其顿共和国西部的阿尔巴尼亚居民进行了四次为期 10~15 天的田野考察。数世纪以来，这个共同体中一直有人为了谋生和改善生活条件做流动劳工，但在 20 世纪后半期以来，这种现象尤为普遍。① 同时，作为一名（斯洛文尼亚共和国）卢布尔雅那的欧共体交换计划的学生，笔者有机会访谈城市里的阿尔巴尼亚工人（饭店服务业、甜点制造工人），他们中的绝大部分人都出生在（马其顿的）特托沃。

① 第二次世界大战及其后是来自马其顿（瓦达尔马其顿成为南斯拉夫的六个共和国之一）的阿尔巴尼亚劳工迁移进程的一个转折点。从这一时期起，流动劳工迁移的规模和目的地发生了显著的变化。到 20 世纪 60 年代中期，阿尔巴尼亚居民受到了强烈的经济和政治压力。尽管如此，阿尔巴尼亚人努力不受到快速城市化和工业化进程的波及和影响。然而，由于意识形态方面的原因，迁移到国外是不可能的。在 20 世纪 60 年代中期，对阿尔巴尼亚人的政策趋于温和，他们获得了更多的政治、社会和文化权利。与此同时，南斯拉夫领导层对待移民的政治立场发生了变化。其原因是南斯拉夫的几个共和国——马其顿、波斯尼亚和科索沃，经历了一次严重的经济倒退。因此，移民国外被视为克服富庶与贫穷的共和国之间巨大鸿沟的一个机遇（Dimova，2007：2–3）。南斯拉夫与若干个西欧国家签订了双边合同。社会主义的南斯拉夫成为招募这些所谓的 gastarbeiters（意即在一个特定时期受到合法邀请的工人）的主要来源之一。这一政策的结果是，在下一个 10 年里，在阿尔巴尼亚居民中，到西欧国家做一名 gastarbeiter 成为极为普遍的现象，成为这个社群很大一部分人主要的收入来源。阿尔巴尼亚流动劳工主要的目标国是德国、奥地利和瑞士。

一 转折点上的迁移

正如上文已经指出的，如果不考虑其目的地、持续时间和特点发生的变化，居住在现在的马其顿共和国西部的阿尔巴尼亚人的迁移已经不间断地持续了几个世纪之久。从这个意义上讲，这些居民为寻求更好的境遇和生计而进行的迁移已经成为人们日常生活的组成部分。乍看来，这种常规的现象与上文提到的视危机为一种重要的变迁的定义相矛盾。然而，从个人及其所属的集团（家族、亲属和朋友等）的角度来看，迁移被证明是一个重要的转折点，或更确切地说，是危机时刻的集合体。分离、远行、辛苦的工作和孤独，以及每天对亲人和亲属的思念都是工人们面临的重要挑战。至于流动劳工的父母、妻子和孩子们，所有这一切都与压力和对日常生活的颠覆联系在一起。重返出生地的意义也同样至关重要。所有这些常常与家庭结构、社会角色和身份的变迁相联系。我将详细地考察这些时间点，以及下文的讨论中涉及的个人和集团的应对策略。

二 分离远行

受访者自己给出的外出做流动劳工（gurbet）的原因是来自经济和政治方面的。我们将这些因素放在一边，因为它们需要长篇幅的分析，并不是这里所要做的。这里重要的是前途渺茫的感觉和没有机会来获得足够的资金。数十年来，数万阿尔巴尼亚家庭从其马其顿西部的居住地，为了谋生外出做工。外出的初衷因人而异。我访谈的一些人解释他们在非常年轻时是如何出国打工的，在仔细地考虑情况后，他们做出这一决定，对父母秘而不宣。然而许多其他人，外出做工则是家庭做出的决定。

分离的时刻对于外出的人和留在出生地的人都是极为重要的。存在这种与离家相联系的礼仪行为不是偶然的。离家的人及其亲属都在为即将来临的别离做准备，在心理上进行调整。踏上征程之前，他们搜集将要前去的地方的相关信息，询问已经去过那里的亲属和朋友。正因如此，出发前的日子极为紧张。即将出门的人要见许多人——亲属和朋友。一些人只想要说再见，祝愿他们一路平安，而其他人则要捎给正在那里工作的亲属一些东西——信件、食物、衣服、毯子或小礼物。

在启程的前一夜，亲戚们常常一起吃饭。出发当天，会做出一些具有保护性质的行为。例如，在远行的人前洒一杯水，他出门必须先迈出右腿。人们祝愿他路途平安、工作顺利，一如他面前的水一样。在多洛哥扎达村和斯卢扎克村，部分水被收集起来，交给外出打工的人随身带着，以便他们身在异乡的时候也能想到故土。打工者的配偶或父母常常给他一些家里的东西，例如吉祥物，以保佑他们免遭厄运；或者是一枚硬币，以便他们不会两手空空地离家，并且在回来时满载财富；抑或是一条毛巾，以便他们不会忘掉生于斯长于斯的土地，日后重返家园，不一而足。这些行为是一种仪式性的机制，以应对别离导致的危机情况，旨在减轻压力。

> 一个人走出了门，就像你在他的胸膛里插了一把刀。他与家人天各一方。所以现在，当你外出挣钱时，身体远行，但心留在这里。

三　在外居留工作

我的访谈对象中许多人非常痛苦地谈起离开故土的时刻。那里的环境完全不同，生活条件极为艰苦。他们常常将生活中的这段时期描绘成他们经历过的最困难、最煎熬的时候：

> Gurbet 比魔鬼还要黑暗。魔鬼是这么黑暗，你不能将它和煤炭区

分开来。Gurbet 也是如此——黑暗。

（ИЕФЕМ–АЕИМ 903– Ⅲ：14）

我访谈的许多人好几周都没有一个固定的家。一些人告诉我他们在找到工作、能够付房租前睡在电话亭里，或是在公共汽车站。许多人甚至在开始工作后还是过着非常简陋、贫困的生活，常常和其他工人挤在一起。下面是司空见惯的故事：

他们睡在40人一屋的房间里。就像罐头鱼一样，一边都是排得满满的人，要想翻到另外一侧，需要一个指令。你不能翻身，因为没有地方。

（ИЕФЕМ–АЕИМ 904– Ⅲ：43）

阿尔巴尼亚劳工的工作类型多种多样，但是所有工作都有一个共同点，就是它们都是当地工人不愿做的工作，而且大多是单调乏味的工作。许多劳工受雇于建筑行业（砌砖工、泥水匠、油漆工、细木工，等等），园艺业，林业和餐饮业（侍者、甜点工人、比萨饼厨师，等等）。在许多情况下，他们找到的工作都不是长期固定的，收入也不稳定，工人们按照实际工作的天数拿工资。许多时候，在找到合适的工作前，他们在几个月，有时甚至是几周的时间里不得不频繁变换工作地点。况且，这些工作常常是在差异很大的领域。更有甚者，他们不懂客居地社会的语言、行为举止、礼仪、价值观，在与当地人的交往中，受到成见和偏见的影响。

因此，流动劳工之间的关系和联系，以及工人与家中亲属和朋友的联系，对于应对这种情况是非常重要的。社会网络就是建立在这些关系与联系之上的。对于迁移进程中社会网络的研究常常谈到减少旅费的问题。然而，不能将价格简单地作为金钱上的价值来理解。这些联系转化为一种社会资本，使工人更容易应对危机和挑战，也帮助他们找到住处、工作，全面适应新环境。这种社会纽带方便了新到的移民。我访谈的大多数人都谈到他们独自跨出国门，也补充说他们去的地方有一个兄弟、叔叔，或是童年的朋友。阿尔巴尼亚的移民集中在客居国的特定地区。他们有聚会的咖啡馆、教会或是他们自己的组织。所有这些通过组织阿尔巴尼亚民俗晚会、烹饪展览等方式，帮助他们保留了本土文化的元素。因此，通过维系移民与其客居国特定地区的组织之间的积极联系，移民们努力克服因失去了日常交往和社会接触所导致的危机，交往和接触在其故土都是题中自有之意。

四　移民与其家乡

另外一个造成大多数移民经历的社会和心理方面的危机的主要原因则是移民与家人和地方的共同体天各一方。对父母、妻子和孩子的牵挂和思念常常伴随着工人们的日常生活。这种分离导致了疏离感，伴有遗忘的风险。

> 这里有个例子，就是在节日的时候。在这里，人们的传统是相互拜访、祝福节日快乐。我已经有9年没有这样了。你不能来，这就是我的工作。因此在9年里我去拜访过他们。我没有过过任何节日，人们感到与你疏远了……当我们来到这里时，他们说游客来了！我们是这里的外国人和游客，无处可去。
>
> （ИЕФЕМ–АЕИМ 903– Ⅲ：5–6）

在这个意义上说，与最亲近的人和家里的亲属保持密切的联系是至关重要的。劳工们通过亲属和朋友将钱带回家。这也是一个传送和接收信息的渠道。传递钱和信息的主要目标是帮助出生地的社会网络的成员们满足其基本的社会需要——食物、药物、接受更好的教育。与此同时，这些物质和社会方面的传递也有助于维系这些社会纽带，以免其陷入完全孤立的状态。因为礼物具有象征意义，人们不仅送礼物给妻子和孩子们，还送给具有较高社会地位的亲属们，比如父母和兄长等。拒绝会被解释为轻视和不敬。考虑到前面采访对象所说的对疏离的恐惧，这些物质和社会方面的传递发挥着防止产生同样的不利情况的防御性机制的作用。

从这方面看，流动劳工的成功更多地取决于他们与家之间的传来递往，而不是取决于他们在国外的情况。一方面，他们努力帮助家里的事实使其能够应对常常是极为恶劣的处境、各种各样的歧视、在工作场所没有社会地位等。大多数移居者不能在客居社会获得较高的地位——他们在这里从事低级的工作，并常常是非法的，他们找到了一个在家乡获取社会声望、社会实现的机遇。另一方面，通过养活亲属、让他们过上更好的生活，工人们提高了在故乡的共同体中的社会地位。此外，在大多数情况下，即使在今天，出国打工的人离开时也想着要回来。这些交换和定期的探亲推动他们回归故里，并减少了对经历孤立隔绝的忧虑。

我们还需要考虑在国外居留更长时间的人们的情况。工人们适应了与其故土不同的另一种生活动力系统和消费模式。在我看来，这就是建造现代化装饰的大房子和支持村庄里各种改进措施具有另外的涵义的原因所在。努力提高生活水平，以便减少环境变化带来的种种不便和不利之处。

与亲属和朋友的联系越不规律，社会生活和社会网络越不积极活跃，处于困难和不利的处境的概率就越大。我访谈的一些人已经在美国生活了多年，尽管交通和通信很发达，但他们却从未有机会与家乡定期联系或探亲。在退休回归故里后，他们面临着很大的困难。一些人甚至无法适应，重返美国。

五　迁移和认同危机

在讨论我们今天见到的这样规模的迁移活动时（不仅仅是在阿尔巴尼

亚人中的），前面的部分将注意力引向另外一个我认为很重要的方面。本部分的开篇是对一个受访者的访谈：

> 当我在奥地利时，我遇到一个1968年去那里的人。所以我见到了他们……起先，他们在1980年前一直孤身一人。然后在1980年，他们将妻子也接到了奥地利……他们已经是移民了。当我见到他们时，他们的孙儿们用德语交谈。不停地说德语，母语逐渐丢掉了，到了第二代和第三代，你已经被同化了。
>
> （ИЕФЕМ-АЕИМ 903-Ⅲ：3）

经历认同危机的危险被凸显出来。在20世纪七八十年代，当相当一部分作为临时劳工的迁移者开始将留在马其顿的家眷带到客居国、在这里抚养他们的孩子甚至可能是孙儿辈时，这个问题尤为引人关注。孩子们在客居国受教育，拥有比其父母更好的工作。这就是我访谈的人常常谈到同化的原因所在。迄今所讨论的社会网络内的强大联系，是在经典移民理论的概念之外发挥作用的，而在移民理论中，则是通过同化和整合的角度来看待移民。今天，学者们开始探讨“超移民”（trans-migrants）问题，以此取代先前所使用的术语“移民”（移出者 / 移入者）（Glick-Schiller，Basch and Blanc-Szanton，1992）。超移民参与“这里”和“那里”的社会网络，建立对多个共同体的认同。

上文已经提到，居留国外期间，劳工们的社会联系几乎完全局限在阿尔巴尼亚共同体之内，尽管官方努力整合移民。正是这种社会网络的族类特性支撑起了这个共同体的观念，使其保持着阿尔巴尼亚的属性。在远离家人、在新地方感到处于社会孤立状态并常常在客居社会处于边缘化的处境下，做一个阿尔巴尼亚人对于我的访谈对象具有至关重要的意义。

尽管已经携家眷定居在客居国和在那里出生的阿尔巴尼亚人数量不

断增加，展现其“阿尔巴尼亚”性仍旧很重要。上文已经提到，他们仍旧通过行动和思想与其家庭和家乡保持着联系。与此同时，新移民总是流入已经居住着第二代、第三代阿尔巴尼亚人的地区，这具有双重影响。这些国家的俱乐部和组织帮助新来的移民更容易地安顿下来、找到工作。在德国、奥地利和瑞士出生的人回到马其顿，从家乡或邻近的村庄寻找伴侣。新移民带有特定的阿尔巴尼亚地方文化和行为举止习惯。其结果是，即使是第二代移民对其父母故土的文化传统也有兴趣，而且从父母的故里不断有人来到客居地谋生。

无论在何种情况下，许多移民的后裔，即使是第三代的移民，仍然通过行为和思想与其故土及阿尔巴尼亚共同体保持联系。通过这种方式，他们不断确认与故土的联系及对阿尔巴尼亚的认同。因此，移民对故土共同体社会的参与，特别是在马其顿阿尔巴尼亚人与马其顿人族类冲突的背景下，成为其共同体认同的主要标志。传统生活方式的一些要素对于克服和应对可能的因移民进程导致的认同危机具有极为重要的作用。婚礼及其相关的仪式就是一个很有说明性的例证。

不仅对于阿尔巴尼亚人，而且对于来自马其顿西部的其他移民（土耳其人等）而言，婚礼基本上都是在七八月间举行，这很典型。那时的村庄充满生命力，每天都举行两场或三场，有时更多场次的婚礼。在这段时期，大多数移民都利用他们的年休假回到故乡的村庄。值得注意的是，即使移民们散布在不同的国家，婚礼也是非常严格地限于同族之内的。新娘与新郎来自同一个村庄或是邻近的村庄。即使在今天，与奥地利人和德国人的混合婚姻也仅仅是特例，但在近年来，这种事情还是偶有发生。对于在国外出生的人来说，同族通婚也是强制性的。对于一个在德国或瑞士，甚或是美国出生的小伙子来说，夏天回到故土娶一个父母家乡的女孩，是很正常甚至是强制性的做法。一个年轻人同一个共同体之外的人结婚，会受到强烈的谴责。这样的人，即使他们从未在夏天的婚礼季返回故乡，也会被人们说成是共同体的不肖子孙（see Pichler，2009：223；Hristov，2010：147）。同样的规则也适用于阿尔巴尼亚女孩——即使她们在国外出生、长大，她们也要和阿尔巴尼亚人结婚。我在阿尔巴尼亚村庄里能够看到的婚礼奢华浪费。所有的亲属和朋友都在邀请之列——包括一直在村庄里居住的和来自世界各地的。有时，一场婚礼的来宾人数超过 500 人。在婚礼当天，闹闹哄哄的豪华车队一遍遍地穿越整个村庄。晚上的庆祝尤为浪费，并且不像以前那样在新郎的家里举办，更多的是在一个特别预定的饭店里。这里有高薪聘请的乐队营造良好的气氛，另外还安排了婚礼的摄影和摄像。这样的婚礼耗费非常高昂：

> 但是他们在这里办婚礼，他们来到这里……不仅自治市是这样，马其顿整个地区都是如此。办一场婚礼意味着要在这里花费至少 5000~10000 欧元。
>
> （ИЕФЕМ–АЕИМ 905–Ⅲ：22）

只有在故土，办这样的场面才有可能，才有意义。只有属于共同体的当地人才会讨论他们自己的习惯，对婚礼的物质和社会意义才会品头论足。对于所有一年中的绝大部分时间里都远离故土的人们来说，婚礼是一个重要的时刻，意味着维系移民与其出生的故乡之间的紧密联系，并且是作为一个共同体的认同的鲜明的标志，而不论其空间上相隔多么遥远（Pichler，2009：224–225）。

结　论

可以得出这样的结论：工人们离开出生地到国外工作以挣钱提高生活水平是一个多维层面的进程。外出工作的人，以及整个当地共同体，都面临着巨大的变化和一系列的危机局势，危机不仅是心理方面的，而且也是社会和文化方面的。一方面，在社会网络内维系移民之间的紧密联系；另一方面，维系移民与在故乡的亲人之间的联系，看起来是减少紧张、克服危机的主要原动力。因移民活动形成的不同的日常习俗，具有至关重要的作用。这也包括在共同体中多年来形成的具有移民行为形式的仪式。

参考文献

Христов, П. 2004. Гурбетчийството/печалбарството в централната част на Балканите като трансграничен обмен.–Балканистичен форум（1–2–3），Благоевград, 48–54.

Христов, П. 2010. Балканският гурбет–традиционни и съвременни форми（въведение）.–В：Христов, П.（ред.）Балканската миграционна култура：Исторически и съвременни примери от България и Македония. София：Парадигма，11–27.

Glick–Schiller, N., L. Basch and C. Blanc–Szanton 1992/Transnationalism：A New Analytic Framework for Understanding Migration In．N. Glick–Schiller，L. Basch and C. Blanc–Szanton（eds.）Toward a Transnational Perspective on Migration，New York：New York Academy of Sciences，1–24.

Boyd, M. 1989. Family and Social Networks in International Migration：Recent Developments and New Agendas–International Migration Review，23（3），638–670.

Dimova, R. 2007. From Past Necessity to Contemporary Friction：Migration，Class and Ethnicity in Macedonia.–Max Planck Institute for Social Anthropology Working Papers，Working Paper No. 94. Halle，http：//www.eth.mpg.de/cms/en/publications/working_papers/pdf/mpi–eth–working–paper–0094.pdf.

Hristov, P. 2010. Trans–Border Migration：the Example of Western Macedonia.–In：Krasteva，A.，A. Kasabova and D. Karabinova（Eds.）Migration in and from Southeastern

Europe. Ravenna：Longo Editore，141–150.

Levitt，P. 1998. Social Remittances：A Local–Level，Migration–Driven Form of Cultural Diffusion.–*International Migration Review* 32（124），926–948.

Massey，D. S. et al 1993. Theories of International Migration. A Review and Appraisal.–*Population and Development Review*，19（3），431–466.

Pichler，R. 2009. Migration，Ritual and Ethnic Conflict. A study of Wedding Ceremonies of Albanian Transmigrants from the Republic of Macedonia.–*Ethnologia Balkanica*，13，211–229.

АРХИВНИ ИЗТОЧНИЦИ：

ИЕФЕМ–АЕИМ 903–III：Марков，И. 2008. Трудови миграции на албанците от Македония，гр. Скопие.

ИЕФЕМ–АЕИМ 904–III：Марков，И. 2009. Трудови миграции на албанците от Македония，гр. Тетово，с. Желино（Тетовско），гр. Струга，с. Делогожда（Стружко），с. Добовяни（Стружко），гр. Скопие.

ИЕФЕМ–АЕИМ 905–III：Марков，И. 2010. Трудови миграции на албанците от Македония，с. Теарце（Тетовско），гр. Струга，с. Делогожда（Стружко）.

避免冲突、促进交往：保加利亚的老信徒

——后共产主义时期的社会、文化和语言转型

〔俄〕艾琳娜·乌泽内娃 著　于　红 译

摘　要

本研究是在《东南欧老信徒的语言和文化》科学计划（俄罗斯科学院《俄罗斯的历史文化遗产与精神价值》主席团规划 2009~2011）的框架内进行的。该计划提供了新的研究视角——传统民族精神文化与相应的俄罗斯老信徒的术语学的交叉学科研究。考察在保加利亚、罗马尼亚、乌克兰的俄罗斯老信徒村落的民族传统，旨在确定与土著俄罗斯人的传统紧密相连的古老的文化－语言基础，以及由于不断受到斯拉夫人影响（即与保加利亚传统相联系的南斯拉夫的影响、乌克兰国土上的乌克兰语）而输入的要素，另外还包括巴尔干地区的创新（在罗马尼亚和保加利亚境内）。

本研究建立在笔者于 2006~2007 年和 2009 年在保加利亚进行的田野调查所搜集资料的基础之上。现在，保加利亚的老信徒集中地生活在东北部的两个村庄里：鞑靼利萨（Татарица，在西里斯特拉地区，多布罗加），于 18 世纪末定居此地；哥萨施克，1905 年建立，位于瓦南斯克湖北岸，距离

瓦尔纳（现在那里有一个纪念碑）7 公里之遥。根据研究该地区的保守派学者们提供的资料，保加利亚的老信徒群体一直保持着孤立隔绝的状态，其独特性和方言一直延续到 20 世纪 90 年代。共同体保持稳定归因于严格的生活规则：共同体的封闭、对混合婚姻的禁止、对传统文化的保持、方言拥有很高的社会声望。

尽管保守派在过去处于孤立隔离的状态，但近年来，在后共产主义时期的变革后，他们变得大为开放起来。由于全球化进程以及保加利亚的社会、经济和族类－文化的变迁，在老信徒中，周边联系紧密的保加利亚文化和语言的影响越来越显著。双方的互动不仅存在于外部形式上，在一定程度上也涉及哥萨克文化的延续。在后共产主义时期，保加利亚保守派的转型涉及社会领域（职业辅导变化，例如退出传统的手工业和渔业）、家庭关系（性别角色的变化）、文化（庆祝新节日，特别是保加利亚的节日）和语言。

本研究是在《东南欧老信徒的语言和文化》科学计划（俄罗斯科学院《俄罗斯的历史文化遗产与精神价值》主席团规划 2009~2011）的框架内进行的。该计划提供了新的研究视角——传统民族精神文化与相应的俄罗斯老信徒的术语学的交叉学科研究。对保加利亚、罗马尼亚、乌克兰的俄罗斯老信徒村落民族传统的考察，旨在确定与土著俄罗斯人的传统紧密相连的古老的文化－语言基础，以及由于不断受到斯拉夫人影响（即与保加利亚传统相联系的南斯拉夫的影响、乌克兰境内的乌克兰语）而输入的特质，另外还包括巴尔干地区的创新（在罗马尼亚和保加利亚境内）。

本研究建立在笔者于 2006~2007 年在保加利亚进行的田野调查所搜集资料的基础之上。老信徒是俄罗斯人，属于东正教一个特殊的教派，仍然忠诚于 17 世纪尼孔（Nikon）总主教改革所废除的古老的宗教法规。他们自称为 lipovani、nekrasovc、kazaci。本文仅选择保加利亚东北部两个地点的老信徒村落作为研究对象是出于以下几方面的原因考虑。首先，上文提到的共同体已经离开其故土在现在的驻地生活了近 300 年。其次，他们讲方言，从未学习过标准的俄语。在过去，孩子们由父母在家教育，使用斯拉夫教会的书籍，或是上教会学校，由教士教授他们读书、写字。最后，这个特定的族群生活在不同的文化环境中（尽管斯拉夫－保加利亚人与老信徒的传统是同源的）。基于上述考虑，追溯既定的文化和语言相互影响的过程和结果是非常有意思的。

根据研究该地区保守派学者的资料，保加利亚老信徒直到 20 世纪 90 年代一直处于与世隔绝的状态，保持着其独特性和方言。共同体保持稳定归因于严格的生活规则：共同体的封闭、对混合婚姻的禁止、对传统文化的保持、方言拥有很高的社会声望。

哥萨克人的历史与 17 世纪俄罗斯的宗教和政治动荡联系在一起，缘起于孔德拉特·布拉文 1707~1709 年领导的起义。战败后，在伊格纳特·内克拉索夫的领导下，哥萨克人开始了漫长的漂泊历程，他们从达恩来到了库班，1740 年在土耳其，地方当局将其安置到小亚细亚和多瑙河三角洲空阔的土地上。

长期的迁移一般是由人们原来国家的社会政治条件发生变迁引发的。如果说在过去，迫使保守者背井离乡的是宗教和政治因素，那么现在，则是经济（缺乏工作机会）和社会－人口（缺少相同信仰的适龄婚配对象）方面的原因。妇女和青年大批来到相邻的地区或国家寻找工作，而男人和老人留守在村庄里。这影响并改变了家庭的性别分工：原有的传统父系家长制模式被新形成的现代模式取而代之，承担挣钱养家、筹划孩子们的生活等工作的妇女成为家庭的主导者。我们调查的一个对象就是这种家庭，在这个例子中，这种特定的情势表现得最为清楚。

现在，保加利亚的老信徒集中地生活在东北部的两个村庄里：鞑靼利

萨 Татарица（在西里斯特拉地区，多布罗加），他们于18世纪末占据了这一地区；哥萨施克，1905年落户，在瓦南斯克湖从瓦尔纳（这里现在有一个纪念碑）往北7公里的地方。马特维奇·鲁索夫的家庭从罗马尼亚的萨里科尤奇村来到土耳其。此后，罗马尼亚其他的保守派也在这里安顿下来（图尔西、朱利罗夫卡、卡卡利乌），当地的哥萨克人喜欢随后将新娘接来，此外这里也有来自小亚细亚、土耳其的玛达岛和马奇诺斯湖的移民。

图1　哥萨施克，瓦南斯克湖边的十字架标志着1905年建立哥萨施克村的地方（艾琳娜·乌泽内娃摄于2009年）

这些居民中的部分人是老信徒无教士派中的保守派（他们自称为*хатники*，由家里的教会仪式而得名）。教士和首领的角色在这里由执事来承担。但是自1935年以来，存在着一个圣马多娜派。在没有教士的情况下，当地妇女费沃罗尼嘉·克里斯卡在假日里提供服务。现在，由来自俄罗斯和罗马尼亚的教士来服务，使得宗教仪式（洗礼、婚礼）得以“圆满”。

数年来，该文化的封闭性是由新/旧、自己的/他人的等这些建立在族类和宗教差异基础之上的基本对立来确立的。一般来说，认同是通过宗教（信仰）、地域（居住地）、语言（方言）这几种标志物形成的。有一次，我们采访的人将生活划分为两个时期——“早期”（改革前）和“现在”（改革后）。就空间范畴而言，差异是“我们的”空间与“他人的”空间之间的对立。群体通过不同的文化代码形式来凸显自己的特性，诸如饮食/烹饪、音乐与舞蹈、服装样式、居住模式、假日/仪式，等等。

图 2　哥萨施克，波克罗夫 · 普莱斯瓦加托加 · 波哥罗迪茨教堂，建于 1936 年
（艾琳娜 · 乌泽内娃摄于 2009 年）

直到 20 世纪 50 年代，哥萨施克村还是一个纯俄罗斯人的村庄，现在这里生活着 450 人，其中 60% 是俄罗斯人，40% 是保加利亚人。近年来，混合婚姻的数量在增加，对孩子们的教育使用保加利亚语进行。现在，村子里没有学校，孩子们去比邻的保加利亚人的托波利村上学。以前，这里曾经有一座斯拉夫语的学校，执事用教会斯拉夫语教授孩子们。1952 年，这里有一所 4 个班级的乡村学校，由保加利亚的教师授课。所有这些，自然导致了文化的融合，对老信徒的语言产生了影响。在大多数情况下，年青一代的俄罗斯人接受了保加利亚的习俗，表现为过保加利亚人的节日、在家里常常说保加利亚语。在考察中，我和一个 10 岁的孩子在一起，他力图讲俄语接近老信徒的孩子们，但行不通，因为他们不讲俄语，讲英语就顺利达到了目的。

我仅仅和一个家庭熟识起来（瓦西里耶 · 菲力波夫一家，自学成才的肖像画家），丈夫——老信徒，使保加利亚籍的妻子皈依了自己的教派。现在，妻子穿着传统的妇女服装，并懂得地方的方言。

图 3　哥萨施克，纳塔莉亚与费奥多·格拉西莫夫的婚礼。摄于 1938 年，照片来源于哥萨施克村当局（图片来源：Kazashko 村 Municipality）

图 4　哥萨施克，老信徒的现代讣告（艾琳娜·乌泽内娃摄于 2009 年）

保加利亚语对老信徒方言的影响显而易见。方言里不仅吸收了外来的词汇，例如，节日的名称（Babinden，助产士的节日；Nikulden，圣尼克雷节）；与俄语名称并存的词汇（*Бабьи кашки*，*Никола*），疾病的名称（*шарка*，“天花”，*магариная кашлица*，“哮喘咳嗽”），以及额外的词汇（感叹词和插入语格外明显：*обаче*，*пък*，*ами*），还吸收了与之相关的表达方式（*адно and сыштото ‘то most’*）与造词方式（如 изпей мне，“对我唱歌”，*болг. изпей ми*），等等。

鞑靼利萨村位于西里斯特拉以西 7 公里、与罗马尼亚交界处，距离多瑙河 3 公里，拥有古老的历史，根据传说，其历史不会短于 300 年。哥萨克人自从罗马尼亚和北多布罗加而来，以逃避服兵役，在奥斯曼土耳其统治下的保加利亚多瑙河 Гарван 村暂时安顿下来，就在现在的鞑靼利萨村附近，当时那里住着鞑靼人（村子由此得名）。因为受到哥萨克人频繁的袭击，他们被迫离开家园。土耳其当局对俄罗斯人极为热情忠诚，给他们土地，准许他们修建教堂、组建武装集团、演练其军事技艺、选拔首领和教士。在

1878 年的清理之后，这一地区被纳入保加利亚。在 1919~1940 年间，南多布罗加是罗马尼亚的一部分，仅仅是在 1940 年后才重回保加利亚的怀抱，哥萨克人在这里除了渔业外，还积极地从事农业、园艺业和葡萄种植业。

现在，鞑靼利萨村并不享有行政管理方面的自治权（它是阿奇德米尔村的一个区）。居民不足 700 人——包括俄罗斯人（勉强超过 100 人）和保加利亚人，这里的婚姻大多数是俄罗斯人与保加利亚人的混合婚姻。青年人更愿意离家到城市和国外找工作。这里的教会更为开放，用保加利亚语举行仪式，因为教会也涵盖了保加利亚人的主教教区。神甫瓦西里来自保守派家庭，妻子是保加利亚人。根据受访者提供的信息，尽管哥萨施克的居民存在着相关的交往，但在过去，社区内部之间的关系很紧张：不受教士管辖的人们不当着鞑靼利萨居民的面祈祷，不从一个容器里喝水，认为他们“脏”，不娶他们的女儿，等等。鞑靼利萨的老信徒将哥萨施克的农民称为“马”，认为“他们视野狭窄，心胸狭隘”，周围的一切都看不见。鞑靼利萨村民（Татаричники）自称为哥萨克－内克拉索夫茨，在罗马尼亚语中则为 *липовани*。然而，在他们的语言中，他们称其为 *липованским*，尽管其发音更接近于库班。

鞑靼利萨村里，有许多来自罗马尼亚老信徒村庄的新娘，在这些村庄里，保留着更多的传统。在许多方面，由于他们的努力，鞑靼利萨的居民开始更频繁地去教堂，穿着古老的传统服装，这甚至成为享有社会声望的现象。妇女常常使用多种语言，因为她们在讲俄语的家庭里长大，同时也讲教会斯拉夫语方言。她们在罗马尼亚学校受教育，现在居住和工作在保加利亚，掌握了保加利亚的官方语言。她们用本土方言书写相关的字母，因此使用的是一种拉丁语。

哥萨克人的语言意识是多种语言相互交流和一种独特的语言环境的反映，这种语言环境通常可称为多语文化，表现为不断地从一种文化场域转换到另外一种，从一种语言领域转换到另外一种。例如，宗教仪式中的

图 5　哥萨施克，老信徒的现代墓地（艾琳娜·乌泽内娃摄于 2009 年）

图 6　哥萨施克，老信徒的旧公墓（艾琳娜·乌泽内娃摄于 2009 年）

教会斯拉夫语文献典籍与教会对话（书面的 / 口语的）、南俄罗斯方言 / 俄罗斯文学语言、地方方言 / 保加利亚或罗马尼亚语。

在鞑靼利萨村，年轻人不太愿意在与同龄人的日常对话中使用本土方言，更喜欢用保加利亚语。他们这样解释道，保加利亚人懂俄语却不懂他们的方言。老信徒清楚地意识到从其他语言的借词，甚至把它们划分为不同类别（来自保加利亚语的初乳—куластра、水桶—каза，brynza 则来自罗马尼亚语），诸如此类。保加利亚语对老信徒方言的影响非常大，许多词语伴随着传统文化被引入进来。因此，保守派从保加利亚语中搜集了有关妇女的传说（орисници），阐释孩子的命运。妇女从怀孕期开始为新生儿缝制帽子；出生一个月当其中的一个孩子死亡时，学习“分开”孩子，孩子如果出生于同一月，妇女会用蜂蜜烘烤一个原味蛋糕；当孩子开始走路时，庆祝“第一步”节；为了孩子未来的健康和福祉、摆脱厄运，妇女会制作无血的“牺牲”。保加利亚语的 курбан 则是指，每年的特定日子将面粉、油和蔬菜拿到教堂，举行仪式，或诵读《关于健康和拯救》的教规。

在保加利亚传统文化的影响下，老信徒开始在墓地安置墓碑——这在以前是没有的，在墓前摆放鲜花、为死者服丧、穿黑色衣服、为死者哭泣（这在以前是不被接受的），甚至在街道上张贴讣告，而区别于保加利亚人的仅仅是讣告上有一个老信徒的十字架。

在举行婚礼时，通常是按照保加利亚的模式。老信徒社区独立的代表性人物试图原汁原味地保留老信徒的传统。因此，一个来自鞑靼利萨村的妇女婚礼前要在多瑙河为其荷兰裔女婿举行洗礼，根据保守派的法规，她要为女儿和女婿亲手缝制婚纱和礼服，在婚礼期间遵守所有必要的礼仪。

20 世纪六七十年代的哥萨施克，在与保加利亚人通婚的婚礼仪式上，仍旧保留着俄罗斯的风格和特点。在保加利亚习俗的影响下，村民因为与内克拉索夫茨和俄罗斯、罗马尼亚老信徒的密切接触，单独的仪式逐渐发生改变，例如，求婚被融入订婚礼中、花冠日在婚礼当天举行。

在混合婚姻中，保加利亚人根据其习俗，坚持求婚要隆重，要有盛大的宴会和数量庞大的礼物。保加利亚裔的女婿尊重老信徒的“法律”，在当地人来参加时，给当地人葡萄酒之类的东西。

在婚礼中，保加利亚传统的影响俯拾皆是，新娘的头饰中闪闪发亮的银线，装饰成叶形的婚礼面包，为新娘准备的甜辣红伏特加酒，新郎送给来宾的花束，所有这些都是引入的保加利亚文化要素。

因此，我们可以确定，现在保加利亚传统对老信徒的文化和方言的影响的确存在着，而且涉及很多层面。混合婚姻数量的增加、使用保加利亚语的教育，使得方言的使用范围日趋狭窄，使其越来越被置于交流进程的边缘处境，致使其逐渐消失。

尽管保守派在过去处于孤立隔离的状态，但近年来，在后共产主义时期的变革后，他们变得大为开放起来。由于全球化进程以及保加利亚的社会、经济和族类 - 文化的变迁，在老信徒中，周边联系紧密的保加利亚文化和语言的影响越来越显著，双方的互动不仅存在于外部形式上，在一定程度上也涉及哥萨克文化的延续。在后共产主义时期，保加利亚保守派的转型涉及社会领域（职业辅导变化，例如退出传统的手工业和渔业）、家庭关系（性别角色的变化）、文化（庆祝新节日，特别是保加利亚的节日）和语言。

参考文献

Амосов 1945–Амосов П. Из живота на рибарите в с. Казашка махала//Народно дело. Г. I. Бр. 223. Варна，1945.

Анастасова 1993–*Анастасова Е.* Земята，земният живот и еволюцията в културната система на некрасовците в България//Българска етнография. Год. IV. Кн. 3. София，1993，24–33.

Анастасова 1995–*Анастасова Е.* Некрасовците в България–езици на културата//Българска етнология. Год. XXI. Кн. 2. София，1995.

Анастасова 1998–*Анастасова Е.* Старообредците в България. Мит–история–идентичност. София，1998.

Бехмстьев 1908–*Бехметьев П.* Към историята на старите руски поселища в сегашна България//Периодическо списание на Българското книжовно дружество в София. Год. XIX. Т. LXVIII. 1907. София，1908. С. 294–300.

Буганов，Богданов 1991–*Буганов В.И.*，Богданов А.П. Бунтари и правдоискатели в русской православной церкви. М.，1991.

Гочев 1931–*Гочев В.П.* Варна. Варна，1931，21.

Журавлев 2007–*Журавлев А.Ф.* Вли я ние руССКоГо литературноГо языКа на народные Говоры：леКСиКа（Статья I）//МежъязыКовое влияние в иСтории СлавянСКих языКов и диалеКтов：СоциоКультурный аСПеКт. М.，2007. С. 245–280.

Иванов 1924–*Иванов В.* БеГло изСледване на Бита на Староверците//МорСКи СГовор. Бр. 6. 1924.

Иванова–КритСКа 1989–*Иванова–КритСКа Е.* СтарооБрядцы//РуССКие：

СеМейный и оБщеСтвенный Быт. М.，1989. С. 198–220.

КрыСин 2006–*КрыСин Л.П.* ЗаиМСтвованное Слово КаК транСлятор иной Культуры//ГлоБализация– э тнизация. этноКультурные и этноязыКовые ПроцеССы. В двух КниГах. КниГа 1. М.，«НауКа»，2006. С. 106–113.

Кънчев 1938–*Кънчев К.* Староверците//Нашето ЧерноМорие. Варна，1938，41.

МаКарова 2003–*МаКарова И.Ф.* РуССКие Подданные турецКоГо Султана//Славяноведение. № 1. 2003. С. 3–17.

МаКарова 2003/2–*МаКарова И.Ф.* РуССКий царь в народных ПредСтавлениях БолГар//Славяноведение. № 5. 2003. С. 25–31.

Миллер 1903–*Миллер Б.* К воПроСу о неКраСовцах–чаршаМБинцах//этноГраФичеСКое оБозрение. № 4. 1902. М.，1903.

Петрова，Колева 2006–П*етрова Лидия*，*Колева Светлозара*. Животът на СтарооБредците–Казаци в Село КазашКо，ВарненСКо//Делници и Празници в живота на БълГарина. СБорниК，ПоСветен на 30–Годишнината на ЕтноГраФСКи Музей–Варна. Варна，«ЗоГраФ»，2006. С. 450–461.

ПлотниКова 1996–*ПлотниКова А.А.* Материалы для этнолинГвиСтичеСКоГо изучения БалКаноСлавянСКоГо ареала. М.，1996.

ПриГарин 2004–*ПриГарин А.А.* РуССКие СтарооБрядцы в БолГарии：новые Материалы По иСтории ПотоМКов неКраСовцев и лиПован ДоБруджы//СтарооБрядчеСтво：иСтория，Культура，СовреМенноСть. ВыП. 10. М.，2004. С. 29–35.

РоМанСКа 1959–*РоМанСКа Цв.* ФолКлор на руСите–неКраСовци от С. КазашКо，ВарненСКо//ГодишниК на СоФийСКия универСитет. ФилолоГичеСКи ФаКултет. Т. 53. № 2. СоФия，1959.

РоМанСКа 1960/1–*РоМанСКа Цв.* НяКои етноГраФСКи оСоБеноСти на С. КазашКо，ВарненСКо и на руСите–неКраСовци，Които Го наСеляват//СБ. В ПаМет на аКад. Стоян РоМанСКи. ЕзиКоведСКо-етноГраФСКи изСледвания. СоФия, 1960. С. 563–589.

РоМанСКи 1918–*РоМанСКи Ст*. НародноСтен хараКтер//СБ. ДоБруджа. ГеоГраФия, иСтория, етноГраФия, СтоПанСКо и държавно–ПолитичеСКо значение. СоФия, 1918. С. 271–274.

СъБотинова 2006–*СъБотинова ДонКа*. ЦърКвата на СтарооБредците в С. Татарица, СилиСтренСКо, и Празници, Свързани С нея//Култова архитеКтура и изКуСтво в Североизточна БълГария（XV–XX веК）. СоФия, 2006. С. 95–102.

СМирнов 1896–*СМирнов Я.И.* У неКраСовцев на оСтрове Мада//Живая Старина. В. 1. 1896.

ТоМова 1983–*ТоМова Е.* ПроБлеМи При изучаването на ФолКлора на руСите–неКраСовци в БълГария//Литературознание и ФолКлориСтиКа. СБ. В чеСт на 70–Годишнината на аКад. П. ДинеКов. СоФия, 1983. С. 458–463.

ТуМилевич 1961–*ТуМилевич Ф.В.* СКазКи и Предания КазаКов–неКраСовцев. РоСтов–на–Дону, 1961.

ТуМилевич 1963–*ТуМилевич Ф.В.* Предания о Городе ИГната и их иСточниКи//Народная уСтная По э зия Дона. Материалы научной КонФеренции По народноМу творчеСтву донСКоГо КазачеСтва. РоСтов–на–Дону, 1963. С. 316.

ЩеПотьев 1895–*ЩеПотьев В.* РуССКая деревня в АзиатСКой Турции//ВеСтниК ЕвроПы. Год. XXX. Кн. 8, авГуСт 1895.

个体生活圈的危机形势：保加利亚传统中边缘化人群的处境

〔保〕佩特克·贺瑞斯托夫 著　于　红 译

摘　要

在保加利亚以及其他的南斯拉夫传统文化中，共同体里被“边缘化”的人，其明显特征是阈限性和社会－文化的“边界性”。个体（男性或女性）在社会领域象征性和仪式性地被边缘化，与此同时，个体被“排斥出”亲族的生活圈（出生—结婚—死亡），并“失去”了人的身体特征。被诅咒者、罪犯、病人和没有孩子的妇女都丧失了他们的社会地位，并且有着“不全的”身体。他们被描绘成有眼不能看、有耳不能听、有手有腿不能动、有子宫却不能生育，等等。他们被驱逐出共同体，处于“社会死亡”的境地，没有机会在社会结构上向上攀升。这种处境引发了共同体（家庭－亲族、地方）的危机，在保加利亚的文化中，这种危机通过仪式、象征性的净化、愈合或救赎来克服。在某些危机情况下，共同体实际上驱逐边缘人，因其在两个世界之间的不全的、“边缘的”身份对整个共同体都是危险的。罪恶、诅咒和“上帝的惩罚”落在家里的每一个人身上，并传诸子孙后代。如果我们考虑到家庭－亲族的生育圈在传统文化中是最重要的，就会理解边缘人“不全的”身体何以对整个“亲族集团”来说都是危险的。

本文将从象征性和仪式性的维度展现个体生活圈中的危机处境，以及保加利亚传统文化中克服危机的仪式性活动。关于保加利亚以及毗邻民族文化的民族志方面的材料表明，在传统南斯拉夫文化中关于身体的社会－文化建构及其生育的二态性研究，可以通过分析“缩减”该身体的仪式性和象征性的途径得以丰富和充实。将传统的人置于社会“死亡”的边缘境地，是通过仪式性的活动实现的，与贯穿社会化的“建构”过程相似。在这方面，我们同意著名的保加利亚民族志学者和民俗学者 M. 阿诺朵夫的观点，即父亲和母亲的诅咒是“社会正义的调节器”。

本研究的主要目的在于展现保加利亚冲突文化中个体生活圈的危机状态，以及地方共同体怎样通过象征性的、口头的方式标识出不正常行为，从而导致个体社会边缘化处境的方式。鉴于地方共同体发展中的灾难和危机可被视为自然与社会之间对话的组成部分，也是共同体社会生活的组成部分，这一研究扩展了社会文化“生态学”的研究视野。每个社会都存在于独一无二的自然环境中，有着人们在这种情况下获取生活必需品的特定技术。博罗尼斯拉夫·马利诺夫斯基关于特罗布里安岛的著述表明，每个社会都有自己独有的个体之间实现互动的结构，这种结构是由社会规范主导的，生活规范表明了该社会的需求和价值。因此，每个文化的“正常的”行为和互动理想模式在不同的社会中有着不同的界定方式。

边缘化的人在传统村社共同体中的社会地位可说是“社会死亡”（贺瑞斯托夫，2004：209–214），从社会和文化层面看，他们是保加利亚民间文化中最有意思也是少有研究的人物。近期的分析很少关注反常行为，而通常是着重研究典范性（换言之，即“正确的”）的人类行为。除了（维克多·特纳所说的）其生活处境的“不全性”和局限性外，在保加利亚传统文化中，被边缘化的人（男性或女性）在其生活的地方共同体中的社会地位被描述为“不死不活”。个人丧失或被剥夺了传统人在社会化过程中获得的“好的”基本特质。这些个体遭到他们的社会集团的排斥，被置于“社会死亡”的境地中：他们被认为是边缘化的（就其“反常”的意义而言），他们的行为被标识为不正常的（КрейПо，2000：253），他们被剥夺了在未来社会发展中的权利和机遇，也被剥夺了在传统村社共同体社会结构中的一席之地。

考察边缘化的人们在地方共同体中的地位，将其作为一个社会和文化现象、作为一个生活圈进行研究，是受到了这一观点的启发，即视文化为一个加之于人的自然行为之上的局限系统。从童年到老年，我们的人格是由社会形成的（КрейПо，2000：264），我们的行为受到维持社会秩序的文化调试规则的制约。

本研究首先展现男性或女性在其父系家庭和保加利亚（更广泛的说，是巴尔干的）村社亲属结构中的社会行为模式和范式。人体，包括两性形态的显示，在相应的族类－文化传统框架中是可以社会建构的，这在贯穿个体的生活圈仪式中最清楚地显现出来。在传统的巴尔干社会中，将生物进程转换到社会和文化（“相对性”，阿尔弗雷德·贝布瑞因所言）意义领域，使他们通过仪式受到控制。将共同体具有重要社会意义的经历统一和标准化，同时将其转化为社会行为的文案，在自然与社会的全球性对话框架中，制约与规范个体的“自然”行动和行为。人体的形态是由母亲和接生婆在出生后的仪式中“打造”出来的，新生儿的手臂、腿和头颅得以“完整”（БайБурин，1993：44），在洗礼过程中从教父那里获得一个名字（通过仪式性的祝福），分享亲属的福惠，使得新生儿被纳入祖先和守护圣徒的序列中，即由共同体男性亲属主导的神圣祭拜生活中。

我们可以假定个体在社会领域的象征性和仪式性的边缘化会被从亲属生活圈（孕育—出生—死亡）中“排斥”出去，同时丧失身体上的人的属性。被诅咒者、罪犯和病人都被剥夺了他们的社会地位，被带入“社会死亡”边界境地。这里我援引瑞切利·科拉伯的理论：每个社会都建构了自己的仪式，以应对个体的反常行为（КрейПо，2000：264），即被共同体认定为“不正常的”行为。

首先我将分析在保加利亚民间文化（其性质是农业社会）中被边缘化的人们的仪式地位和社会处境，展现对男性和女性特质和角色的传统理解，及其在保加利亚村社社会结构中的自我实现过程。一个庞大的社会关系幽灵（婚姻的、家族－亲属的、邻里的），存在于前现代时代的传统共同体中，由村社中的社会结构中枢造就。我感兴趣的是传统的家庭，既被视为社会－文化制度，也被视为个人生活圈和自我实现进程中最重要的共同体。在巴尔干父系的婚姻模式中，其产物是复杂的父姓家庭（作为一个极少实现的理想模式，汉默尔，1980：243），个人的性行为和生育行为的重要目的和价值在于为家庭生育孩子；换言之，即确保家长的血缘体系通过世系的循环得以绵延不断，这种循环被周期性地纳入亲属繁育节律之中或被排除在外。在我看来，坚持这一主要目标既决定了（在一个社会－文化领域的）身份特征，也决定了男性和女性在传统家庭中（被文化传统强加的）社会性和仪式性的角色。

在从夫居的巴尔干婚姻模式中，妇女的生育生活必须在仪式性范式所确定的时空中开始：婚礼仪式和走向婚床，即她的丈夫开始了与新娘的性生活。只有根据这一婚姻模式的范式，她才能生出“合法的”后代，继承其血缘和家族姓氏，这种方式确保了血缘长盛不衰。通过仪式性的手段，女性身体孕育和生产的自然能力被“吸收”进了家长的血缘体系中，女性的生育力被表示为“我们自己的”，并且成为社会意义上的重要的和“正确的”。因此，如果新娘不是处女（因此已经掌控了其生育能力），新郎的亲属集团就会将其从家庭结构中摈弃出去（ХриСтов，1996：69），拒绝让她再使用新郎家族的名字。这样的新娘（nevesta/bulka）会被送回其父的家族中，或是被准许留在新郎的家里——如果新娘带来了丰厚的嫁妆（miraz），在其余生一直将被提醒是作为“残羹剩饭”来到夫家的。

当血缘集团圈关闭，孩子随之变成下一代的父亲（chelyad）、有着自己的妻子和孩子的一家之主（stopani），父亲的遗产（bashtiniya）被分为：姓名、祭拜、财产，等等。新的父系家庭－亲属集团的基础已经打下，需要不断巩固后代的血缘亲属集团，以保证血缘世系长盛不衰。这保证了“老人”在共同体中高贵的仪式性和社会性地位：血亲集团的首领、村社的长老。完成了维系家族圈和亲属集团的福惠的传统使命后，他们是最接近于祖先的人，是亲属集团的传统家长。

因此，对于巴尔干男性来说，特别是在保加利亚的传统中，青年与老者的主要对比是从参与和不参与家里或田野中的生育圈（bereket）的角度来理解的。这一观点的社会投射是结婚与不结婚的对比。不足为奇的是，对巴尔干男性来说，能够将其边缘化的“下流的愿望”和最恶毒的诅咒就是针对他参与生育圈以及保证血系绵延不断的能力的：“让你的根干枯”“在他身后一个种子也不留下”“让你的姓氏断绝”“让你再也看不到快乐和兴旺”“让你永远也不会有孩子带来的幸福、不会有你所有的东西带来的幸福”，诸如此类（ДаБева，1934：14，16，47）。民间文化认为，父母（特别是父亲的）和祖父的诅咒会应验，并在一个人的生活圈及家长的血系繁育中引发一场严重的危机：他们“追索九族”“让他们的根干枯”“让他们的房子空空荡荡”（СлавейКов，1982：87，288）。这样的诅咒“像火一样落在儿子的房子、他的孩子、他的牲畜、他的健康上，会像火那样熊熊燃烧”（Маринов，1907：165）。保加利亚著名的民族志学者迪米塔尔·马利诺夫在20世纪初就是这样描述“卡鲁沙斯卡”（kalusharska）诅咒的：“这诅咒是人们用在恶棍和坏蛋身上的所有诅咒的集大成者。”这一诅咒的对象——被边缘化的人落入仪式性的和社会性的“死亡”状态，其处境就如下面所描绘的，“我的房子里没有壁炉能够燃烧，没有烟囱能够冒烟，蛇和蜥蝎将在那里做窝，猫头鹰在那里生活产卵，我的妻子不能生孩子，我连一个婴儿床也不会有。在我的谷仓里没有绵羊咩咩叫，没有公牛哞哞响，没有马儿嘶嘶鸣，没有狗儿汪汪嚷，没有公鸡喔喔啼，那里野草丛生，没有生灵会在此居住。我将不能用我的眼睛看，不能用我的耳朵听，不能用我的嘴巴说，不能用我的手去抓。没有什么东西能让我高兴，不论我走到哪里，草儿都会枯萎，不论我拿什么东西，它都会着火。我的前面瘟疫横行，我的后面霍乱肆虐。大地也不想要我的骨头”（Маринов，1981：642）。

这幅景象在关于“有罪的病汉”的民歌中也有描绘，有罪的病汉是受到上帝的惩罚或是因为犯下严重的（“致死的”）罪行而招致诅咒（最常见的是母亲的）的结果，他们处于一种特定的“边缘”的社会地位。表现出偏离和反常行为的被诅咒者、罪人、有病的男人或女人，丧失了其“正常的”文化指征和特质。他们既不会痊愈，也不会死去，也不会恢复在共同体中的地位、承担指定的角色（ГеорГиев，1982：61）。他们在死后不能成为共同体的守护者，因为他们的罪恶使其与那些危及共同体的“下流的”死者相差无几。民歌中对这些人的描绘与上文引述的“卡鲁沙斯卡”诅咒里阴森森的心愿如出一辙：

……这里躺着斯坦科，好小伙子，
他有嘴巴却不能说，
他有眼睛却不能看，
他有手却不能工作，
他有脚却不能走。

（Захариев，1949：351）

因此，借助传统的口头的社会规范工具（诅咒、咒骂），作为破坏既定的社会行为规范（例如犯罪）的结果，共同体里被边缘化的人的身体通过仪式或象征的方式被缩减到生物–社会“原料”的状态，“真正的”人是在其加入共同体的社会化过程中用这种原料“构建”出来的（БайБурин，1993：43）。民间的观念赋予这些主宰个人的生活圈和社会化的仪式化人物——父母、接生婆和祖父——以非凡的力量（ХриСтов，1992：32）。在传统中，被置于社会“死亡”状态的人就是“不死不活”（ДаБева，1934：10）。

在这种婚姻模式中，妇女的生育能力被绝对化：仪式的农业社会特性保留了妇女的生育力与土地的繁育能力之间的古老对比，因此妇女被称为“家长家里的麦田”。她被剥夺了创造宗谱的权利。她在丈夫的家族里生下第一个孩子后（更偏好男孩），标志着她融入了血系圈，生育保证了血系绵延不绝，并给予妇女仪式性的和社会性的权利。然而，她只有在开始哺育孩子后才能成为一个真正的母亲，这给予了她对于其后代的仪式性的权利。她的诅咒“让你被你母亲的乳汁呛死”将会“应验”（ХриСтов，1992：31）。这一观点也证明了巴尔干人“乳汁亲缘关系”仪式性的意义。

与父系制的婚姻体制相联系的常规模式也决定了老处女和不孕妇女的不完整的转化、不完全的身份。鉴于这一观点，即在婚姻过程中妇女在社会空间上沿着双重道路前进（Левинтон，1991：216）——两个家长的血系之间的横向道路，处女和已婚妇女身份之间的纵向道路，显然未生育妇女不能完成纵向的社会转化，在她的新家生育一个孩子是实现这一转化的主要条件（ХриСтов，2000：262）。这就是为什么大多数南斯拉夫的文化将不孕视为上帝的惩罚，认为不孕是中断神圣的基督教婚姻的充足理由。不孕妇女在其痛苦的煎熬中，将“一块石头放在心口下”，希望它变成一个孩子，这种方式“造”人未果。她给孩子唱的摇篮曲很可怕：

好好睡吧，我的小男孩！

你有耳朵，却不能听，

你有嘴巴，却不能叫，
你有眼睛，却不能看，
你有双手，却不能动，
我的母亲恶毒地诅咒了我，
她的诅咒落在了我身上。

（БНТ，1962：409）

上文描述的已婚妇女的身份特征一直保留着，直到下一代能够生育，（在社会规范下）加入血缘生育圈为止：在婚礼上婆婆象征性地将她的生育责任传给了男性亲族的新的女人，即新娘，婆婆要停止生育。其“新娘、主妇和管家”的生活局限在少女和祖母的社会身份之间。在南斯拉夫传统中，“停止生育”和仪式性的纯洁相联系，使得年老的妇女、祖母、接生婆与居住着鬼怪人物的灵性世界建立仪式性的联系，也使得婆婆拥有在日常生活和仪式中掌控家族中其他妇女的权力，其中包括了控制家族的生育节律。由此可能导致了新娘与婆婆之间的传统冲突，以及在南斯拉夫人中根深蒂固的观点：是女人（新娘）导致了大家族的崩解。传统的谚语总结了这一点：“女人分裂了婚姻！”（Trun 地区）

这也是分析那些被边缘化的妇女的仪式性角色和社会地位的关键所在，她们违反了父权制的规范：不贞的新娘、私生子的母亲、娼妓、通奸者，等等。在仪式中，她们被指称在父权制规范以外掌控了自己的生育能力和性生活。违反了父权制“律令”的妇女背离了父权制婚姻模式，出离到社会化的社会规范圈之外。她的生育力被认为是野性的、自然未驯化的，而对这个妇女本人则用兽性的词汇来描述：像一条疯母狗（ХриСтов，1997：188）、松开缰绳的母驴、恶毒的蛇，等等。在对这一说法的基督教化的解读中，“狗、男巫、通奸者、杀人犯和说谎者”都是无法进入上帝之城的（《圣经·新约·启示录》第 22 篇：14~15）。传统社会拒绝接受这样的女人：

根据习惯法，她在耻辱的仪式中被驱逐出村庄（Маринов，1907：150）。这样的话，这个女人不仅将会面对年轻女人与年老女人之间的对立，也面临着父权制规范的正当生育与不正当生育之间的对立。她背离社会规范的行为使其成为“不道德的”，不仅危及她自己，而且危及这个村庄。

上文这些从保加利亚传统中列举出来的材料无疑表明，民间文化创造了仪式和口头的象征性的习俗，不仅用来指称偏离、反常的行为，而且也用以应对个人生活圈和地方共同体社会生活中的危机。对人的身体的社会－文化“建构”及其在传统巴尔干文化的性的二态性研究，可以通过分析使同样的身体“蒙受耻辱”的仪式性和象征性方法，来得到充实和丰富。使前现代的个体置于社会“死亡”的边缘化境地的仪式性活动，过去也被用以在社会化过程中“完成”共同体成员的身份。从这方面讲，我们同意著名的保加利亚民族志学者和民俗学者 M. 阿诺朵夫的观点，即父亲和母亲的诅咒发挥着“社会正义的调节器”的作用。

参考文献

Арнаудов，М. 1937· БълГарСКите народни Клетви. КъМ хараКтериСтиКа на народния МироГлед и на народното творчеСтво.–В：ДаБева，М. БълГарСКите народни Клетви. СоФия，1934，С. III–XIII.

БайБурин，А. 1985：НеКоторые воПроСы этноГраФичеСКоГо изучения Поведения.–В：ЭтничеСКие СтереотиПы Поведения. МоСКва，1985，7–21.

БайБурин，А. 1993：Ритуал в традиционной Культуре. СанКт–ПетерБурГ.

БНТ 1967：БълГарСКо народно творчеСтво. Т. 7，СоФия，1962.

ГеорГиев，М. 1982：Ролята на БолниКа в БълГарСКия ФолКлор.–В：БълГарСКи ФолКлор，4，54–69.

ДаБева，М. 1934：БълГарСКи народни Клетви. ПриноС КъМ изучаването на народната душа и народния живот. СоФия.

Захариев，Й. 1949：Пиянец.–СБНУ，т. XLV.

КрейПо，Р. 2000：Културна антроПолоГия. СоФия：ЛИК.

Левинтон，Г. 1991：МужСКой и женСКий теКСт в СвадеБноМ оБряде（СвадьБа КаК диалоГ）.–В：ЭтничеСКие СтереотиПы МужСКоГо и женСКоГо Поведения. СанКт–ПетерБурГ，210–234.

Маринов，Д. 1907：Народно Карателно（уГлавно）оБичайно Право.–В：Жива Старина. Кн. 6，СоФия.

Маринов，Д. 1981：Народна вяра и релиГиозни народни оБичаи.–В：ИзБрани Произведения. Т. 1，СоФия.

СлавейКов，П. Р. 1982：БълГарСКи Притчи или ПоСловици и хараКтерни дуМи.–В：Съчинения. Т. 6，СоФия.

Hammel，E. 1980：Household Structure in Fourteenth–Century Macedonia.–In：Journal of Family History，5，pp. 242–273.

ХриСтов，П. 1992：РодителСКата Клетва–реГулатор на Социалната СПраведливоСт.–В：БълГарСКа етноГраФия，5–6，С.19–34.

ХриСтов，П. 1996：ОБредното оБозначение на нереГлаМентираното зачеване в заПадноБълГарСКата СватБа.–В：БълГарСКа етнолоГия，4，С. 62–72.

ХриСтов，П. 1997：Жената– “КучКа”. ЗооМорФните хараКтериСтиКи на СоциоКултурния СтатуС на жената в Патрилинейния Брачен Модел.–В：Етно–КултуролошКи зБорниК. Књ. III，СврљиГ，С. 183–191.

ХриСтов，П. 2000：ЛиМиналноСтта на яловицата（*жената–БездетКа*）в БълГарСКата традиция.–In：Ethnoses and cultures on the Balkans. Vol. 1，Sofia，pp. 254–267.

Hristov，P. 2004：“*Neither Dead*，*Nor Alive*”–The Status of the “Marginal” Person in the South Slav Tradition.–In：*Symposia*. Journal for Studies in Ethnology and Anthropology. 2，Craiova，pp. 209–214.

面临危机的信仰：后社会主义时期伯尼克的东正教和无神论

〔保〕瓦伦蒂娜·瓦塞娃 著　于　红 译

摘　要

本文考察了2007年在伯尼克新建公墓安葬的案例。死者是一名东正教教徒，安葬在其母的墓穴中，母亲是一名无神论者，死于1987年，被安葬在公墓里社会主义时期为拥有“反法西斯反资本主义积极战士”特别身份的人士设立的特定区域。

在葬礼期间，死者亲属注意到母亲坟墓的方位违背了死者应面向东方安葬（与葬礼中遗体安放的方位相吻合）的东正教传统。由于在公墓里这块特定区域安葬的都是社会主义时期的无神论积极分子，所有的坟墓都朝向西方。这些坟墓不同寻常的方位使其与公墓里符合东正教教规、朝向东方的坟墓截然不同。积极分子坟墓的另外一项独特之处在于其墓碑上装饰着一个浮雕的五角星，而不是一个基督教十字架。

在本文描述的特定案例中，信仰东正教的死者的亲属被迫使用公墓里这一区域的无神论母亲的坟墓，她坚持在安葬仪式中死者的遗体面向东方，在日后墓碑的安放也朝向这个方向，以便使坟墓的方位符合东正教的教规。这迫使老坟墓的朝向做出改变，不是教会人士而是死者的亲属提出改变坟墓朝向的，后者承担了违背母亲的信仰、蓄意调转其坟墓方向的困惑。这开创了在公墓这一特定区域改变坟墓方位的先例，并使得老墓碑挨着新墓碑。在 2007 年第一例改变坟墓方位的事件后，我在 2008 年的考察中又遇到了几宗改变公墓里同一区域的坟墓朝向的相似案例。本文中描述的先导性案例使得人们看到伯尼克公墓的墓碑背对背安放着，一个根据东正教的教规，另外一个则根据统治到 1989 年的共产党政府官方的无神论信仰。

本文研究了一名 64 岁东正教徒在新伯尼克公墓里其母亲墓地举行的葬礼。母亲（名为米勒蒂亚）是一名无神论者，被安葬在墓地中的特定区域，这是在保加利亚社会主义时期（1944~1989 年）为安葬具有特殊的社会身份（被称为“反法西斯反资本主义积极战士”）的人士而指定的。

2007 年 2 月 10 日，在墓地举行葬礼时出现了麻烦，根据东正教传统，死者应面向东方安葬，与教堂葬礼中的放置遗体的方式相符，而母亲墓地不寻常的位置恰恰与之相反，死者的亲属注意到这一点。鉴于保加利亚共产党的无神论者被安葬在伯尼克公墓这块特殊的地方，所有坟墓都朝向西方，这使得它们与公墓中其他部分的坟墓截然不同。尽管这可能会引发一次公开的丑闻（伯尼克共同体的绝大多数居民都出席了葬礼），但死者的遗孀要求遗体在葬礼上面向东方放置。在举行葬礼时，需要进一步挖掘以加宽墓穴。死者的遗孀不管葬礼上发生的一切，坚持根据东正教的教规安葬已故的丈夫。遗孀的愿望迫使其亡夫母亲的坟墓要颠倒过来，墓碑从坟墓的西边移到东边，这是东正教传统中死者头部朝向的方位。这样重新安排墓地的变动被视为对死者的侮辱，特别是因为母亲是共产党员、信仰无神论，生前从未奉行过任何基督教的仪式。葬礼上发生的不寻常的情况造成了严重的道德混乱，并给这个胆敢变动墓地安置的遗孀带来了个人危机。

本研究的目标在于判定伯尼克小镇上的人们在日常生活中回归其祖先的基督教传统的方式、着意通过葬礼传统的例子表明在20世纪90年代共产党政权倒台后伯尼克的居民是如何应对官方宣传的、强加的无神论的影响并逐渐回归基督教葬礼传统的。

本研究是根据笔者2008年数度造访伯尼克小镇获得的田野资料进行的。其间使用了历史民族学和文化人类学的方法。笔者通过在伯尼克地区进行的半设计访谈、观察和照片记录获取了田野资料。关于贺瑞斯托·阿塔纳索夫葬礼的信息主要是取自笔者记录的访谈以及与死者妻子的通信。死者的妻子是伯尼克的世居居民，秉承着当地的文化记忆，她的记忆对于重建伯尼克在社会主义时期及其发展至今的葬礼传统至关重要。本研究中使用的其他资料来源于当地的新闻和关于保加利亚第一个矿工镇的发展及兴衰的历史研究文献。

一　危机的历史背景：伯尼克的历史

对2007年发生在伯尼克的危机（在贺瑞斯托·阿塔纳索夫葬礼上）进行的民族学分析，与人们在保加利亚西部前工业化时期普遍遵奉的传统有着密切的联系。伯尼克镇位于保加利亚西部，是一个典型的矿工镇，在20世纪20年代重建并经历了进一步的城市化。死者通常被安葬在伯尼克镇一个公共的家族墓地中。

尽管伯尼克总是与保加利亚在摆脱奥斯曼土耳其的统治后（1879年）煤矿的发展联系在一起，但伯尼克仍旧作为一个从事养牛和农业的村庄而存在，包括分散在斯特鲁玛河周边几个邻近的社区。在保加利亚解放时，伯尼克是一个拥有148个住户、1027人的村庄。大多数居民居住在中心的瓦罗什、斯瑞德纳和伯施瓦马哈拉社区，分布在河流两岸，周围围绕着科瑞伯克山，该地也被叫作“格拉多”（后来被称为克拉克拉），即数世纪以来城市所在的地方（IUSB，1941：20）。伯尼克主要部分的住户居住在这些社区，这里也是水磨和客栈、村庄广场和喷泉、市政府办公楼和学校、19世纪后半期修建位于斯特鲁玛河左岸的“圣乔治”教堂（后来被称为“村民”教堂）和老公墓的所在地。到19世纪末该地区的煤矿工业开始发展时，这块地方被称为“斯瑞德赛罗”（在村庄中间）。由于20世纪二三十年代矿业村庄的迅速发展，“斯瑞德赛罗”的地名很快被另外一个名字——“塞罗托”（村庄）取而代之，“塞罗托”强调了老村子所在的地方，与新建的矿业镇相对应，矿业镇与老村子截然分开。

村庄的墓地，后来被称为“老墓地”的，是老村民从19世纪后半期至20世纪70年代安葬死去的亲属的地点，位于河流左岸靠近克拉克拉山的地方（Paunova，2008：181）。老居民在死者家庭（家族）所有的公共土地上安葬死去的亲属。伯尼克老墓地家庭土地的排列与村庄社区的排列相对应，遵循着保加利亚同时期的许多其他村庄的亲属原则。此外，在过去，伯尼克各自家庭的成员在“圣乔治”教堂的仪式中都有其指定的地方（席位）。显然，人们关于死后是在世生活的延伸的概念从这一时期延续下来。“圣乔治”教堂在20世纪20年代前一直是村庄宗教仪式的中心。在日历上和教堂的主要节假日，中心区域和其他社区的人们从居住的地方来到教堂，所有的村民都聚集在教堂周围。随着煤矿在伯尼克的生活和经济中占有越来越重要的地位，伯尼克的中心开始逐渐从瓦罗什、斯瑞德纳和波舍瓦社区向矿业镇转移（Manova，2004：198；Stoyanova-Lecheva，2004：438）。

在新发现的煤炭层开挖之后发生的事情永久性地改变了伯尼克村及其邻近地区居民的生活。在1891年，保加利亚开始勘探煤矿，煤矿开采逐渐成为伯尼克居民的主业，邻近的莫施诺、沙克瓦、卡尔卡斯、蒂沃提诺、司徒德纳村的情况也是如此。起初，伯尼克和邻近村庄的居民只是在冬季没有农活可干时做季节性的矿工，但随着突如其来的工业发展和对人力资源需求的增加，形成了一个固定的乘坐火车往返于自己的村庄和煤矿之间的矿工集团。这一集团主要是由该地区，特别是瓦拉达雅—拉多米尔[①]铁路沿线村庄的男性居民组成。根据统计资料，伯尼克煤矿工人绝大部分都来自索菲亚和基乌斯坦第尔地区。从文化和日常生活方面看，这些工人中的一大部分仍旧保留着农民的传统生活方式，生活在复合家庭里（大家庭由父亲的家庭和已婚儿子的家庭组成），通常包括多达50~60名的家庭成员。在20世纪20年代，复合家庭开始“衰亡”，剥夺个人土地所有权和一体化进程开始了。它与伯尼克煤矿的扩张、1925年自治法令的公布及随后的煤矿管理政策——通过提供宿舍和赋予煤矿工人领取特定补助的权利来保证一个稳定的工人队伍——相吻合（Brashlianov，1928：13–14；IUSB，1941：20，287）。在随后的一年里，伯尼克村维持着全国范围内最快的人口增长速度。20世纪20年代中期，第一波大规模的“移民潮”在伯尼克落户。20世纪的头10年中，保加利亚全国96%的煤是在伯尼克开采的。从邻近及遥远的村庄移民到伯尼克的居民人数大幅度增加。1900年，伯尼克的人口是2000人，到1930年，已经是2万人了。在这一时期，伯尼克村人口增长甚至超过了保加利亚最大的城市的人口增长幅度。在保加利亚，没有其他村庄有如此大规模和快速的人口增长。煤矿逐渐成为保加利亚政府所有的最强大、利润最丰厚的企业之一（Manova，2004：198；Stoyanova-Lecheva，2004：434）。

① 在20世纪20年代，矿工的来源和居住地情况如下，索菲亚地区：2838人；基乌斯坦第尔地区：860人；图尔诺沃地区：230人；舒曼地区：79人；等等。在1940年以前，绝大多数矿工来自索菲亚地区邻近的村庄，其次是来自基乌斯坦第尔地区邻近的村庄，特别是煤矿附近的村庄。来源于其他地区的矿工人数很少（Brashlianov，1928：110–111；IUSB，1941：21，313）。在1940年前后，伯尼克的人口是21121人，其中有4000人在煤矿工作。另有4400名矿工居住在邻近的村庄里，来到伯尼克仅仅是为了工作（IUSB，1941：21）。在煤矿工作的人数继续稳定的增长，1944年增至6771人，在1950年是8661人，在1960年是17123人，在1970年是12262人。煤矿在其发展历史中产量最大的时期是1960年（IUSB，1973：171–172）。

矿业的发展成为永久性改变伯尼克村的主要原因。在村庄老中心以北约 2 公里但仍属于村庄范围之内的地方，20 世纪的前十年里，在农田被收走的区域开始形成了一个矿业城镇，这个城镇自建立伊始就具有典型的工人城镇的特征。煤矿开采逐渐改变了伯尼克村，新建的村庄满是新的建筑物。1932 年修建的煤矿领导办公楼，赋予伯尼克全国煤矿管理中心的地位，办公楼前面的广场成为新的村庄中心（与老的村庄中心相对），并成为点缀着煤矿象征的社会生活的中心。在 20 世纪 80 年代前，它一直保持着这样的地位。位于新中心的有：1910~1919 年建立的“圣伊万 · 瑞尔斯基”矿工教堂，1937 年为纪念维托沙—伯尼克输水管道的建成而修建的矿工喷泉纪念碑，城镇瞭望塔，城镇旅馆，矿工影剧院和矿工城镇公园（IUSB，1941：42，111–117；Stoyanova–Lecheva，436–437；Manova，2004：197–198）。

1910~1919 年，根据煤矿领导伊万 · 斯密奥诺夫的提议，在新城镇的中心修建“圣伊万 · 瑞尔斯基”教堂，从一开始这座教堂就被称为矿工教堂，在很长一段时间都是如此。随着保加利亚矿业的发展，圣伊万 · 瑞尔斯基在 1903 年被宣布为所有矿工的保护人。同年，在基督教日历的圣徒日庆祝第一个矿工的节日。在伯尼克，庆祝矿工教堂的献祭仪式在 1920 年 10 月 19 日的矿工节这天由瓦拉姆主教主持。① 教堂里的壁画是由造诣深厚的保加利亚艺术家尼克拉 · 马瑞诺夫、德施科 · 乌祖诺夫和亚历山大 · 波波利诺夫绘制的。教堂入口的上方有一幅美妙绝伦的矿工的保护人圣伊万 · 瑞尔斯基的彩色镶嵌画。

起初，伯尼克的世居居民对矿工教堂视而不见，几乎完全忽视它。数十年来，从邻近地区来到伯尼克的居民分散在从新矿工教堂到老村庄教堂沿路的小山上。反之亦然：矿工及其家庭去新建的“圣伊万 · 瑞尔斯基”教堂，他们与老的“圣乔治”教堂较为疏离。伯尼克两个社会和宗教生活的

① 从 20 世纪 20 年代后，10 月 19 日被作为伯尼克的节日来庆祝（城镇日）。

中心相对独立地存在着，甚至在1929年伯尼克正式通过了城市法令后，情况依然如此。在20世纪30年代，村里的建筑和矿工镇的建筑交错在一起，城市成为一个整体。随着煤矿业在伯尼克的生活和经济中发挥越来越重要的作用，伯尼克的中心逐渐从瓦罗什、斯瑞德纳和波舍瓦社区向矿业镇转移。在20世纪中叶，传统的基督教仪式制度遭到破坏，“圣乔治”教堂在人们社会生活中的重要性及其作为节日庆典中心的地位被逐渐削弱（Manova，2004：198，201–202；Stoyanova–Lecheva，2004：438）。一位保加利亚和一位俄罗斯神甫主管着矿工教堂，组建了一个为了营造仪式氛围的业余唱诗班（Brashlianov，1928：133）。鉴于伊万·斯密奥诺夫在修建教堂上的特殊业绩，根据长久以来的基督教传统，他被安葬在教堂的院子里（IUSB，1941：365）。在2008年第一次田野研究时，我确认在教堂院子里没有明显可见的坟墓的迹象，关于坟墓何时被迁移的记忆从现代伯尼克居民的记忆中黯淡消退下去。[①]

在第一波移民潮后，甚至被工作机会吸引来的外国人最终也在伯尼克安顿下来。1920~1926年，由于众多俄罗斯人的到来——保加利亚的俄罗斯人在1923年已经达到3300人，城市中的移民（外籍的）人口大幅度增加。在1925年，伯尼克有1375名外国人，其中大多是俄罗斯人。1926年末，在伯尼克的全部人口中（10935人），俄罗斯人为1080人，占总人口的8.78%（Brashlianov，1928：111；IUSB，1941：21，312，314）。[②] 为了满足在伯尼克的大量俄罗斯人的精神需求，“圣伊万·瑞尔斯基”矿工教

① Resp. Tzv. Mn.，61，伯尼克，2008年9月5日，V. 瓦塞娃记录。在1989年后，在复原对煤矿业在城市化和老城镇中心复兴中所发挥作用的文化记忆的过程中，在“圣伊万·瑞尔斯基”教堂后树立了一个纪念碑，上面刻着这样的话：“纪念伯尼克地区1944年9月9日后共产党政权的牺牲者”。

② 在接下来的年份里，他们的人数锐减，其中许多人都移民到法国、比利时和卢森堡。强行解雇煤矿人员的做法极大地影响到俄罗斯移民，1927年，俄罗斯人的人数为850人，1928年为461人，1936年为223人，1940年为131人（Brashlianov，1920：111；IUSB，1941：21，312，314）。

堂由一位俄罗斯神甫照管俄罗斯人的教区。与此同时，教堂还有另外一个教区，由煤矿里的高级人员和工人组成。教堂得到煤矿领导办公楼的资助和扶持。从中欧和西欧吸引来的煤矿专家为伯尼克的福祉和文化发展做出了极大的贡献。1899 年，在伯尼克市建立了保加利亚第一个发电厂。保加利亚的第一个电灯泡也是在这里点亮的。1929 年，伯尼克逐渐转变为一个重要的工业中心，并被宣布为一个城市。①

在社会主义时期，伯尼克发展为在保加利亚具有重要意义的工业中心，拥有发达的冶金、工程和能源产业。② 在这一时期，伯尼克的城市也经历了巨大的变化。为了控制城市的象征区域，共产党政府有意识地逐步改变中心城市区，旨在将其从老矿业城市中心剥离出去。20 世纪 80 年代中期，在伯尼克修建了一座新的城市广场，将社会生活的中心转移到与 20 世纪初形成的矿业镇区域相反的方向。这个想法通过高耸的新建管理大楼来付诸实现，15 层的地方 BKP 集团“嵌入”煤矿领导办公楼里，在那个方向的矿工教堂几乎被毁灭（Stoyanova-Lecheva，2004：439）。与此同时，社会主义的无神论宣传也开始在伯尼克居民的意识形态及其日常生活中扎下根来。在 20 世纪的后半段，在一座基督教教堂举行葬礼仪式的传统几乎在伯尼克彻底绝迹。在社会主义葬礼大厅根据一个典型的脚本举行的送别死者的社会主义公民仪式，成为唯一与故去的亲属或爱人相联系的仪式。

1989 年，葬礼仪式开始逐步回归伯尼克居民的社会生活传统和家庭传统，但还是“缩减”到将棺材入土前在死者墓地举办葬礼的时刻。在新的城市公墓有一座葬礼大厅，但没有教堂，现在的葬礼是这样进行的：在公墓的葬礼大厅举行一个必须性的公民仪式，接下来从葬礼大厅行进到墓地，

---

① “克里斯塔尔”玻璃制品工厂建于 1931~1934 年，煤砖厂也在 1934 年开始运营。http：//www.pernikinfo.com/history。

② 1951 年，TPP“集团”开始运营，1953 年，“司徒德纳”大坝建成。1951~1953 年，建立了“列宁”冶炼厂（现在称为“斯托马纳”）。1961~1964 年，开办了另外一些工厂：一家整流器厂、一家焊接机械厂和一家铁磁厂。

一名神甫在墓地等待着在这里举办葬礼仪式。今天，在伯尼克有好几座教堂——除了已经提过的老墓地的“圣乔治”教堂和位于城市中心的“圣伊万·瑞尔斯基”矿工教堂外，伯尼克的其他社区还有几座教堂和修道院——“莫施诺”社区的“圣伊利亚”教堂、“卡克瓦”社区的“圣尼克莱”教堂、“伊兹托克”社区的“乌斯伯尼伯格罗蒂乔诺”教堂、在堡垒基础上的“圣斯帕斯”、“贝拉”社区的“圣乔奇波贝多诺塞克”修道院、“卡尔卡斯”社区的“圣佩特卡”和胸科医院附近的“圣潘塔雷蒙”修道院。①

二　伯尼克的新老公墓

20 世纪头半段伯尼克戏剧性的人口和文化变迁情况反映在城市的安葬地上，伯尼克的“老公墓”逐渐转变为一座公共的城市墓地，从保加利亚边缘地区前来、在伯尼克长期居住的居民也在这里安息。在煤矿业发展的初期，工人们只是每天来到伯尼克工作，但仍生活在自己的家乡，这一问题并未显露出来，因为这些早期的工人绝大部分都被安葬在家乡的墓地中，与其作古的家庭成员和祖先为伴。与祖先安葬在同一个墓地的传统也得以保持，故而在保加利亚的这一部分地区，家庭原则得以保留到晚近时候。保加利亚科学院民族学研究学院与博物馆 20 世纪 60 年代在伯尼克对矿工生活方式进行的田野考察也证明了这一点（AEIM，No237- Ⅱ，5-6，18，33）。在 2008 年进行的访谈中，我遇到了处于工作年龄段的人们，他们肯定地对我说死者要被安葬在自己的故乡，尽管死者生前的大部分时间都是在伯尼克度过的，这一习俗仍旧保留着。这么做的动机是“他们要回到祖先（父母）身边”，“要去自己的安息地，他们的亲人和家庭都在那里”，“一个人应当安息在其根所在的地方，只有根据他们自己的愿望才能将其安

① http：//www.pernikinfo.com/history.php.

葬在一个新地方”。[①]

我在2008年进行田野考察时发现，20世纪前半段，部分从其家乡迁移到伯尼克的人们在该市的矿山和工厂工作，葬在伯尼克的老公墓里。他们的来源地一般在其墓碑中会提到。老墓地边缘地区主要安置着这些人，伯尼克的居民一直在老墓地安葬死者，直到1973年。老墓地仍旧是城市的一个宗教中心，城市的居民在死者的忌日和亡灵节追悼故去的亲人，这种情形几乎一直延续到20世纪结束的时候。今天，老墓地看起来完全被忽略了，野生植物生长得极为繁茂，在秋天的时候很难接近老墓地，许多墓碑破裂，死者的照片掉在地上，所有的小路和通道都被植物覆盖，完全无法使用。为了修建从索菲亚到拉多米尔和基乌斯坦第尔的新道路，墓地的一部分已经被摧毁。一些在这一部分安葬的死者的家属被迫在新的墓地中重新安葬他们故去的亲人。市政当局监督并控制着这一程序。

在伯尼克修建一个新的公墓的问题出现在20世纪70年代初，这时老墓地已经满员。市长埃米尔·伊格莱夫在1974年解决了这个问题，保加利亚部长会议的一个土地委员会准许伯尼克在蒂沃提诺村附近修建一个新的墓园。伯尼克市政当局完成了建立区域基础设施的所有要求——修建沥青路、一条输水管道和下水管道、围栏、在这一区域造林绿化，只有在此之后才获准修建新墓园。最后的要求是修建一座大厅，以供举行必须性的公民仪式之用。[②] 在多年将共产党政权的意识形态和强制性的无神论作为伯尼克矿工和工人的意识形态组成部分之后，人们似乎没有必要再在新公墓的地点建立一座新教堂，尽管在墓地建立教堂或将墓地迁移到新建的教堂附近是古老的传统（贯穿整个中世纪和奥斯曼土耳其统治时期），“圣乔治”教堂和老墓地的情况就是如此。新墓地不仅远离城市，而且远离所有邻近

---

① 访谈对象：T.D.，66岁，出生于基乌斯坦第尔，教师，记者——伯尼克，2008年9月4日，V. 瓦塞娃记录。

② 访谈对象：E.I.，79岁，伯尼克，2008年9月4日，V. 瓦塞娃记录。

的教堂。这是不在任何基督教教堂举行葬礼仪式的另外一个原因。只有居住在教堂附近的伯尼克居民才在教堂举行仪式。

三　为贺瑞斯托举行安葬仪式的危机情境

现在的伯尼克市，在为贺瑞斯托·阿塔纳索夫举行安葬仪式时，发生了以下的危机，当地的共同体成员都参加了仪式。鲍里斯神甫在墓地主持了葬礼，在此期间，死者的遗孀注意到丈夫的遗体面朝西方放置，与要求将遗体面向东方摆放的基督教的传统相悖。据遗孀所说，"我确实看到我丈夫——一个信仰上帝的基督徒，生死都是基督徒的人，面向西方"。她三次试图示意神甫，以便将她的丈夫调转过来面向基督教传统规定的正确方向。她这样讲述道："在第三次，神甫演讲时的停顿期间，我告诉他：'我很抱歉，但必须将遗体调过来面向东方。我的丈夫是一名基督徒，并且一直是一名东正教基督徒。'"鲍里斯神甫没有满足死者遗孀愿望的理由是墓穴本身是面向西方挖掘的，挖掘较宽的一头放置遗体的头部，较窄的一头放置腿部。遗孀这样描述当时的情景，"我的儿子也说，如果妈妈想要这么做，我们就继续挖掘墓穴，以便能够朝向东方，能够适合棺材。他立即去找挖墓穴的人，他们加宽了墓穴的底部，以便适合放置棺材，我们把他像基督徒那样安葬"。贺瑞斯托的遗孀讲完了她的故事。在安葬结束的后几天，死者的妻子造访墓地，在根据传统点燃蜡烛、将水和酒洒在墓地时，她惊讶地注意到只有她已故丈夫新修的坟墓面向东方。在这一特别指定的区域，所有其他的坟墓的朝向都与东正教的教规（东正教的法典）相悖。

贺瑞斯托·阿塔纳索夫被埋葬在他母亲（死于 1987 年）的坟墓中。其母米勒蒂亚在世时有"反法西斯反资本主义积极战士"的称号，她是在 60 岁左右时获得这一殊荣的，因为她在儿子 1968 年婚礼后决定上交她的文件。米勒蒂亚生于 1906 年，在年仅 17 岁时就为保加利亚九月起义的参加者提供帮助。米勒蒂亚的儿媳这样描述道：“1923 年，当保加利亚西北部义军著名的机车从罗姆出发时，她（米勒蒂亚）整个期间都在机车上或机车周围为战士们服务——给他们拿来水、食物和给养。”

图 1　贺瑞斯托和米勒蒂亚的墓穴（瓦伦蒂娜·瓦塞娃摄于 Pernik，2009 年）

尽管儿子和儿媳总是嘲笑米勒蒂亚所谓积极战士的“特权”称号，米勒蒂亚却以此为荣，为她在 1923 年事件中的所作所为感到骄傲。这就是当她 1987 年离世时，他们会毫不犹豫地将她安葬在新伯尼克公墓里为积极战士指定的特定区域的原因。

在新公墓里，最早为积极战士们划定墓地是在 20 世纪 80 年代初，墓碑都面向西方，与公墓里其他墓碑不同。这片地方上的大多数墓碑都镌刻着五角星图案，完全没有任何十字架的形象，因为被安葬在这里的死者生前都是无神论者（Yaneva，2000；Yaneva，2002）。米勒蒂亚也不信仰基督教，她的坟墓也像这块墓地的其他坟墓那样朝向西方。她的墓碑是一块没有切割的冰碛岩，是由她的儿子贺瑞斯托特别挑选的。在他的眼中，米勒蒂亚“是一个像岩石一样不可动摇的女人”，坚定而又健康，独自将儿子抚养成人。米勒蒂亚很早就失去了丈夫，独自一人抚育孩子，完全凭借一己之力修建了他们的房子，应对生活中的各种事情。她生前的经历正是她的亲属为其在身后挑选这样的墓碑的原因。

在米勒蒂亚死后 20 年，贺瑞斯托葬入母亲的墓穴，米勒蒂亚的遗骨被迁到儿子的棺材中，并且墓穴调转向东方。在贺瑞斯托安葬后的半年，他的遗孀决定在坟墓前立一块墓碑，墓穴已经根据东正教传统朝向东方。此时，需要将母亲的墓碑搬到东边，因为在墓穴调转方向后，她的墓碑位于

图 2　米勒蒂亚的墓碑（瓦伦蒂娜・瓦塞娃摄于 Pernik，2009 年）

安葬的死者脚对着的方向。这使儿媳处于极度的道德困惑中，她是否有权调转坟墓，违背米勒蒂亚无神论观点。贺瑞斯托的遗孀这样说道，“她的遗体已经面向西方安葬了，但我将墓碑朝向东方，现在的结果是我将她的墓碑放在她的脚边。我感到安慰的是她的遗骨已经收集起来放到我丈夫的墓穴里，但我仍旧感到困惑……这是我无意中的安慰，但当我搬移墓碑时，我处于非常困难的处境——我不能将两块墓碑放置在坟墓的两头，以便它们互相对视，我不能移动我丈夫的墓碑，因为这有悖他的信仰，我也不能移动他母亲的墓碑，因为这与她的无神论观点相矛盾。我非常为难，现在墓地很丑陋，母亲的墓碑在儿子的墓碑后面，但这是我能够调和两种信仰的唯一做法”。贺瑞斯托的遗孀在道德困惑中结束了她的故事。

图 3　伯尼克的共产主义者的墓碑区（瓦伦蒂娜摄于 2009 年）

图 4　贺瑞斯托的坟墓的墓碑（瓦伦蒂娜 · 瓦塞娃摄于 Pernik，2009 年）

结　论

2007 年 2 月 10 日，在安葬仪式中将贺瑞斯托的遗体转向的特殊案例，制造了一次“危机”的情况，鉴于伯尼克社区的许多成员都出席葬礼仪式，这可能引发一次公开的丑闻。将墓穴转向是根据死者遗孀的要求，她坚持遵循东正教传统，坚持要已故丈夫的身体自西向东放置，使死者的脸朝向东方安葬。这需要进一步挖掘墓穴以适合放置调换方向的棺材，并需要移动死者母亲的墓碑，死者正是安葬在母亲的墓穴中，这使得贺瑞斯托的妻子备受精神上的煎熬。其原因在于这是一个调和矛盾的问题，贺瑞斯托的遗孀在处置其亡夫及死者母亲合葬的墓穴时多少要尊重二人在宗教信仰方面的差异。米勒蒂亚拥有“反法西斯反资本主义积极战士”的特权身份，她也信奉保加利亚共产党宣扬的无神论观点，在 1987 年死后（在共产党政权倒台前），她被安葬在公墓指定的地方，根据安葬这种荣誉死者的规则，死者的脸面向西方，墓碑饰以浮雕的五角星图案。这种安排是有意的，意在强调安息在这里的人们信奉无神论，在任何方面都不遵守基督教的传统。米勒蒂亚的儿子与母亲不同，17 年后贺瑞斯托去世时共产党政权已经倒台，大批伯尼克居民重归基督教传统，其中包括东正教的安葬礼仪。贺瑞斯托及其妻子都是东正教教徒，因此，贺瑞斯托的遗孀希望安葬仪式符合东正教的教义。这要求在“积极战士”区域的坟墓改变方向，朝向东方。在葬礼以及迁移贺瑞斯托母亲墓碑之后遗孀感觉到的人格危机，是由她希望找到解决矛盾之道所导致的，她希望能够调和母亲的无神论观点与儿子的东正教信仰。

与贺瑞斯托妻子不同的是，其他安葬在“积极战士”墓地的居民的后代和亲属毫不犹豫地将新的坟墓转向东方。事实上，公墓东面通道第一排几乎所有的坟墓都面向西方。这使得邻近坟墓的墓碑背对背地排列着。

今天，即使看一下伯尼克新公墓里“积极战士”区域现在的状况和墓碑奇怪的排列情形，就会发现在共产党时期信奉无神论的人们的后代面临的尴尬处境。这些“积极战士”的后代慢慢地回归到祖先的基督教传统，他们的祖先历史上生活在克拉克拉山的丘陵周边地区和有一个世纪之久的老伯尼克矿业镇。

参考文献

AEIM No237–Ⅱ：–Arhiv na Etnografskia institut s muzei–Sofia [Archive of Ethnography institute and museum–Sofia] . Arch. No237–Ⅱ . Bit i kultura na na rabotnicheskoto semeistvo v grad Dimitrovo（Pernik）[Culture and everyday life of the worker's family in Dimitrovo（Pernik）]，1962，rec. by G. Vaisilov.

Brashlianov，Tz 1928：–Darzhavni kamenovugleni mini 'Pernik' sled osvobozhdenieto i sega [National mineral coal mines 'Pernik' after the liberation and now] . Bibl. Darzhavni mini 'Pernik [Libr. National mines 'Pernik']，No3 Pechatnica na Armejskia voenno–izdatelski fond [National military–publishing fund]，S.，1928.

Manova，Tzv. 2004：Mestata za obshtuvane v staria Pernik [Places for conversation（common talk）in old Pernik]（according to materials from the 20s–30s of the XX century）.–In：Gradat [In：The city] . Iubilejna nauchna konferencia po etnologia. Po sluchai 100 godini Rusenski muzei（izvestia na regionalnia istoricheski muzei–Ruse）[Anniversary scientific conference of ethnology. 100th anniversary of the Rousse museum（Announcements of the Regional history museum–Rousse）] . Bk. 8，Rousse 2004，197–212.

Punova，V. 2008：Obrochishtata 'Sv. Spas' kato 'zhiva starina' i arheologicheski orientir ['St. Spas' as an archeological landmark]（by data collected in Mid–Western Bulgaria）.–In：Izvestia na regionen istoricheski muzei Pernik [Announcements of the Regional history museum–Pernik] . Tome 1，Penik 2008，161–194.

Stoyanova–Lecheva，Z. 2004：Industrializacia i urbanizacia [Industrialization and urbanization](by the model of Pernik) –In：Gradat. [In：The city] . Iubilejna nauchna konferencia po etnologia. Po sluchai 100 godini Rusenski muzei (izvestia na regionalnia istoricheski muzei–Ruse)[Anniversary scientific conference of ethnology. 100th anniversary of the Rousse museum (Announcements of the Regional history museum–Rousse)] . Bk. 8, Rousse 2004，434–443.

IUSB. 1941：Iubileen sbornik. 50 godini mini Pernik (1891–1941) . Izdanie na Darzhavnite mini [National mines print] . Knipergraf. S.，1941.

IUSB. 1973：Iubileen sbornik. 80 godini Darzhavna mina ‘Georgi Dimitrov’ –Pernik [Anniversary omnibus. 80 years of ‘Georgi Dimitrov’ mine–Pernik] . DI ‘Tehnika’，S.， 1973.

Yaneva，St. 2000：‘Drugiat grad’ . Kam strukturata na Centralnite Sofiiski grobishta [‘The other city’ . To the structure of the central Sofia cemetery] .–In：Zhiznenia cikal. Purva bulgaro–srubska konferencia [The cycle of life. First Bulgarian–Serbian conference), S.， 292–300.

Yaneva，St. 2002：Promeni v nadgrobnite znaci po vreme na prehod [Changes in the grave marks (headstones) during the transition period] . In：Obichaite ot zhiznenia cikal. Vtora bulgaro–srubska konferencia [Customs of the cycle of life. Second Bulgarian–Serbian conference]，Beograd，341–354.

http：//www.pernikinfo.com/history.php–last visit 08.03.2011 Г.

作者介绍

郝时远　中国社会科学院院长助理，学部主席团秘书长，社会政法学部主任，中国民族学学会会长，中国民族理论学会副会长。研究专长包括环境和可持续发展、多元文化及族裔研究。近年来，更多地关注于中国西部地区的环境问题。发表了100多篇中英文学术论文，主要著作有《中国的民族与民族问题》（1996）、《帝国霸权与巴尔干“火药桶”——从南斯拉夫的历史解读科索沃的现实》（1999）、《中国共产党怎样解决民族问题》（2011）等。

塔尼亚·波涅娃（Tanya Boneva）　保加利亚索菲亚大学民族学系教授，博士论文为《罗多彼山脉中部石匠职业组织研究》（1979）。研究领域包括保加利亚的社会构成和社会制度、传统生态学、移民及文化、权力和身份。主要论著有《文化生态学》（索菲亚，1997）、《乌克兰保加利亚人生活经历中折射的社会主义和现代化》（收入M. 托多洛娃主编《纪念共产主义：代表类型》，纽约社会科学研究理事会，2010）等。

罗吉华　民族文化宫博物馆研究部馆员，研究领域为中国西南民族文化、教育人类学。著有《文化变迁中的文化再制与教育选择——西双版纳傣族和尚生的个案研究》（2011）一书及多篇论文。

巴战龙　北京师范大学社会发展和公共政策学院教师，主要从事教育人类学、民族志和裕固族研究。著有《学校教育·地方知识·现代性——一项家乡人类学研究》（2010）一书和30多篇中英文学术论文。

梁景之　中国社会科学院民族学与人类学研究所研究员，研究领域为中国民间宗教历史和民族地区生态环境与灾害。著有《清代民间宗教与乡土社会》（2004）一书及数十篇论文。

杨圣敏　中央民族大学民族学与社会学学院教授，主要从事民族学与文化、干旱和半干旱地区文化、中国西北和中亚族群历史与文化研究。主要著作为《回纥史》（1991）、《资治通鉴突厥回纥史料校注》（1992）、《新疆现代政治社会史略》（1992）、《中国民族志》（2003）等。

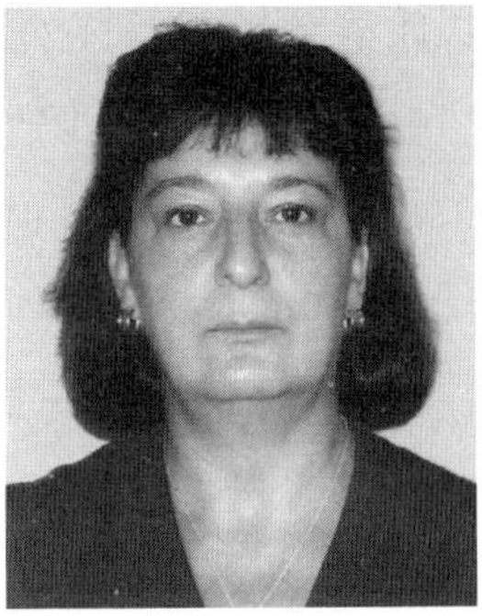

马加丽塔·卡拉米霍娃（Margarita Karamihova） 保加利亚大特尔诺沃的圣西里尔和圣梅多迪乌斯大学副教授，博士论文为《14—19世纪奥斯曼土耳其统治期间保加利亚土地上的婚姻》。研究领域包括家庭和亲属关系、移民、少数群体、圣地和朝圣、边界和疆界。主要著作为《克尔贾利的婚礼图像》（1999）、《奥斯曼·巴巴的传说》（索菲亚，2002）、《美国梦：到美国的第一代移民指南》（索菲亚，2004）。

扎　洛　中国社会科学院民族学与人类学研究所研究员，研究专长为喜马拉雅山区域史及西藏地区社会发展。主要论著为《清代西藏与布鲁克巴》（2012）、《菩提树下——藏传佛教文化研究》（1997）、《后发地区的路径选择——云南藏区案例研究》（合著，2002）、《市场化与基层公共服务——西藏案例研究》（合著，2004）、《如何突破贫困陷阱——滇青甘农牧藏区案例研究》（合著，2010）等。

艾丽娅·查内娃（Elya Tzaneva） 保加利亚科学院民族学与民俗研究所暨民族学博物馆学术理事会主席，副教授，莫斯科州立大学民族学博士和新南威尔士大学社会学博士，研究领域包括族裔和民族理论、仪式亲属关系和族裔文化。主要著作为《解读族性：对理论讨论的历史学概述和评析》（索菲亚，2000）、《保加利亚民族志》（索菲亚，2000、2005、2008）、《民族、宗教和文化：非欧裔民族性读本》（索菲亚，2010）。

方素梅　中国社会科学院民族学与人类学研究所研究员，主要从事中国民族史、中国民族问题、少数民族社会和文化变迁的研究。主要著作为《中国近现代民族史》（合著，2011）、《近代壮族研究》（2002）、《中国少数民族革命史（1840—1949）》（合著，2000）等。

布莱恩·提尔特（Bryan Tilt）　美国俄勒冈州立大学副教授，博士论文为《中国四川农村地区的危机、污染与可持续性》（西雅图，2004）。研究领域包括环境人类学、农村发展、自然资源管理。主要论著为《中国怒江大坝：文化与生物多样的分水岭的脆弱性》（载于 B.R. 约翰斯顿、L. 希瓦萨基、I.J. 克拉弗、A. 拉莫斯·卡斯蒂浴、V. 斯特朗主编《水文、文化多样性及全球环境变迁：新兴趋势、可持续发展的未来》，纽约联合国教科文组织水利工程，2012）、《中国农村努力实现可持续性发展观：环境价值观和公民社会》（纽约，2010）、《大型水坝的社会影响评估：国际案例对比研究及对最佳实践的意义》（与 Y.A. 布劳恩、何大明合著，《环境管理杂志》第 90 期，增刊第 3 期，2009）。

埃德温·施密特（Edwin Schmitt）　香港中文大学博士研究生，博士论文选题为《农村生活、农业和社会生态变迁：四川跨文化研究》。研究领域包括环境人类学、仪式人类学、中国人类学。著有硕士论文《在一个中国西南行政村族裔与性别对于社会可持续发展的重要性——一个四川尔苏藏族村庄的社会、自然资源和商品化》（2011）。

奥尔加·贝洛娃（Olga Belova） 俄罗斯科学院斯拉夫研究所高级学者，博士论文为《斯拉夫民族语言和文化中的族裔刻板印象》（俄罗斯科学院斯拉夫研究所，2006）。研究领域包括中世纪文学与口述传统的相互关系、东欧与东南欧的族裔文化联系、档案研究。主要著作为《斯拉夫动物寓言：称谓与象征主义词典》（莫斯科，2000）、《民间圣经：东斯拉夫病因学传说》（莫斯科，2004）、《斯拉夫民间传统中的族裔文化刻板印象》（莫斯科，2005）、《民间传说与文学传统：迷思与现实》（与V. 彼得鲁欣合著，莫斯科，2008）等著作。

伊维洛·马科夫（Ivaylo Markov） 保加利亚科学院民族学与民俗研究所暨民族学博物馆副教授，博士论文为《马其顿的当代阿尔巴尼亚劳工迁移》（2012）。研究领域包括移民与移民研究、边界地区与边界研究、认同问题、文化传统和地方发展、家庭与亲属关系、宗教。主要论著为《怀旧与欧洲希望：马其顿阿尔巴尼亚劳工移民对南斯拉夫时期的向往》（载于《巴尔干民族志 15—16》，柏林，2013）、《马其顿阿尔巴尼亚劳工移民：一些研究观点和视角》（载于P. 贺瑞斯托夫主编《巴尔干移民文化：保加利亚与马其顿的历史与当代案例》，索菲亚，2010）。

艾琳娜·乌泽内娃（Elena Uzeneva） 俄罗斯科学院斯拉夫研究所学术秘书（Scientific secretary），副教授。博士论文为《斯拉夫背景下民族语言视域下的保加利亚婚礼习俗术语》，研究领域包括民族语言学、方言学、巴尔干研究、老信徒、性别研究、东方主义。主要论著为《巴尔干婚礼：民族语

言学分析》（莫斯科，2010）、《东南欧老信徒婚礼仪式中的本原要素与外来要素——东南欧的人类行为及其环境》（东南欧研究国际协会第10届大会，巴黎，2009年9月24~26日）、《中欧与东南欧传统文化的民族语言学：科尔巴阡山—巴尔干的相似性》（载于《东南欧国际研究协会2005—2009年回顾》，布加勒斯特，2009）。

佩特克·贺瑞斯托夫（Petko Hristov） 保加利亚科学院民族学与民俗研究所暨民族学博物馆副教授，博士论文为《20世纪初期以来保加利亚中西部传统村庄的行为范式》，研究领域包括巴尔干的劳工移民、过去与现在跨界移民的社会网络构建，家庭与亲属关系，巴尔干传统社会的社会角色、认同的构建、政治人类学。主要著作为《共同体与庆典：20世纪前半期南斯拉夫村庄中的Sluzba、Slava、Sabor和Kourban》（索菲亚，2004）、《巴尔干移民文化：保加利亚和马其顿的历史与当代案例》（索菲亚，2010）。

瓦伦蒂娜·瓦塞娃（Valentina Vasseva） 保加利亚科学院民族学与民俗研究所暨民族学博物馆副教授，博士论文为《保加利亚人与罗马尼亚人在丧葬传统方面的相似性和差异》（1991）。研究领域包括保加利亚的仪式、移民和少数民族。主要论著为《生命律动》（索菲亚，2006）、《再安置社区的丧葬习俗适应》（载于《巴尔干民族学》，1997年第1期）、《20世纪之交保加利亚城镇的丧葬文化——政治家的葬礼》（收入S.V. 伊万诺娃主编《巴尔干族裔和文化空间第二部分：现代时期——民族学话语》，索菲亚，2008）。

图书在版编目(CIP)数据

灾害与文化定式：中外人类学者的视角 /（保）查内娃（Tzaneva，E.），方素梅，（美）施密特（Schmitt，E.）主编. —北京：社会科学文献出版社，2014. 12
ISBN 978-7-5097-6627-9

Ⅰ. ①灾… Ⅱ. ①查… ②方… ③施… Ⅲ. ①灾害-文集 Ⅳ. ①X4-53

中国版本图书馆CIP数据核字（2014）第237113号

灾害与文化定式
——中外人类学者的视角

主　　编 / 〔保〕艾丽娅·查内娃（Elya Tzaneva）　方素梅
〔美〕埃德温·施密特（Edwin Schmitt）

出 版 人 / 谢寿光
项目统筹 / 宋月华　周志静
责任编辑 / 周志静

出　　版 / 社会科学文献出版社·人文分社（010）59367215
地址：北京市北三环中路甲29号院华龙大厦　邮编：100029
网址：www.ssap.com.cn
发　　行 / 市场营销中心（010）59367081　59367090
读者服务中心（010）59367028
印　　装 / 三河市尚艺印装有限公司

规　　格 / 开　本：787mm×1092mm　1/16
印　张：18　字　数：237千字
版　　次 / 2014年12月第1版　2014年12月第1次印刷
书　　号 / ISBN 978-7-5097-6627-9
定　　价 / 89.00元